高职高专特色课程项目化教材

数控车削编程与加工

主　编　赵显日

副主编　张晓光　刘　宁

主　审　朱印宏

东北大学出版社

·沈　阳·

图书在版编目（CIP）数据

数控车削编程与加工 / 赵显日主编. — 沈阳 ：东北大学出版社，2020.9
ISBN 978-7-5517-2501-9

Ⅰ. ①数… Ⅱ. ①赵… Ⅲ. ①数控机床－车床－车削－程序设计－高等职业教育－教材②数控机床－车床－加工－高等职业教育－教材 Ⅳ. ①TG519.1

中国版本图书馆 CIP 数据核字(2020)第165439号

内容简介

本教材根据高职高专机械制造类专业对人才的培养目标及规格的要求，在充分汲取企业调研获得的岗位群知识和技能需求的基础上，结合国家职业标准，引进技能大赛的相关内容，总结多年项目化教学经验编写而成。

本教材从生产实际出发，强调知识与技能的有机结合，着重提高学生的学习能力、技能水平、分析解决问题的能力。

本教材既可供高职高专院校选用，也可作为企业工程技术人员及机床操作工人的参考书。

出 版 者：东北大学出版社
地址：沈阳市和平区文化路三号巷11号
邮编：110819
电话：024-83683655(总编室) 83687331(营销部)
传真：024-83687332(总编室) 83680180(营销部)
网址：http://www.neupress.com
E-mail: neuph@neupress.com
印 刷 者：辽宁一诺广告印务有限公司
发 行 者：东北大学出版社
幅面尺寸：185 mm×260 mm
印　　张：14.5
字　　数：299千字
出版时间：2020年9月第1版
印刷时间：2020年9月第1次印刷
责任编辑：吕 翀 周 朦
责任校对：杨世剑
封面设计：潘正一

ISBN 978-7-5517-2501-9　　定　价：36.00元

前 言

随着科学技术的不断发展，数控技术已经被广泛地应用于机械制造业中，普通机床正逐步被高精度、高效率、高自动化的数控机床所代替。数控加工作为目前机械加工的一种重要手段，已成为衡量一个国家制造业水平的重要标志。

本教材以车工岗位所必备的知识和技能为基础，结合国家职业标准，引进技能大赛的相关内容，并总结多年项目化教学经验编写而成。本教材根据“源于生产、高于实际、便于教学、利于生产”的基本原则设计项目，将理论知识、实践经验与工作任务有机结合，充分地体现高职高专教育特色。本教材在提高学生理论知识与技能水平的同时，强调培养学生的学习能力，以及分析问题、解决问题的能力，对于提高学生的职业素养将起到积极的作用。

本教材安排了5个项目，其中包含13个任务。前3个项目主要进行轴类零件的编程与加工训练；项目4主要进行盘、套类零件的编程与加工训练；项目5在引入SIEMENS系统教学的同时，融入技能大赛的相关内容。5个项目基本涵盖了车工岗位的典型工作任务及典型数控系统的知识和技能。

本教材编写灵活，各校在使用过程中，可以根据实际需要选择教学内容；还可结合区域经济发展状况，选择企业生产任务为训练任务，实现产学结合。

本教材中的项目1至项目3由赵显日编写；任务4.1和任务4.2由刘宁编写；任务4.3由刘爽编写；任务5.1由张晓光编写；任务5.2由孙建编写；附录由黄健编写。赵显日担任主编，负责本教材统稿和定稿。

在本教材编写过程中，得到有关企业的大力支持，并由汉拿机电有限公司总工程师朱印宏担任主审，他对本教材提出了宝贵的意见和建议。同时编者也参阅了有关文献。在此谨向朱印宏先生及有关文献作者表示衷心的感谢。

由于编者水平有限，本教材中难免存在不当之处，敬请专家、同人和读者批评指正。

编 者

2020年5月

目　录

项目1　直线外形轴类零件的编程与加工

【项目导学】

直线外形轴类零件由圆柱面、圆锥面、槽面、轴肩、端面等典型表面构成。该类零件的编程比较简单，是数控车削其他零件的基础。本项目包括4个任务，即数控车床面板操作、数控车床对刀操作、阶梯轴的编程与加工和锥面零件的编程与加工。通过对这4个任务的学习和实施，最终能实现独立编写直线外形轴类零件的数控加工程序，并能独立操作数控车床加工出合格零件。

任务1.1　数控车床面板操作

1.1.1　工作任务

数控车床面板操作工作任务见表1.1。

表1.1　数控车床面板操作工作任务

<table>
<tr><td rowspan="10">任务描述</td><td colspan="2">学习数控车床基本操作，在数控车床上输入数控加工程序，并进行图形模拟与校验。程序如下：</td></tr>
<tr><td>O0001</td><td></td></tr>
<tr><td>N10 G40 G97 G99；</td><td>N90 G01 Z-32.0 F0.08；</td></tr>
<tr><td>N20 T0101；</td><td>N100 X38.0；</td></tr>
<tr><td>N30 S1200 M03</td><td>N110 Z-55.0；</td></tr>
<tr><td>N40 G00 X45.0 Z3.0；</td><td>N120 G01 X45.0；</td></tr>
<tr><td>N50 G90 X38.5 Z-55.0 F0.2；</td><td>N130 G00 Z3.0；</td></tr>
<tr><td>N60 X34.5 Z-31.9；</td><td>N140 G00 X100.0 Z100.0；</td></tr>
<tr><td>N70 S1800</td><td>N150 M05；</td></tr>
<tr><td>N80 G00 X34.5；</td><td>N160 M30；</td></tr>
</table>

表1.1(续)

知识点与技能点	知识点：◇数控车床种类及典型数控系统 ◇数控车床的坐标系统 ◇数控车床操作面板 技能点：◇数控车床基本操作
工艺条件	数控加工仿真系统

1.1.2 相关知识

1.1.2.1 数控车床简介

1)数控车床的种类

数控车床品种繁多、规格不一，可以采用不同方法进行分类。

(1)按照数控系统的功能分类。

① 经济型数控车床。该车床一般是在普通车床基础上经过改造设计而成的，一般用于加工精度要求不高、形状较复杂的回转类零件，如图1.1所示。

② 全功能型数控车床。该车床有刀尖圆弧半径补偿、恒线速、倒角、固定循环、用户宏程序、图形显示等功能，一般采用闭环或半闭环控制，具有高刚度、高精度、高效率等特点。全功能型数控车床适宜加工精度要求高、形状复杂、品种多变的单件或中小批量生产的零件，如图1.2所示。

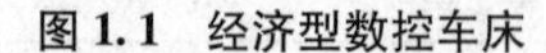

图1.1　经济型数控车床

图1.2　全功能型数控车床

③ 车削中心。它在全功能型数控车床的基础上，配置了铣削动力头、分度装置等，可实现车、铣复合加工，如图1.3所示。

④ 柔性制造单元(FMC)车床。它在数控车床上增加了托盘自动交换装置、机器人等，实现了工件搬运、装卸的自动化，如图1.4所示。

图 1.3 车削中心

图 1.4 FMC 车床

(2)按照主轴位置分类。

① 卧式数控车床。其主轴处于水平位置，又分为水平导轨和倾斜导轨两种，其中倾斜导轨数控车床刚性好，易于排屑。

② 立式数控车床。其主轴处于垂直位置，主要适宜加工径向尺寸大、轴向尺寸相对较小的大型复杂零件。

(3)其他分类方法。

按照伺服系统的控制方式，可将数控车床分为开环控制数控车床、半闭环控制数控车床、全闭环控制数控车床；按控制运动轨迹，可将数控车床分为点位控制数控车床、点位直线控制数控车床和轮廓控制数控车床等。

2)数控车床的典型数控系统

数控车床的数控系统主要有日本的 FANUC，德国的 SIEMENS，中国的华中数控、广州数控，西班牙的 FAGOR，以及其他数控系统。由于数控车床配置的数控系统不同，其指令代码也有差异。

(1)FANUC 数控系统。

FANUC 数控系统在我国的应用比较广泛，如控制小型车床两轴的高可靠性的 Power Mate 0 系列、经济型 CNC 的 0-D 系列、全功能型的 0-C 系列、高性价比的 0*i* 系列及具有网络功能的超小且超薄型的 CNC16*i*/18*i*/21*i* 系列，除此之外，还有实现机床个性化的 CNC16/18/160/180 系列等，目前在中国市场上应用于车床的数控系统主要有 0*i* 系列和 0*i* mate 系列。

(2)SIEMENS 数控系统。

SIEMENS 数控系统是由德国西门子公司研制的。目前，在中国市场上常见的 SIEMENS 数控系统有 SINUMERIK 810，SINUMERIK 840 等型号，此外还有专门针对我国市场开发的 SINUMERIK 802S/Cbase line，SINUMERIK 802D 等车床数控系统。

(3)国产数控系统。

我国自 20 世纪 80 年代开始研制和生产数控系统，起步虽晚但发展很快。目前常用于数控车床的国产数控系统有华中数控、北京航天数控、广州数控等。

1.1.2.2　数控机床的坐标系统

数控加工时，将编制好的程序输入数控机床的控制系统中，经过数控系统的运算处理，转换成驱动伺服机构的指令信号，从而控制机床的相关动作。为了确定机床的运动方向和移动距离，需要在机床上建立坐标系，称之为机床坐标系，也称标准坐标系。

数控机床坐标轴是指数控机床的每一个直线进给运动或每一个圆周进给运动。数控机床坐标轴数是指数控机床能独立进行直线进给运动和圆周进给运动的数目。

1)坐标系的确定原则

国际标准化组织于 2001 年颁布了 ISO 2001 标准，其中规定了数控机床坐标系的命名原则。

(1)标准坐标系(机床坐标系)的规定。标准中规定直线进给坐标轴用 X, Y, Z 表示，称为基本坐标轴。围绕 X, Y, Z 轴旋转的圆周进给坐标轴分别用 A, B, C 表示。如果数控机床在基本坐标系外，另有第二组、第三组直线运动与基本坐标系的坐标轴平行，则称为附加坐标，附加坐标轴分别用 U, V, W 和 P, Q, R 表示。

标准的机床坐标系是一个右手笛卡儿直角坐标系，如图 1.5(a)所示，图中大拇指的指向为 X 轴的正方向，食指指向为 Y 轴的正方向，中指指向为 Z 轴的正方向。

围绕 X, Y, Z 轴旋转的圆周进给坐标轴 A, B, C，其方向根据右手螺旋法则来判断，如图 1.5(b)中，大拇指指向 $+X$, $+Y$ 或 $+Z$ 方向，则环绕的四指指向为圆周进给运动的 $+A$, $+B$, $+C$ 方向。

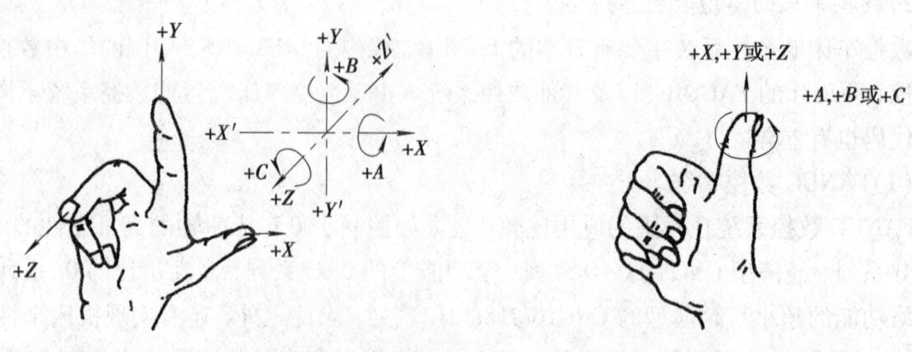

(a)右手笛卡儿直角坐标系　　(b)右手螺旋法则

图 1.5　右手笛卡儿直角坐标系及右手螺旋法则

(2)假定工件静止，刀具相对于工件运动的原则。标准中规定数控机床的进给运动，无论是刀具移动，还是工件进给，均假定工件不动、刀具相对于工件做进给运动。

2)运动方向的确定

机床的某一运动部件的运动正方向规定为增大刀具与工件距离的方向。

确定数控机床坐标轴时一般先确定 Z 轴，其次是 X 轴，最后确定 Y 轴。

(1)Z 轴的确定。标准中规定与机床主轴重合或平行的坐标轴为 Z 轴。对于没有主轴的机床，规定垂直于工件装夹表面的方向为 Z 轴的方向。坐标轴正方向为刀具离开工件的方向。因此，数控车床 Z 轴为主轴轴线方向。

(2)X 轴的确定。X 坐标运动是水平的，它平行于工件装夹面。对于加工过程中主轴带动工件旋转的机床(如数控车床、数控磨床等)，X 轴沿工件的径向并平行于横向拖板，刀具或砂轮离开工件回转中心的方向为 X 轴的正向。对于刀具旋转的机床，若 Z 轴水平(主轴是卧式的)，如数控卧式镗床、铣床，从主轴(刀具)向工件看，X 轴的正向指向右边。若 Z 轴垂直(主轴是立式的)，对于单立柱机床(如数控立式镗床、铣床)，从主轴向立柱看，X 轴的正向指向右边；对于双立柱机床，从主轴向左侧立柱看，X 轴的正向指向右边。

(3)Y 轴的确定。根据 X 轴和 Z 轴的方向，按右手笛卡儿直角坐标系确定 Y 轴正方向。

(4)旋转轴方向的确定。旋转坐标轴的方向根据右手法则判断，即大拇指指向 X，Y，Z 轴的正方向，其余手指的指向是 A，B，C 的正方向。

3)机床坐标系的原点与机床参考点

(1)数控机床坐标系的原点。

数控机床坐标系的原点(简称机床原点)又称机械原点或机床零点，它是机床上的一个固定点。这个点在机床一经设计、制造和调整后，便被确定下来。机床原点是由生产厂家确定的，通常不允许用户改变。数控车床的机床原点一般在卡盘前端面或后端面与主轴回转中心的交点上，如图1.6中 M 点。

(2)数控机床参考点。

数控机床参考点是机床上的一个固定不变的极限点，其位置取决于机械挡块或行程开关的设置位置。机床参考点由生产厂家测定后输入数控系统中，用户一般不得更改，如图1.6中的 R 点。机床原点与机床参考点的关系如图1.6所示。

(3)数控机床坐标系的建立。

对于大多数数控机床，开机后的第一步总是进行返回参考点(又称回零)操作，即机床各运动部件沿各自的正向退至机床参考点，其目的是通过回参考点建立机床坐标系。该机床坐标系一经建立，在机床不断电的前提下将保持不变。

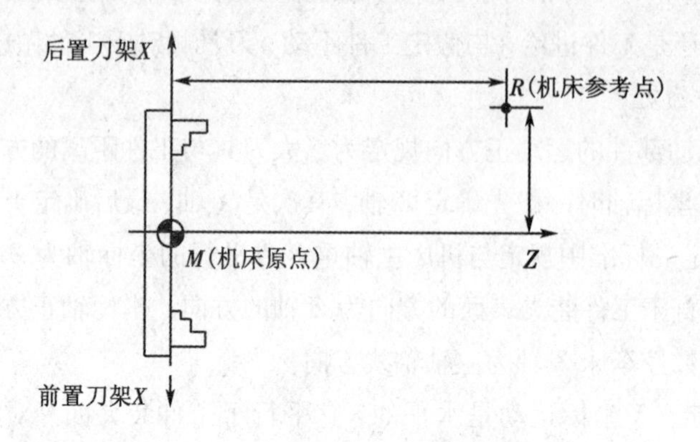

图 1.6　数控机床原点与机床参考点

1.1.2.3　数控车床操作面板介绍

数控车床由于系统配置及生产厂家的不同，操作面板的布局也有所不同，但各种开关、按键的功能及操作方法基本相同。下面以宇龙数控仿真系统配置 FANUC 0*i* 系列的数控车床为例，说明数控车床操作面板。

数控车床操作面板如图 1.7 所示，主要由系统操作面板和控制面板组成。

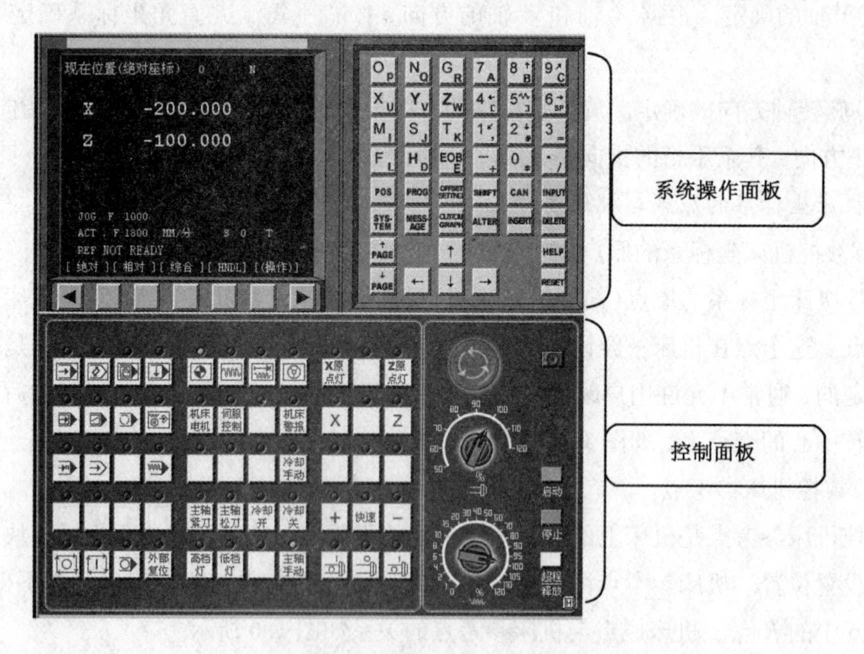

图 1.7　数控车床操作面板的组成

1) 系统操作面板

系统操作面板包括 CRT 显示器、MDI 键盘和软键，如图 1.8 所示。各按键功能说明见表 1.2。

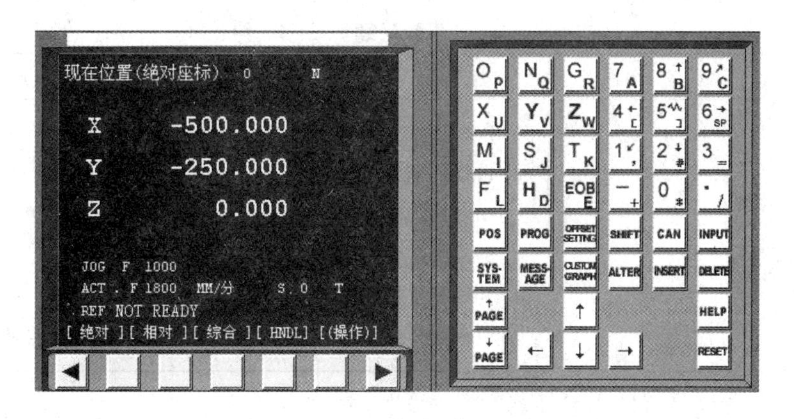

图1.8　FANUC 0*i* 数控系统操作面板

表1.2　MDI键盘功能说明

按键	名称	功能说明
X U / 1 ,	地址/数字键	按“地址/数字”键可输入字母、数字和其他字符
SHIFT	换档键	有些键的顶部有两个字符，按“SHIFT”键来选择字符，当一个特殊字符在屏幕上显示时，则表明键面右下角的字符可以输入
INPUT	输入键	“INPUT”键用于输入参数和补偿值，即把键入到输入缓冲器中的数据拷贝到寄存器中
CAN	取消键	“CAN”键用于删除已输入到输入缓冲器的最后一个字符或者符号
EOB E	换行键	“EOB”键表示程序段结束
ALTER INSERT DELETE	编辑键	“ALTER”键用于程序替换； “INSERT”键用于程序插入； “DELETE”键用于程序删除
HELP	帮助键	“HELP”键用于显示机床操作方法、报警的详细信息和参数表
RESET	复位键	“RESET”键用于CNC复位，消除报警
↑ ← ↓ →	光标移动键	光标移动键用于光标的不同方向移动
↑PAGE ↓PAGE	翻页键	“PAGE↑”键用于在屏幕上朝前翻一页； “PAGE↓”键用于在屏幕上朝后翻一页

表1.2(续)

按键	名称	功能说明
POS PROG OFFSET SETTING SYS-TEM MESS-AGE CUSTOM GRAPH	功能键	“POS”键显示位置画面； “PROG”键显示程序画面； “OFFSET/SETTING”键显示刀偏/设定画面； “SYSTEM”键显示系统画面； “MESSAGE”键显示信息画面； “CUSTOM/GRAPH”键显示用户宏画面/刀具轨迹图形画面

2)数控车床控制面板

数控车床控制面板如图1.9所示，常用按钮功能说明见表1.3。

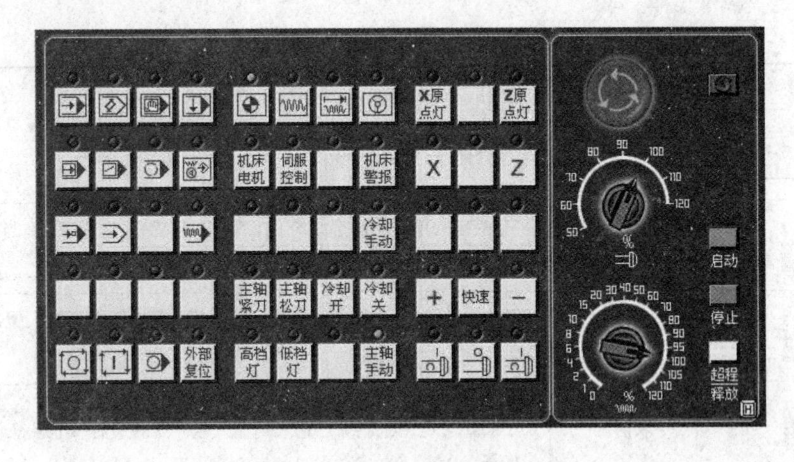

图1.9　数控车床控制面板

表1.3　机床控制面板按钮功能说明

按钮	名称	功能说明
	电源开关	“绿”按钮为开系统电源
		“红”按钮为关系统电源
	急停	按下“急停”按钮，机床移动立即停止，且所有输出(如主轴的转动等)都会关闭
	回参考点	进入回参模式，刀架可沿 X 轴或 Z 轴正向回到机床参考点位置
	手动	进入手动操作模式，可使刀架在 X 轴、Z 轴方向移动

表1.3(续)

按钮		名称	功能说明
		寸动	进入手动寸动模式，按动一次手动轴向移动按钮，则向该轴步进一步
		手轮	进入手轮/手动点动模式
X Z		方向按钮	手动方式下，选择刀架沿 X 轴或 Z 轴方向的移动
主轴		正转	控制主轴正转
		停止	控制主轴停止转动
		反转	控制主轴反转
		自动	进入自动加工模式，可按照CNC存储器中存储的程序进行加工
		编辑	进入程序编辑状态，可通过操作面板编辑程序，或使程序读入控制系统
		单动	进入MDI模式，可通过操作面板输入程序段并执行，但不能存储该程序段
		单节执行	刀具执行完一个程序段后停止，再按一次“循环启动”，执行后续程序段
		单节跳过	该键被按下，程序运行时跳过符号“/”有效
		选择性停止	该键被按下，程序中M01有效
		循环启动	程序运行开始，模式选择处于“自动”或“单动”位置时按下有效
		循环保持	程序运行暂停，再按“循环启动”按钮，恢复运行
		主轴转速调整	通过该旋钮选择主轴转速倍率，改变主轴转速
		进给倍率开关	通过该旋钮改变刀架在手动模式及自动模式下的工作进给速度

1.1.2.4 数控车床基本操作

下面以宇龙数控加工仿真软件为例，说明数控车床基本操作。

1）进入数控加工仿真系统

操作步骤：点击“开始”—“程序”—“数控加工仿真系统”，如图1.10所示。系统弹出“用户登录”对话框，点击“快速登录”按钮进入仿真系统操作界面。

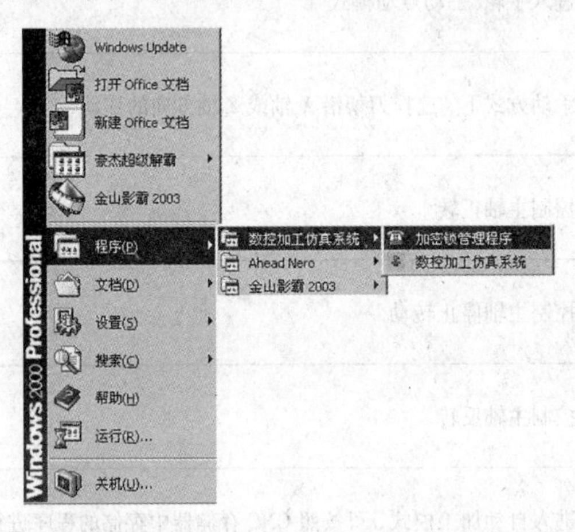

图1.10 进入宇龙数控加工仿真系统的操作

2）选择数控机床

操作步骤：点击菜单栏中的“机床”—“选择机床”，在“选择机床”对话框中选择控制系统类型和相应的机床，按“确定”按钮，如图1.11所示。

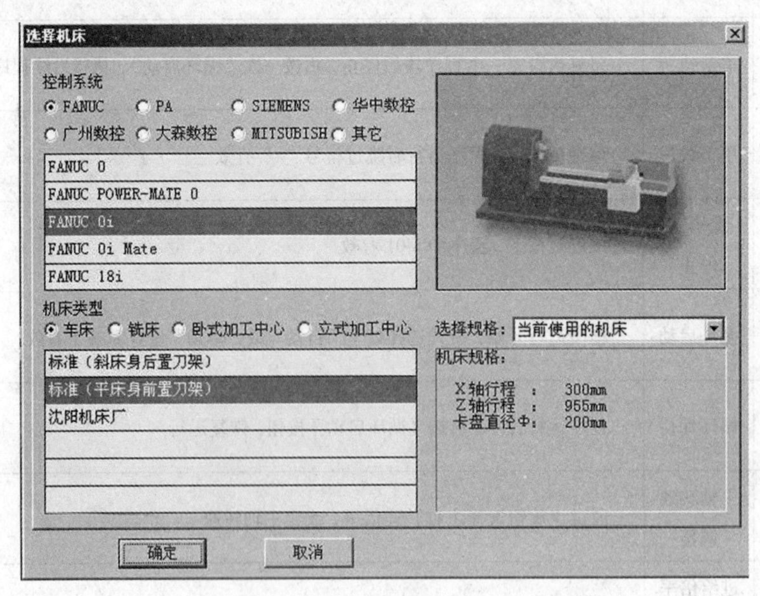

图1.11 选择机床

3）开机与关机

开机操作步骤：点击“启动”按钮，此时“机床电机”和“伺服控制”的指示灯变亮，松开“急停”按钮（ ），完成开机操作。

关机操作步骤与开机操作步骤相反，即先按“急停”按钮，再按“停止”按钮。

4）回参考点

数控车床开机后，应进行回参考点操作，以建立机床坐标系。

回参考点操作步骤：点击“回参考点”按钮（ ），点击“*X*轴选择”按钮（X），使*X*轴方向移动指示灯变亮（X），点击“*X*轴正方向移动”按钮（+），使*X*轴回参考点灯变亮（X原点灯），完成*X*轴回参考点操作。同样，依次点击“*Z*轴选择”按钮（Z），再点击“*Z*轴正方向移动”按钮（+），使*Z*轴回参考点灯变亮（Z原点灯），完成*Z*轴回参考点操作。

注意：回参考点时，必须先回*X*轴方向，后回*Z*轴方向。

以下情况，必须进行回参考点操作：① 机床关机后重新接通电源；② 机床解除急停状态后；③ 机床超程解除后；④“机床锁定”状态下进行程序空运行操作后。

5）离开参考点

离开参考点时，为避免刀架与尾座发生碰撞，应先使*Z*轴向负方向移动，再使*X*轴向负方向移动。

数控车床移动刀架有三种操作方式：寸动进给、快速进给和手轮进给。

6）安装毛坯

按图1.12所示操作步骤安装毛坯。

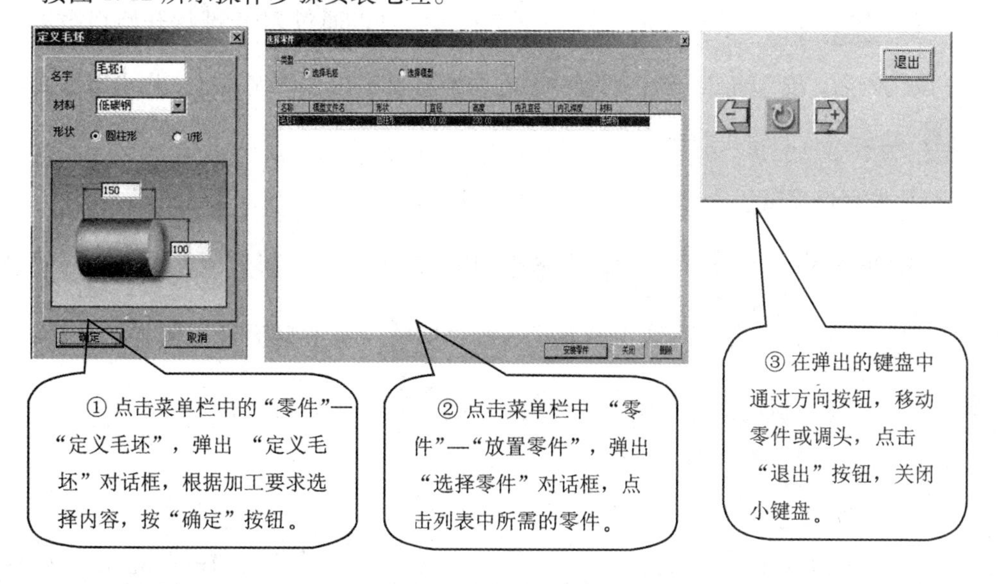

图1.12　毛坯选择操作

7)选择刀具

按图 1.13 所示操作步骤选择刀具。

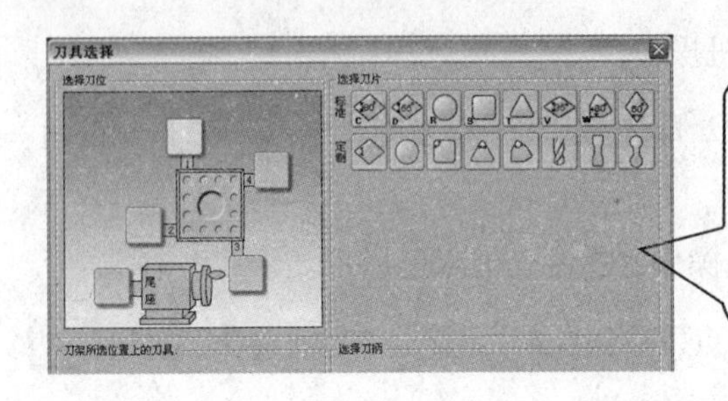

点击菜单栏中的“机床”—“选择刀具”，弹出“刀具选择”对话框，根据加工需要选择刀片、刀柄，变更“刀具长度”和“刀尖半径”值，之后点击“确定”按钮。

图 1.13　刀具选择操作

8)数控程序导入、输入与编辑

数控程序可以通过记事本或写字板等编辑软件导入并保存为文本格式(即“＊.txt”格式)文件，也可直接用 MDI 键盘输入。

(1)数控程序导入。

先点击“编辑”键( )，再点击“程式”键(PROG)，然后按软键“操作”；在出现的下级子菜单中按软键“▶”，再按菜单软键“READ”；点击“数字/字母”键，输入“O××××”(程序号)，然后按软键“EXEC”，点击菜单“机床/DNC 传送”，在弹出的对话框中选择所需的 NC 程序；点击“打开”确认，则数控程序被导入并显示在 CRT 界面上。

(2)数控程序输入。

先点击“编辑”键( )，再点击“程式”键(PROG)，用 MDI 键盘输入程序号。按“输入”键(INSERT)，CRT 界面上将显示一个空程序，可以通过 MDI 键盘开始程序输入。输入一段代码后，按“输入”键，则缓冲区的内容将显示在 CRT 界面上，用“回车换行”键(EOB E)结束一行的输入后换行。

(3)数控程序编辑。

常用编辑键作用如下：按“↑ PAGE”“↓ PAGE”用于翻页，按“↑ ↓ ← →”用于移动光标，按“CAN”用于删除输入域中的数据，按“DELETE”用于删除光标所在的代码，按“ALTER”用于把输入域的内容替代光标所在处的代码。

9)运行程序

(1)自动/连续方式。

打开 NC 程序，光标移动到程序头。先点击“自动运行”按钮( )，再点击“循环启动”按钮(), 程序开始执行。当按下“进给保持”按钮()时, 程序停止执行; 再点击“循环启动”按钮, 程序从暂停位置开始执行。

(2)自动/单段方式。

打开NC程序, 光标移动到程序头。先点击“自动运行”按钮(), 再点击“单节执行”按钮(), 然后按“循环启动”按钮, 程序开始执行。

10)图形模拟

配置FANUC 0*i* Mate-TC系列的FTC-20L型卧式数控车床提供有图形模拟功能。图形模拟操作步骤如下: 在自动方式下打开加工程序, 开启“机床锁住”按钮, 按“程式预演”按钮, 对模拟参数进行设置, 然后按“图形”软键, 然后按“循环启动”按钮, 屏幕显示刀具运动轨迹。图形模拟结束后, 解除机床锁住和图形模拟功能, 执行回参考点操作。

1.1.3　任务实施

1)进入数控加工仿真系统并选择机床

按图1.11所示操作顺序进入宇龙数控加工仿真系统。

2)选择机床

选择机床, 如FANUC控制系统, FANUC 0*i*系列, 标准类型数控车床。

3)开机操作

遵守开机操作规程, 完成开机操作。

4)执行回参考点操作

选择手动操作, 先*X*轴方向、后*Z*轴方向分别“回零”, 待操作面板回参考点指示灯亮, 手动或手轮方式使刀架先*Z*轴方向、后*X*轴方向离开参考点, 直至适当位置。

5)安装工件

点击菜单栏“零件”—“定义毛坯”, 在弹出的“定义毛坯”对话框中, 选择棒料(如输入毛坯参数ϕ 40×100, 材料选择45钢)。点击菜单栏中“零件”—“放置零件”, 选择列表中的毛坯, 根据需要移动并安装零件。

6)安装刀具

点击菜单栏“机床”—“选择刀具”, 在弹出“刀具选择”对话框中, 点亮1号刀位, 选择刀具(如60°刀尖角, 93°主偏角, 外圆车刀, 0.3刀尖圆角半径等), 然后点击“确定”按钮。

7)录入程序并检查

点击控制面板中的“编辑”键, 通过系统面板输入给定数控加工程序, 并检查。

8)设定工件坐标系

在“刀具补偿”的“T0101”界面中输入刀补值。

9)空运行程序

自动方式下,开启"机床锁住"和"图形模拟"功能,点击"循环启动",运行程序,观察模拟轨迹。模拟完后,解除"机床锁住"和"图形模拟"功能。

10)关机

关闭数控加工仿真系统,关闭计算机。

1.1.4 考核评价

任务学习结束后,学生对操作过程自查自检,教师对学生工作过程进行评价,并填写"考核评分表",见表 F.6。

复习题

1)**填空题**(将正确答案填写在画线处)

(1)数控机床标准坐标系统采用右手直角笛卡儿坐标系,其中大拇指代表________轴,食指代表________轴。

(2)数控机床坐标系中绕 Z 轴旋转的回转运动坐标轴是________轴。

(3)确定数控机床坐标轴时,一般应先确定________,再确定________,最后确定________。

(4)数控机床 CRT/MDI 面板的功能键中,OFFSET/SETTING 键用于存储________,DELETE 键用于________,PROG 键用于________。

(5)数控机床开机时,一般要进行回参考点操作,其目的是________。

2)**选择题**(在若干个备选答案中选择一个正确答案,填写在括号内)

(1)程序的修改步骤,应该是将光标移至要修改处,输入新的内容,然后按(　　)键即可。

A. 插入　　B. 删除　　C. 替代　　D. 复位

(2)数控机床上有一个机械原点,该点到机床坐标零点在进给坐标轴方向上的距离可以在机床出厂时设定,该点称(　　)。

A. 工件零点　　B. 机床零点　　C. 机床参考点

(3)不适于在数控机床上加工的工件是(　　)。

A. 形状复杂　　B. 毛坯余量不稳定

C. 精度高　　D. 普通机床难加工

(4)ISO 标准规定,Z 坐标为(　　)。

A. 制造厂规定的方向　　B. 平行于工件装夹面的方向

C. 平行于主轴轴线的坐标

(5)数控机床坐标的正方向是指(　　)。

A. 刀具远离工件的方向　　B. 刀具趋近工件的方向

C. 使工件尺寸增大的方向

(6)下列有关数控机床坐标系的说法中(　　)是错误的。

A. 刀具相对静止的工件而运动的原则

B. Z 轴的正方向是使工件远离刀具的方向

C. 标准的坐标系是一个右手直角笛卡儿坐标系

D. 主轴旋转的顺时针方向是按右旋螺纹进入工件的方向

(7)确定数控机床坐标系统运动关系的原则是假定(　　)。

A. 刀具、工件都运动　　　　B. 工件相对于静止的刀具而运动

C. 刀具相对静止的工件而运动　　　　D. 刀具、工件都不运动

(8)若删除缓冲区内的一个字符，则需要按(　　)键。

A. CAN　　B. HELP　　C. RESET　　D. INPUT

(9)数控程序编程功能中常用的修改键是(　　)。

A. INSERT　　B. DELETE　　C. ALTER

(10)以下(　　)键为数控机床 CRT/MDI 面板上的复位键。

A. DELETE　　B. RESET　　C. CAN

3)判断题(判断下列叙述是否正确，在正确的叙述后面画“√”，在错误的叙述后面画“×”)

(1)数控机床的机床坐标原点和机床参考点是重合的。(　　)

(2)机床参考点通常设在机床各轴工作行程的极限位置上。(　　)

(3)在数控机床的坐标系中，朝着工件靠近的方向为正、离开为负。(　　)

(4)数控程序编制功能中常用的插入键是“INSERT”键。(　　)

(5)在 CRT/MDI 面板中用于程序编制的是“POS”键。(　　)

(6)数控机床中 MDI 是机床诊断智能化的英文缩写。(　　)

(7)不同结构布局的数控机床有不同的运动方式，但无论何种形式，编程时都认为刀具相对于工件运动。(　　)

(8)刀具路径轨迹模拟时，必须在自动方式下进行。(　　)

任务 1.2　数控车床对刀操作

1.2.1　工作任务

数控车床对刀操作工作任务见表 1.4。

表 1.4　数控车床对刀操作工作任务

<table>
<tr>
<td>任务描述</td>
<td>
在数控车床上执行对刀操作，工件坐标原点于工件右端面与回转轴的交点上，根据所给程序完成如图 1.14 所示零件的加工。已知，毛坯尺寸 φ40 mm，材料为铝。
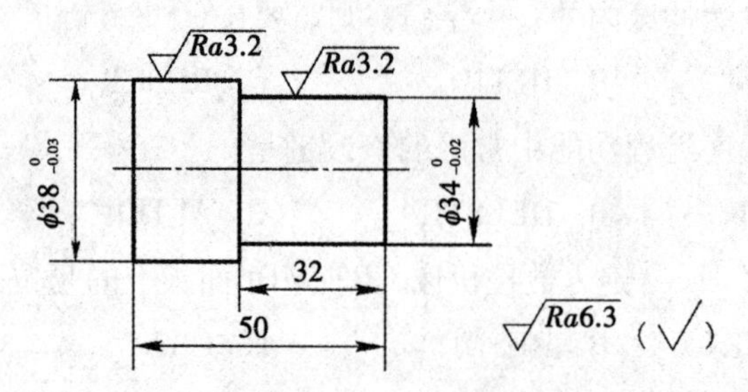

图 1.14　任务零件
程序如下：
<table>
<tr><td>O0001</td><td></td></tr>
<tr><td>N0010 G54 G40 G97 G99;</td><td>N0130 X50.0;</td></tr>
<tr><td>N0020 S1200 M03 T0101;</td><td>N0140 G00 Z2.0;</td></tr>
<tr><td>N0030 G00 X50.0;</td><td>N0150 M00;</td></tr>
<tr><td>N0040 Z0;</td><td>N0160 S1800 M03 T0101;</td></tr>
<tr><td>N0050 G01 X0 F0.2;</td><td>N0170 G00 X33.99;</td></tr>
<tr><td>N0060 G00 Z2.0;</td><td>N0180 G01 Z-32.0 F0.08;</td></tr>
<tr><td>N0070 X38.5;</td><td>N0190 X37.99;</td></tr>
<tr><td>N0080 G01 Z-55.0;</td><td>N0200 Z-55.0;</td></tr>
<tr><td>N0090 X50.0;</td><td>N0210 X50.0;</td></tr>
<tr><td>N0100 G00 Z2.0;</td><td>N0220 G00 X100.0 Z100.0;</td></tr>
<tr><td>N0110 X34.5;</td><td>N0230 M05;</td></tr>
<tr><td>N0120 G01 Z-31.9;</td><td>N0240 M30;</td></tr>
</table>
</td>
</tr>
</table>

表1.4(续)

<table>
<tr><td>知识点与
技能点</td><td>知识点：◇数控车床安全操作规程
◇工件坐标系及其建立
◇数控车床对刀原理及其方法
技能点：◇数控车床上装夹工件
◇数控车床上安装刀具
◇数控车床对刀操作
◇数控车床刀补修调</td></tr>
<tr><td>工艺条件</td><td>(1)车床：配置 FANUC 0i 系统卧式数控车床一台；
(2)毛坯：ϕ40 mm 铝棒；
(3)刀具、量具及其他：
<table>
<tr><th>名 称</th><th>规 格</th><th>数 量</th></tr>
<tr><td>外圆车刀</td><td>93°</td><td>1</td></tr>
<tr><td>切断刀</td><td>3</td><td>1</td></tr>
<tr><td>游标卡尺</td><td>0~150，0.02</td><td>1</td></tr>
<tr><td>外径千分尺</td><td>25~50，0.01</td><td>1</td></tr>
</table></td></tr>
</table>

1.2.2　相关知识

1.2.2.1　数控车床安全操作规程

使用数控车床时，一定要规范操作，以免发生人身、设备安全事故。

(1)工作时要穿好工作服、安全鞋，戴好工作帽，应注意不允许戴手套操作机床。

(2)不得移动或损坏安装在机床上的警告标牌，不要在机床周围放置障碍物，工作空间应足够大。

(3)机床通电后，要认真检查电压、油压是否正常，有手动润滑的部位先要进行手动润滑。

(4)检查各开关、按钮和按键是否正常、灵活，机床有无异常现象，通过试车的方式进行检查。

(5)要使用机床允许规格的刀具，及时更换破损刀具，刀具安装后应进行一至两次试切削。

(6)正确测量和计算工件坐标系，并对所得结果进行检查。

(7)程序输入后，应仔细核对，包括对代码、地址、数值、正负号、小数点及语法的核对。

(8)未装工件前，空运行一次程序，看程序能否顺利运行，刀具和夹具安装是否合理，有无超程现象。试切时快速进给，倍率开关必须打到较低挡位。

(9)必须在确认工件夹紧后才能启动机床。机床开动前，必须关好机床防护门。

(10)试切和加工中，刃磨刀具和更换刀具后，要重新测量刀具位置并修改刀补值和刀补号。

(11) 手动进给连续操作时，必须检查各种开关所选择的位置是否正确、运动方向是否正确，然后再进行操作。

(12) 严禁工件转动时测量、触摸工件。

(13) 操作中出现工件跳动、打抖、声音异常、夹具松动等异常情况时，必须立即停机处理。

(14) 机床在自动执行程序时，操作人员不得撤离岗位，要密切注意机床、刀具的工作状况，根据实际加工情况调整加工参数。一旦发现意外情况，应立即停止机床动作。

(15)加工完毕，清除切屑、擦拭机床，使工作台面远离行程开关后关机。

1.2.2.2　数控车床上装夹工件

在数控车床上装夹工件时，所用的夹具类型主要有：圆周定位夹具、中心孔定位夹具及其他车床夹具。

(1)圆周定位夹具。

① 三爪自定心卡盘。它是数控车床上最常用的通用卡具，其最大的优点是可以自动定心、夹持范围大、装夹效率高，但定心精度存在误差，不适于同轴度要求高的工件的二次装夹。在三爪自定心卡盘上装夹工件时，应注意悬伸长度一般控制在直径的3~4倍。

② 液压动力卡盘。三爪自定心卡盘除机械式外，还有液压式。液压卡盘动作灵敏，装夹迅速、方便，且能实现较大压紧力，但夹持范围变化小，且尺寸变化大时需重新调整卡爪位置。液压动力卡盘夹紧力的大小可通过调整液压系统的油压进行控制，以适应棒料、盘类零件和薄壁套筒零件的装夹。

③ 高速动力卡盘。为了提高数控车床的生产效率，对主轴提出越来越高的要求，以实现高速甚至超高速切削，现在有的数控车床甚至可达到10000 r/min。对于如此高的转速，一般的卡盘已不适用，而必须采用高速动力卡盘才能保证车床安全可靠工作。

一个方法是增设离心力补偿装置，利用补偿装置的离心力抵消卡爪组件离心力造成的夹紧力损失；另一个方法是减轻卡爪组件质量以减小离心力。高速动力卡盘应定期清洗和润滑，以保证正常工作。

④ 软爪。由于三爪自定心卡盘精度不高，因此当加工同轴度要求高的工件的二次装夹时，应使用软爪。软爪通常用低碳钢制造，使用前根据被加工工件定位面进行车削加工(如图1.15所示)，以保证卡爪中心与主轴中心同轴。车削软爪时，最好使软爪的内圆直径等于或略小于所要装夹工件的外径，以消除卡盘的定位间隙并增加软爪与工件的接触面积，如图1.16所示。在车削软爪或每次装卸零件时，应注意固定使用同一扳手方孔，夹紧力也要均匀一致，改用其他扳手方孔或改变夹紧力的大小，都会改变卡盘平面

螺纹的移动量，从而影响装夹后的定位精度。

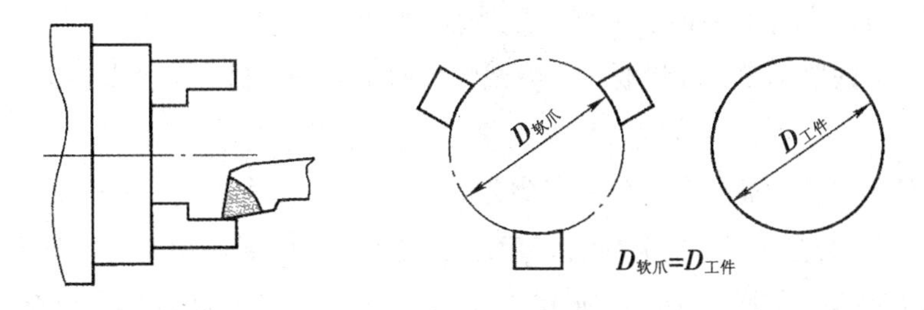

图 1.15　加工软爪　　图 1.16　软爪的内圆直径与工件直径的关系

⑤ 四爪卡盘。其装夹工件比较费时，一般在数控车床上很少使用。

(2)中心孔定位夹具。

① 顶尖。双顶尖装夹工件无须找正，定心准确可靠，安装方便。

② 自动夹紧拨动卡盘。在数控车床上加工有中心孔的长轴时，工件用主轴顶尖定位，尾座顶尖顶紧后，主轴顶尖后退带动杠杆等机构夹紧工件，并将机床主轴的转矩传给工件。这类夹具在粗车时可传递足够大的转矩，以适应主轴高转速切削。

③ 拨齿顶尖。拨齿顶尖有内、外拨齿顶尖和端面拨齿顶尖两种。

内、外拨齿顶尖如图 1.17 所示，该顶尖适于装夹有中心孔的长轴，工件用顶尖定位，尾座前进时顶尖压缩弹簧退让，最后工件轴向顶紧在内锥的拨齿上，通过拨齿顶尖传递扭矩。

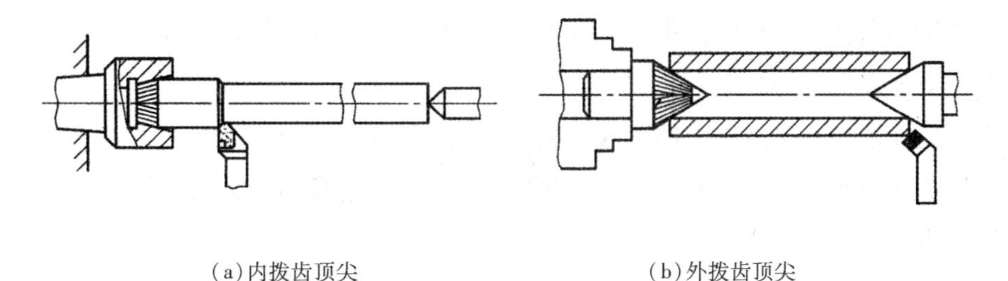

(a)内拨齿顶尖　　(b)外拨齿顶尖

图 1.17　内、外拨齿顶尖

端面拨齿顶尖是利用端面拨齿带动工件旋转，适合装夹的工件为 ϕ50~150 mm。

(3)其他车床夹具。

数控车床加工中有时会遇到一些形状复杂和不规则的零件，不能用以上夹具装夹，此时可考虑花盘、角铁、专用夹具等。

当装夹不规则偏重工件时，无论采用花盘，还是角铁，均应增加配重。

1.2.2.3　数控车床上安装刀具

刀具安装正确与否，将直接影响加工质量和切削效果。车刀安装时应注意以下几点。

(1)车刀伸出部分不宜过长，否则会使刀杆刚性变差，切削时易产生振动，影响工件的表面粗糙度。一般而言，伸出量不超过刀杆高度的 1.5 倍。

(2)车刀刀杆应与工件轴线垂直，否则会影响车刀角度。

(3)车刀垫铁要平整，数量要少，垫铁应与刀架对齐，螺钉压紧车刀刀杆后，螺钉应逐个拧紧。

(4)车刀安装后，需要检验车刀刀尖是否与工件轴心线等高，一般直接用车刀试车端面，观察其是否过工件中心来判断。车刀刀尖低于工件回转中心时，车削后工件端面中心处将留有凸头，如图 1.18(a)所示。图 1.18(b)所示为使用硬质合金车刀车端面时，刀尖高于工件中心，车削到中心处使刀尖崩碎。

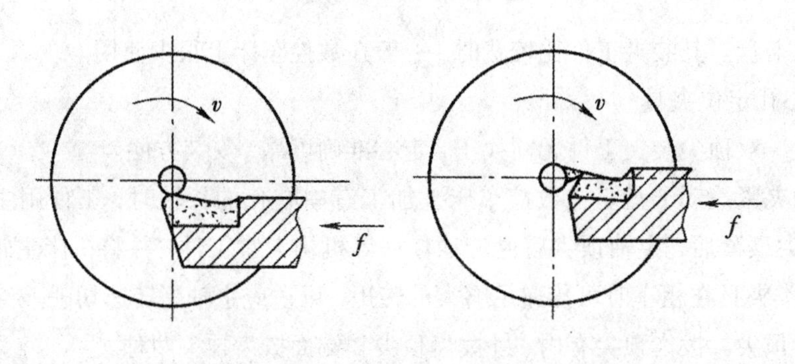

(a)刀尖低于回转中心　　(b)刀尖高于回转中心

图 1.18　车刀刀尖与工件回转中心不等高时的端面切削情况

1.2.2.4　工件坐标系及其建立

工件坐标系又称编程坐标系，是编程人员编程时根据零件图样及加工工艺建立的坐标系。该坐标系是人为设定的。

工件坐标系的原点又称工件原点或编程原点。为了便于编程，工件原点最好设在工件图样的基准上或工件的对称中心上。数控车床工件坐标原点一般设在主轴中心线与工件右端面或左端面的交点处。

工件通过机床夹具安装在工作台的适当位置，工件坐标系的坐标方向应与机床坐标系的坐标方向一致。工件坐标系原点需要操作人员通过对刀操作测量工件坐标原点到机床坐标原点之间的距离，这个距离称为工件原点偏置。将该偏置值预存到数控系统中，加工时工件坐标原点偏置值自动加到工件坐标系上，使数控系统按机床坐标系来确定加工时的坐标值。

工件坐标系与机床坐标系的位置关系如图 1.19 所示。

1.2.2.5　数控车床对刀原理及其方法

数控车床对刀要解决以下三个问题：一是要确定工件坐标原点在机床坐标系中的位置，从而建立工件坐标系；二是要考虑多把刀加工时，刀具的不同尺寸对加工的影响；三是刀具的磨损对加工的影响。

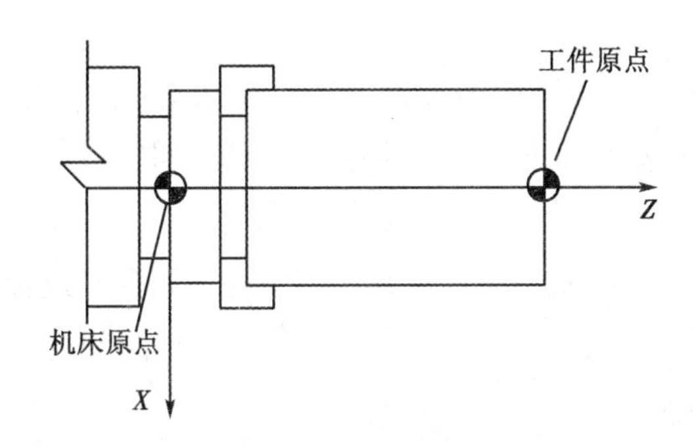

图1.19　工件坐标系与机床坐标系的关系

数控车床对刀，就是将各个刀具(图1.20中的基准刀具及其他刀具)通过直接或间接的方式使其刀位点与工件坐标原点重合(原理上的重合)，再通过相关操作使数控系统记忆该值。当运行加工程序时，数控系统通过程序调用，自动将该偏置值加到工件坐标系的坐标值中，从而间接控制刀具刀位点的运动。

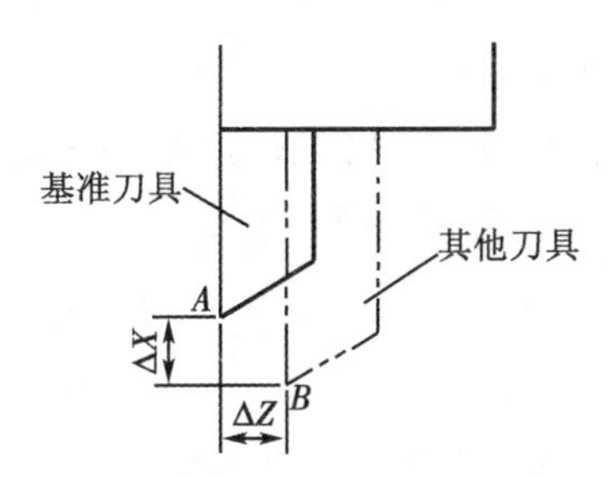

图1.20　刀具几何形状补偿

同理，在加工过程中由于刀具磨损使其位置发生变化，将磨损量输入到CNC的相应刀具补偿寄存器中，系统通过程序调用，使之得以补偿。

数控车床对刀方法有多种，如图1.21所示。

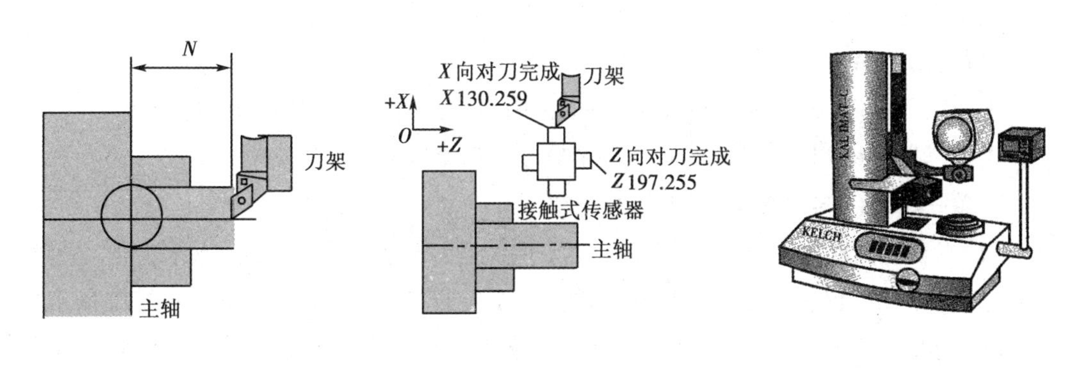

(a)手动试切对刀　(b)机械检测对刀仪对刀　(c)光学检测对刀仪对刀

图1.21　数控车床对刀方法

(1)手动试切对刀。

手动试切对刀是数控车床常用的对刀方法，对刀过程基本遵循“试切—测量—调整”的操作步骤，其特点是对刀准确，但对刀占机时间较长。

(2)机械检测对刀仪对刀。

机械检测对刀仪对刀是通过刀尖检测系统实现的。刀具接近接触式传感器，当刀尖触及传感器的固定触头并发出信号，数控系统自动记下该瞬间的坐标值，并修正刀具补偿寄存器中的刀具补偿值。

(3)光学检测对刀仪对刀。

光学检测对刀仪对刀的本质是在机床外预先测量出假想刀尖到刀具台基准之间 *X* 及 *Z* 方向的距离，以便在刀具装上机床后，将对刀长度输入刀具补偿寄存器相应补偿号中。

1.2.2.6 数控车床对刀操作

FANUC 系统数控车床用试切法设置工件坐标系的方法主要有三种：G54 ~ G59 指定工件坐标系；G50 指定工件坐标系；刀具长度补偿指定工件坐标系。

采用 G54 ~ G59 设定工件坐标系时，以刀架上的第一把刀为基准刀具，其余刀具与基准刀具的长度差值通过各自的刀具长度补偿值来进行补偿。用这种方法设定工件坐标系时，测量每一把刀具的长度补偿值较为麻烦，而且基准刀具的对刀误差同时会影响其他刀具的对刀误差。

直接以刀具长度补偿值来设定工件坐标系时，通过指令“T0×0×；”(FANUC 系统)或“T×D×；”(SIEMENS 系统)来实现。用这种方法设定工件坐标系时，首先假想一把基准刀具，该刀具位于机床原点，其余刀具均与基准刀具作比较，即各自进行独立对刀，然后将各自的对刀值输入各自的刀具长度补偿中。用这种方法进行对刀时，对刀简便，且每一把刀具的对刀误差不会影响其他刀具。

以刀尖当前点来指定工件坐标系时，通过指令“G50X　Z　；”或“G92X　Z　；”来实现。用这种方法设定的工件坐标系，关机后立即消失。因此，这种设定坐标系的方法一般不在加工中采用。

下面以 FANUC 0*i* 系统数控车床为例，说明手动试切对刀法对刀操作过程。

设有三把刀具：1 号外圆车刀、3 号螺纹车刀和 4 号内孔车刀。

1)第一把刀(1 号外圆车刀)的对刀步骤

(1)在安全位置调 1 号刀，使主轴正转，用 1 号刀车削工件右端面，车平为止，后沿 *X* 正向退出，此过程 *Z* 向不得有移动。在操作面板的刀具偏置补偿画面(图 1.22 所示)中，将光标置于番号“G 01”行的 *Z* 位置处，输入“Z0.”，按软键“测量”，则 1 号刀 *Z* 向对刀完成。

(2)用 1 号刀车削工件外圆，车后沿 *Z* 正向退出，此过程 *X* 向不得有移动，使主轴停转。测量加工后的外圆直径，并记录该值，将光标移至“G 01”番号行 *X* 位置处，输入

工具补正/形状			O9001	N0020
番号	X	Z	R	T
G_01	0.000	-428.251	0.000	0
G 02	0.000	0.000	0.000	0
G 03	0.000	0.000	0.000	0
G 04	0.000	0.000	0.000	0
G 05	0.000	0.000	0.000	0
G 06	0.000	0.000	0.000	0
G 07	0.000	0.000	0.000	0
G 08	0.000	0.000	0.000	0

现在位置(相对坐标)

U -29.773　　W -35.819

ADRS.　　S　　0T

EDIT

[磨耗]　[形状]　[工件移]　[MACRO]　[　]

图 1.22　刀具偏置补偿画面

"X 直径值"，再按软键"测量"，则1号刀 X 向对刀完成。

(3)输入刀具其他参数，包括刀尖圆角半径值和刀具半径补偿代号(在后面内容中作详细介绍)。

(4)使刀具远离工件至安全位置。

2)第二把刀(3号螺纹车刀)的对刀步骤

(1)安全位置换3号刀。

(2)使3号刀的刀尖与工件右端面对齐，如图1.23所示。在刀具偏置补偿画面中将光标放在番号"G 03"行，输入"Z0."，再按软键"测量"，3号刀 Z 向对刀完成。

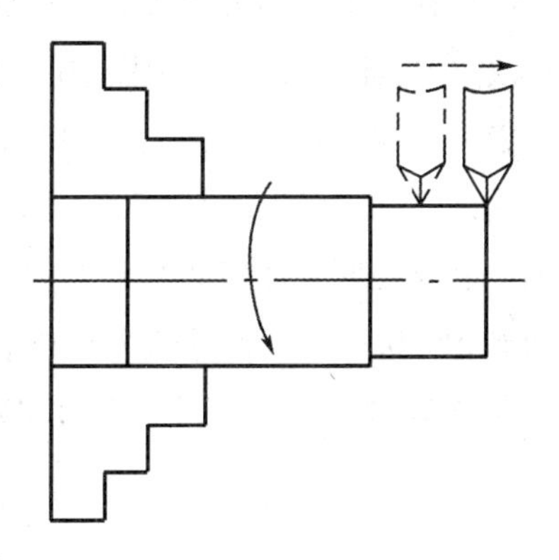

图 1.23　螺纹刀对刀

(3)使3号刀的刀尖与工件已车的外圆对齐(如果余量允许，可以切削工件外圆)，Z 向退出，停止主轴转动，测量外圆，并记录。在刀具偏置补偿画面中将光标放在番号"G 03"行，输入"X 直径值"，再按软键"测量"，则3号刀 X 向对刀完成。

(4)输入刀具其他参数，包括刀尖圆角半径值和刀具半径补偿代号。

(5)使刀具远离工件至安全位置。

3)第三把刀(4号内孔车刀)的对刀步骤

(1)安全位置换4号刀。

(2)用4号刀车削工件内孔，沿 X 轴负向退出，此时 Z 向不能移动，如图1.24(a)所示，使主轴停转。测量所车内孔深度并记录，进入刀具偏置补偿画面，将光标放在番号“G 04”行，输入“Z-深度值”，再按软键“测量”，则4号刀 Z 向对刀完成。

(3)用4号刀车削工件内孔，X 向不能移动，沿 Z 轴正向退出，如图1.24(b)所示，使主轴停转。测量内孔直径并记录，进入刀具偏置补偿画面中，将光标放在番号“G 04”行，输入“X 直径值”，再按软键“测量”，则4号刀 X 向对刀完成。

(4)输入刀具其他参数，包括刀尖圆角半径值和刀具半径补偿代号。

(5)使刀具远离工件至安全位置。

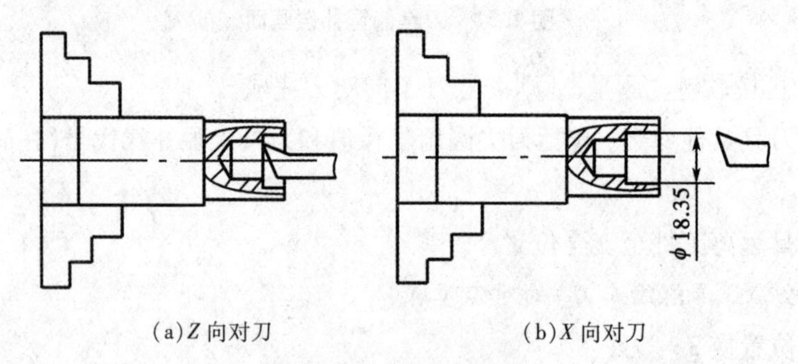

(a)Z 向对刀　　(b)X 向对刀

图1.24　内孔车刀对刀

1.2.2.7　数控车床刀补修调

无论采用哪种对刀方法，都存在一定的对刀误差，而且加工中刀具磨损也会使工件加工尺寸有误差，此时需要修改“刀具磨耗设置”画面中的数值。

例如，测得工件外圆尺寸偏大0.06 mm，长度偏大0.05 mm，则在刀具磨耗设置画面中的对应刀具的对应方向上，输入“-0.060”“-0.050”，如图1.25(a)所示。

如果磨耗原数值不是零时，需要在原来数值的基础上进行累加，输入累加后的数值。例如：原来的 X 向补偿值中有数值“0.1”，而尺寸偏大0.06，则输入“-0.06”再按软键“+输入”（或者输入“0.04”，再按软键“输入”），如图1.25(b)所示。

1.2.3　任务实施

1)开机

接通机床主电源开关，查看操作面板指示灯状态，待冷却风扇启动后，按下系统开关，待出现报警信号后，拔出急停旋钮，查看显示器机床状态并检查总压力表读数。

2)回参考点

手动操作，先 X 向、后 Z 向分别“回零”，待操作面板回参考点指示灯亮，手动或手轮方式使刀架先 Z 向、后 X 向离开参考点，直至到达适当位置。

工具补正/磨耗　　O0001 N0020

番号	X	Z	R	T
W 01	-0.060	-0.050	0.000	0
W 02	0.000	0.000	0.000	0
W 03	0.000	0.000	0.000	0
W 04	0.000	0.000	0.000	0
W 05	0.000	0.000	0.000	0
W 06	0.000	0.000	0.000	0
W 07	0.000	0.000	0.000	0
W 08	0.000	0.000	0.000	0

现在位置(相对坐标)

U -20.465　　W -16.346

ADRS.　　S　　0T

EDIT

[磨耗]　[形状]　[坐标系]　[MACRO]　[　]

(a)刀具磨耗一般设置方法

工具补正/磨耗　　O0001 N0020

番号	X	Z	R	T
W 01	0.040	-0.050	0.000	0
W 02	0.000	0.000	0.000	0
W 03	0.000	0.000	0.000	0
W 04	0.000	0.000	0.000	0
W 05	0.000	0.000	0.000	0
W 06	0.000	0.000	0.000	0
W 07	0.000	0.000	0.000	0
W 08	0.000	0.000	0.000	0

现在位置(相对坐标)

U -20.465　　W -16.346

ADRS.　　S　　0T

EDIT

[磨耗]　[形状]　[坐标系]　[MACRO]　[　]

(b)刀具磨耗累加设置方法

图 1.25　“刀具磨耗设置”画面

3)安装工件

选择三爪自定心卡盘，安装 ϕ40 mm 铝棒，根据需要进行找正。

4)安装刀具

在刀架上安装 93°外圆车刀，用试切法检查刀具安装是否合格。

5)对刀并检查

用试切法进行对刀操作，建立以主轴回转中心与工件右端面交点为坐标原点的工件坐标系。对刀后用 MDI 方式检查，注意此时进给倍率调整到 25%挡，以避免因对刀错误造成撞刀。

6)录入程序及图形模拟

编辑方式下，输入程序，检查程序，空运行程序。图形模拟结束回参考点。

7)工件加工

自动模式下运行数控加工程序，完成零件粗加工。

测量工件，修改磨耗补偿值，然后按“循环启动”按钮，继续运行后续精加工程序。测量工件，加刀补，运行程序至合格。

8)清理机床并关机

加工完毕，卸下工件。清理机床，对机床进行日常保养后关机，并将文件归档。

1.2.4　考核评价

加工结束后，检测工件加工质量。学生对操作过程自查自检，教师对学生工作过程进行评价，并填写“考核评分表”，见表 F.7。

复习题

1)**填空题**(将正确答案填写在画线处)

(1)用数控机床加工前，一般要进行对刀操作，其目的是________。

(2)数控系统每输出一个脉冲，机床移动部件的移动量称为________，它是数控系统所规定的最小设定单位。

(3)安装刀具时，刀具的刀尖必须________主轴旋转中心。

(4)在数控车床上采用试切法对 X 方向对刀时，试车削外圆后不可以沿________方向退刀。

(5)在数控车床加工过程中，按了紧急停止按钮后，应________。

2)**选择题**(在若干个备选答案中选择一个正确答案，填写在括号内)

(1)数控车床的开机操作步骤应该是(　　)。

A. 开电源，开急停开关，开 CNC 系统电源

B. 开 CNC 系统电源，开电源，开急停开关

C. 开电源，开 CNC 系统电源，开急停开关

D. 以上选项都不对

(2)在 Z 轴方向对刀时，一般采用在端面车一刀，然后保持刀具 Z 轴坐标不动，按(　　)按钮，即将刀具的位置确认为编程坐标系零点。

A. 回零　　B. 置零　　C. 空运转　　D. 暂停

(3)在自动加工过程中，出现紧急情况，可按(　　)键中断加工。

A. 复位　　B. 急停　　C. 进给保持　　D. 三者均可

(4)在数控机床上进行单段试切时，快速倍率开关应设置为(　　)。

A. 最低　　B. 最高　　C. 零　　D. 任意倍率

(5)以下选项中不属于数控机床日常维护的内容是(　　)。

A. 机床电器柜的散热通风　　B. 在通电情况下进行系统电池的更换

C. 长期搁置的机床每天空运行 1~2 h

3)**判断题**(判断下列叙述是否正确，在正确的叙述后面画“√”，在错误的叙述后面画“×”)

(1)用户在使用机床时，不允许随意改变控制系统内制造厂设定的参数。(　　)

(2)数控车床加工时，对刀点可以设置在被加工零件上或夹具上，也可以设置在车床上。(　　)

(3)数控机床的机床坐标原点和机床参考点是重合的。(　　)

(4)机床参考点通常设在机床各轴工作行程的极限位置上。(　　)

(5)工件坐标系就是编程人员在编程时设定的坐标系，也称为编程坐标系。(　　)

(6)R232 主要用于程序的自动输入。(　　)

(7)对刀点就是刀具相对工件运动的起点。(　　)

任务 1.3　阶梯轴的编程与加工

1.3.1　工作任务

阶梯轴编程与加工的工作任务见表 1.5。

表 1.5　阶梯轴编程与加工的工作任务

<table>
<tr><td>任务描述</td><td>阶梯轴如图 1.26 所示，要求制定零件加工工艺方案，编写数控加工程序，并操作数控车床完成零件加工。已知，毛坯为 ϕ30 mm 圆钢，材料为 Q235-A。
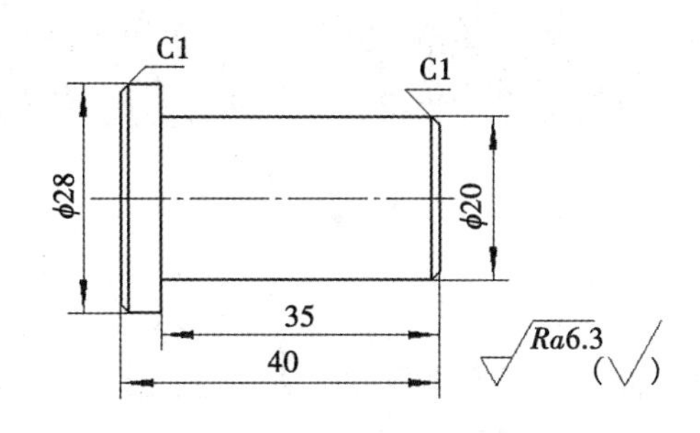

图 1.26　阶梯轴零件图</td></tr>
<tr><td>知识点与技能点</td><td>知识点：◇刀位点、对刀点、换刀点
◇数控编程的方法
◇数控车床编程特点及编程规则
◇数控机床的五大功能及指令属性
◇数控加工程序结构
◇工件坐标系设定(G54～G59，G50)指令功能、格式及用法
◇快速点定位(G00)、直线插补(G01)的指令功能、格式及用法
技能点：◇编写阶梯轴数控加工程序的一般步骤及方法</td></tr>
<tr><td>工艺条件</td><td>(1)车床：配置 FANUC 0i 系统卧式数控车床一台。
(2)毛坯：ϕ30 mm 圆钢，材料为 Q235-A。
(3)刀具、量具及其他：
<table>
<tr><td>名称</td><td>规格</td><td>数量</td></tr>
<tr><td>外圆车刀</td><td>93°</td><td>1</td></tr>
<tr><td>切断刀</td><td>3</td><td>1</td></tr>
<tr><td>游标卡尺</td><td>0～150，0.02</td><td>1</td></tr>
</table></td></tr>
</table>

1.3.2 相关知识

1.3.2.1 数控车削加工工艺

在数控车床上加工零件，首先要根据零件图制定合理的工艺方案，然后才能进行编程和加工。工艺方案制定的合理与否，直接影响编程质量、加工精度和生产效率。这里重点介绍数控车削加工时切削用量的选择、进给路线的拟定，以及车刀相关点。

1)数控车刀的刀位点、对刀点与换刀点

数控车刀的刀位点是数控加工时用来确定刀具位置的基准点。对于车刀、镗刀等尖形车刀，刀位点为刀尖；对于钻头，刀位点为钻尖；对于圆弧形车刀，刀位点为圆心。

对刀点是数控加工中刀具相对工件运动的起点，也称“程序起点”。对刀点必须与工件的定位基准有已知的确定关系，以便建立工件坐标系与机床坐标系之间的关系。

数控加工中用于换刀的点称为换刀点。换刀点的选择应远离工件和夹具，且保证有足够的换刀空间。

2)切削用量的选择

车削加工时切削用量的选择应根据机床性能、工艺手册，并结合实际经验，用类比方法确定，同时使主轴转速、切削深度及进给速度相互适应，以形成最佳切削用量。表1.6为数控车削加工时切削用量参考值。

表 1.6 数控车削加工时切削用量推荐表

工件材料	加工方式	背吃刀量 /mm	切削速度 $/(\mathrm{m \cdot min^{-1}})$	进给量 $/(\mathrm{mm \cdot r^{-1}})$	刀具材料
碳素钢 σ_b>600 MPa	粗加工	5~7	60~80	0.2~0.4	YT类
	粗加工	2~3	80~120	0.2~0.4	
	精加工	0.2~0.3	80~120	0.1~0.2	
	车螺纹		50~100	导程	W18Cr4V
	钻中心孔		500~800 $/(\mathrm{r \cdot min^{-1}})$		
	钻孔		20~30	0.1~0.2	
	切断(宽度小于5 mm)		70~110	0.1~0.2	YT类
合金钢 σ_b=1470 MPa	粗加工	2~3	50~80	0.2~0.4	YT类
	精加工	0.1~0.15	60~100	0.1~0.2	
	切断(宽度小于5 mm)		40~70	0.1~0.2	
铸铁 200 HBS以下	粗加工	2~3	50~70	0.2~0.4	YG类
	精加工	0.1~0.15	70~100	0.1~0.2	
	切断(宽度小于5 mm)		50~70	0.1~0.2	

表1.6(续)

工件材料	加工方式	背吃刀量/mm	切削速度/(m·min^{-1})	进给量/(mm·r^{-1})	刀具材料
铝	粗加工	2~3	600~1000	0.2~0.4	YG类
	精加工	0.2~0.3	800~1200	0.1~0.2	
	切断(宽度小于5 mm)		600~1000	0.1~0.2	
黄铜	粗加工	2~4	400~500	0.2~0.4	YG类
	精加工	0.1~0.15	450~600	0.1~0.2	
	切断(宽度小于5 mm)		400~500	0.1~0.2	

3)进给路线的拟定

数控车削加工进给路线拟定应遵循以下基本原则。

(1)精加工余量均匀性原则。均匀的精加工余量有利于改善加工条件，保证工件加工质量。

(2)最短空行程路线原则。在图1.27(a)中，起刀点 A 设置在离坯料较远处，即起刀点、对刀点、换刀点重合在一起；图1.27(b)则是将起刀点设于 B 点处，起刀点与对刀点、换刀点分离。显然，图1.28(b)所示进给路线短，空行程短。

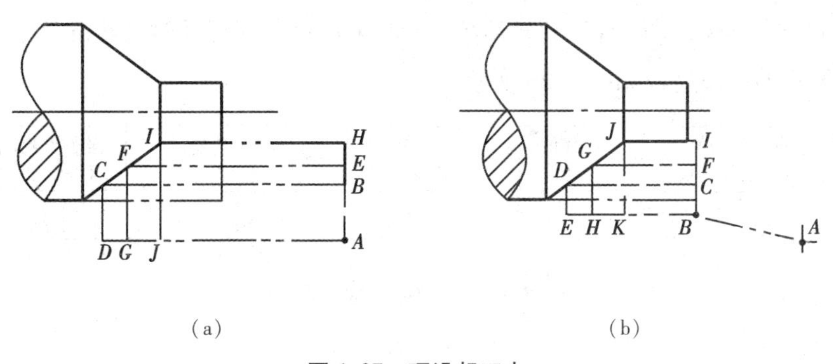

图1.27　巧设起刀点

(3)切削进给路线短且易于编程的原则。若能使切削进给路线最短，就可有效地提高生产效率，降低刀具的损耗。图1.28为粗车工件的几种不同切削进给路线。其中，图1.28(a)为沿轮廓进行切削进给的路线，切削进给路线较长，有空走刀，精车余量均匀；图1.28(b)为“三角形”的进给路线，切削进给的路线较短，但要计算终刀位置尺寸；图1.28(c)为“矩形”进给路线，切削进给的路线最短，在粗车后应进行半精加工。

经分析，在以上三种切削进给路线中，矩形循环进给路线的走刀长度总和为最短，且编程容易。因此，当毛坯余量较大时，多采用矩形循环进给路线。在安排粗加工或半精加工的切削进给路线时，应同时兼顾被加工零件的刚性及工艺性要求，不可顾此失彼。

(4)刀具切向切入与切向切出，以及精加工最后一刀要连续进给的原则。精加工时，

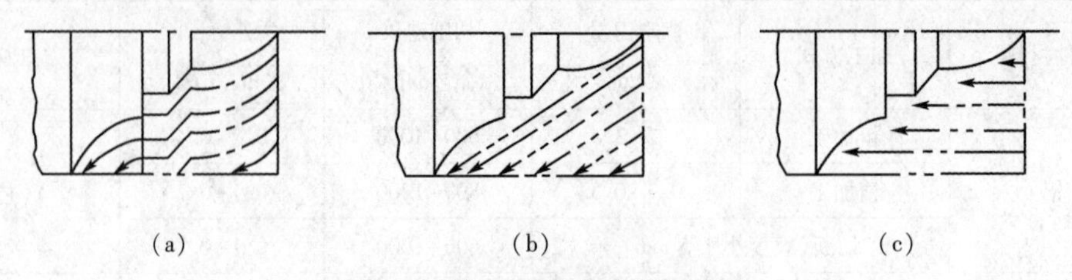

图 1.28　最短走刀路线分析示意图

尽量避免在连续的轮廓中安排切入、切出、换刀或停顿，以免因切削力突然变化而造成弹性变形，使光滑连接的轮廓上产生刀痕等缺陷。

总之，确定加工路线时，应考虑以下几点：保证被加工零件的尺寸精度和表面质量；提高生产率；加工路线短，降低刀具损耗；数值计算简单，且便于编程。

1.3.2.2　数控车床编程基础

1)数控编程的方法

数控编程有手工编程和自动编程两种。

(1)手工编程。

手工编程是指整个程序编制工作都由人工来完成。对于几何形状不太复杂的零件，所需的加工程序不长，数值计算比较简单，此时采用手工编程及时且经济。

手工编程的一般过程如图 1.29 所示。

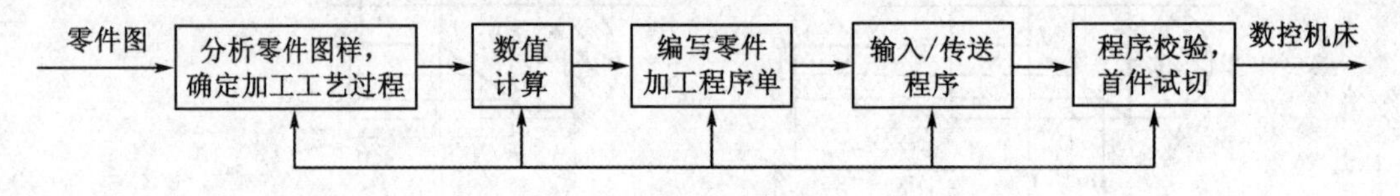

图 1.29　数控编程步骤

(2)自动编程。

数控编程还可采用自动编程。根据输入方式不同，自动编程分为图形数控自动编程、语言数控自动编程和语音数控自动编程。目前，图形数控自动编程应用最为广泛。图形数控自动编程是将零件图样信息输入计算机，再通过自动编程软件的处理，转换成数控机床能执行的数控加工程序，编程的大部分工作由计算机来完成。由于计算机自动编程可代替人工完成繁琐的数值计算，因此自动编程适用于几何形状复杂，或形状虽不复杂但计算困难(如非圆曲线的计算)及编程工作量大的零件。

2)数控加工程序的一般结构

一个完整的数控加工程序由程序名、程序内容和程序结束指令三部分组成，兹举例说明如下。

```
O0001                                  程序名
N10 G50 X200.0 Z150.0 T0101;  ⎫
N20 G97 S150 M03;             ⎪
N25 G00 X20.0 Z6.0;           ⎬        程序内容
N30 G01 X30.0 Z-20.0 F0.25;   ⎪
……                            ⎭
N90 M02;                               程序结束指令
```

上例中，“O0001” 为程序名，程序内容是由若干程序段组成，“M02” 结束整个程序。

(1)程序名。置于程序的开头，作为程序存储、调用、检索的标记。FANUC 系统程序名通常以地址字“O”(或“P”)及 1~9999 范围内的任意数字组成。

(2)程序内容。由若干程序段组成，每个程序段由程序段号“N”开头，以程序段结束符“；”结束。

程序段号由地址字“N”和数字组成，它只作为程序段的识别标记，数字大小顺序不表示加工或控制顺序。在有些数控系统中，程序段号可以部分或全部省略。

每个程序字由一个地址符和数字组成，如 G01，X120.0，Z6.0，F0.25，S150，T0101，M03 等，每个程序字表示一种功能指令。

程序段末尾的“；”为程序段结束符号，也有系统用“LF”表示。

程序段中的程序字，除程序段号与程序段结束字符外，其余各字的顺序并不严格，可先可后，但为便于编写，习惯上按“N，G，X，Y，Z，…，F，S，T，M”的顺序编写。

(3)程序结束指令。用“M02”或“M30”作为独立程序段置于程序最后一段，表示整个程序结束。

注意：不同的数控机床，加工程序有所不同，编程前应针对具体数控机床，严格按机床编程手册中的规定进行程序编制。

3)数控车床编程特点

(1)径向尺寸以直径量表示。数控车床的编程有直径编程和半径编程，数控车床出厂时均设定为直径编程。如果以半径编程，需要改变系统中的有关参数或用相关指令在程序中设定。

(2)混合编程。数控车床编程时，根据被加工零件尺寸标注，在一个程序段中可采用绝对坐标编程、增量坐标编程或二者混合编程。

(3)固定循环简化编程。数控车削加工所用毛坯，常常是棒料或锻料，加工余量较大，利用数控车床各种方式的固定循环，可有效简化编程。

(4)刀具位置补偿。数控车床具有刀具位置补偿功能，利用该功能可以完成刀具安装、刀具磨损产生的误差补偿及刀尖圆弧半径补偿。

4)数控机床编程规则

(1)绝对坐标与增量坐标。

在 FANUC 系统及部分国产系统数控车床编程中，直接以地址字 X，Z 组成的坐标功能字表示绝对坐标，即工件原点至该点的矢量值；而用地址字 U，W 组成的坐标功能字表示增量坐标，即轮廓上前一点到该点的矢量值。

图 1.30 中，由 *A* 到 *B* 的 *B* 点绝对坐标为：X20.0，Z10.0；增量坐标为：U-20.0，W-20.0。

图 1.30 中，由 *C* 到 *D* 的 *D* 点绝对坐标为：X40.0，Z0；增量坐标为：U40.0，W-20.0。

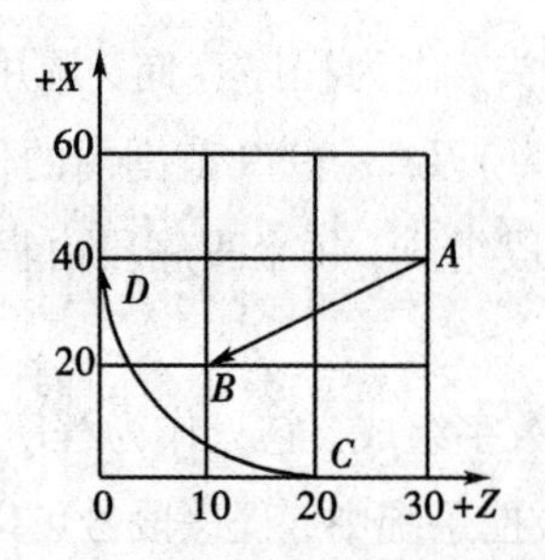

图 1.30　绝对坐标与增量坐标

(2)米制编程与英制编程。

尺寸单位采用米制还是英制，多数数控系统用准备功能字来选择，如 FANUC 系统用 G21/G20，SIEMENS 系统用 G71/G70 分别对应米制/英制单位设定。

(3)小数点编程。

数字单位有两种，以米制为例，一种单位是毫米(mm)，另一种单位是机床的最小输入单位(脉冲当量)。对于不可省略小数点的数控系统，采用小数点编程时，数字的单位为 mm[英制单位为 in，角度单位为(°)]；而用整数编程时，数字单位为机床脉冲当量。例如，在不可省略小数点的数控系统中，X5.0 与脉冲当量为 0.001 的系统中表示的 X5000 等值。

注意：输入数字时，有的系统不可省略小数点(如 FANUC 系统)，有的系统则可省略小数点(如 SIEMENS 系统)。

1.3.2.3　数控机床功能

数控机床有五大功能，即准备功能、辅助功能、进给功能、主轴功能、刀具功能等，这些功能是实现数控加工的前提，也是编制数控程序的基础。

1)准备功能

准备功能又称 G 功能或 G 指令，主要用于指定数控机床的运行方式，为数控系统的插补运算做准备。

G指令由地址符G和后面的两位数字组成，从G00到G99共100种。在100种G指令中，有的指令没有实际意义，即使在国际标准(ISO)或我国原机械工业部标准中也没有指定其功能，这些指令主要用来修改标准时指定新功能；还有一些指令，即使修改标准也不指定，这些指令用于机床设计者根据实际需要定义其功能，但必须在机床说明书中说明。

FANUC系统常用的G指令见表1.7。

表1.7　FANUC系统G指令及其功能

代码	组号	功能	代码	组号	功能
* G00	01	快速定位	* G54	14	第一工件坐标系设置
G01		直线插补	G55		第二工件坐标系设置
G02		顺时针圆弧插补	G56		第三工件坐标系设置
G03		逆时针圆弧插补	G57		第四工件坐标系设置
G04	00	暂停延时	G58		第五工件坐标系设置
G17	16	*XY* 平面选择	G59		第六工件坐标系设置
* G18		*ZX* 平面选择	G70	00	精加工循环
G19		*YZ* 平面选择	G71		车外圆复合循环
G20	06	英制单位	G72		车端面复合循环
* G21		米制单位	G73		仿形复合循环
G27	00	返回参考点检查	G74		深孔钻循环(端面槽循环)
G28		返回参考点	G75		外径切槽循环
G29		从参考点返回	G76		螺纹复合切削循环
G32	01	螺纹切削	G90	01	外圆切削循环
* G40	07	取消刀尖圆弧半径补偿	G92		螺纹切削循环
G41		刀具半径左刀补	G94		端面切削循环
G42		刀具半径右刀补	G96	02	主轴恒线速度控制
G50	00	工件坐标系设置/最高转速设定	* G97		取消主轴恒线速度控制
G53		机床坐标系设置	G98	05	每分钟进给方式
G65	00	宏程序调用	* G99		每转进给方式

注：① 表内00组为非模态指令，其他组为模态指令。

② 标有“ * ”的G代码为数控系统通电启动后的默认状态。

2）辅助功能

辅助功能也称M功能或M指令，主要用于控制机床或系统开、关等辅助动作。

M指令由地址符M和后面的两位数字组成，从M00到M99共100种。FANUC系统常用的M指令见表1.8。

表 1.8 FANUC 系统 M 指令及其功能

代码	功能	附注	代码	功能	附注
M00	程序停止	非模态	M07	2 号切削液开	模态
M01	程序选择停止	非模态	M08	1 号切削液开	模态
M02	程序结束	非模态	M09	切削液关	模态
M03	主轴顺时针旋转	模态	M30	程序结束并返回程序头	非模态
M04	主轴逆时针旋转	模态	M98	子程序调用	模态
M05	主轴旋转停止	模态	M99	子程序调用返回	模态

(1)控制主轴旋转(M03/M04/M05)。

M03 用于启动主轴正转(顺时针方向旋转);M04 用于启动主轴反转(逆时针方向旋转);无论主轴正转或反转,执行 M05 都能使主轴停止转动。

(2)控制切削液开、关(M07/M08/M09)。

M08 指令 1 号切削液开;M07 指令 2 号切削液开;无论 1 号、2 号切削液开,执行 M09 都能使切削液关闭。

(3)程序结束(M02)/程序结束并返回程序头(M30)。

M02 为程序结束指令,当执行该指令时,主轴、进给、冷却液全部停止;M30 为程序结束并返回程序头指令。M30 与 M02 功能基本相同,只是 M30 还兼有使程序返回程序头的作用。M02, M30 应单独写在一个程序段,并置于程序的最后一段,表示程序全部结束。

(4)程序停止(M00)/程序选择停止(M01)。

两者均有使运行的程序停止的功能。

M00 为程序停止指令。执行 M00 后,机床的所有动作均被切断,此时主轴、进给、切削液都自动停止,机床处于暂停状态,但全部现存的模态信息保留。重新按下控制面板上的“循环启动”键,便可继续执行后续程序。该指令常用于自动加工过程中停车进行工件尺寸测量、工件调头、手动变速等操作。

M01 为程序选择停止指令,其功能与 M00 相同,不同的是 M01 是否被执行,由机床操作面板上的“选择停止”键控制。当“选择停止”键预先按下,处于“ON”状态时,M01 指令起作用,当执行到 M01 时程序停止;否则,机床仍不停地继续执行后续的程序段。该指令常用于工件尺寸的停机抽样检查等,当检查完成后,重新按下控制面板上的循环启动键继续执行后续的程序。

3)进给功能

进给功能也称 F 指令。F 指令由地址字 F 和后缀组成,用于指定刀具相对于工件运动的进给速度或进给量。对于车床,进给方式可分为每分钟进给和每转进给两种。

(1)每分钟进给。进给速度的单位为 mm/min,编程时通过准备功能 G98 指定。如

"G98 G01 X40.0 F100"，表示进给速度为100 mm/min。G98被执行一次后，系统将保持G98状态，即使断电也不受影响，直到被G99取消为止。

(2)每转进给。在加工螺纹、车孔时，常使用每转进给来指定进给速度，其单位为mm/r，编程时通过准备功能G99指令指定。如"G99 F0.08"，表示进给速度为0.08 mm/r。

F代码是续效代码。系统开机后默认状态为G99。

实际操作过程中，可通过机床操作面板上的进给倍率开关对进给速度进行修调，但切削螺纹时，进给倍率开关失调。

4)主轴转速功能

主轴转速功能也称S指令。S指令由地址字S和后缀组成，用于指定主轴转速。根据加工需要，主轴转速分恒线速和恒转速两种，FANUC系统分别用G96，G97规定。

(1)恒线速。采用恒线速时，主轴转速的单位为m/min，编程时通过准备功能G96指定。如"G96 S120 M03"，指定主轴正转，切削点线速度保持在120 m/min。

采用恒线速进行编程时，为防止工件直径过小造成主轴转速过高而引起事故，系统设有最高转速限定指令，如"G50 S"，S后常常是系统的最高转速。

(2)恒转速(取消恒线速)。取消恒线速时，主轴转速的单位为r/min，编程时通过准备功能G97指定。如"G97 S800 M03"，指定主轴正转，主轴转速为800 r/min。

S指令是续效代码，系统开机后默认状态为G97。

实际操作过程中，可通过机床操作面板上的主轴倍率开关对主轴转速进行修调。

5)刀具功能

刀具功能也称T功能，是系统进行选刀或换刀的指令。FANUC系统T后面有四位数字，即"T××××"，其中前两位是刀具号，后两位是刀具补偿号；SIEMENS系统T后面有两位数，表示所选择的刀具号，刀具补偿号由其他代码(如D)进行选择。如"T0303"表示选用3号刀具及3号刀具补偿，"T0300"表示取消3号刀具补偿。

6)常用功能的指令属性

(1)指令分组。所谓指令分组，就是将系统中不能同时执行的指令分为一组，并以编号区别。如G00，G01，G02，G03就属于同组指令，其编号为01组。同组指令具有相互取代的作用。同一组指令在一个程序段内只能有一个生效，当同一程序段内出现两个或两个以上的同组指令时，一般以最后输入的指令为准，有的机床还会出现机床系统报警。不同组的指令，在同一程序段内则可以同时存在。

(2)模态指令与非模态指令。模态指令又称续效指令，表示该指令一经在一个程序段中指定，在接下来的程序段中一直持续有效，直到出现同组的其他指令时该指令才失效；非模态指令仅在编入的程序段中有效，如G04，M00，M06等指令。

模态指令的出现避免了在程序中出现大量的重复指令，使程序变得清晰明了。同样，尺寸功能字如果前后程序段重复，则该尺寸功能字可以省略。此外，F，S，T指令也均为模态指令。

1.3.2.4　编程指令

1)工件坐标系零点偏置(G54~G59)

指令格式:“G54;”

工件坐标系零点偏置的实质是通过对刀操作找出工件坐标原点相对于机床坐标原点的偏置值,并将该偏置值通过机床面板操作,输入到零点偏置寄存器中,编程时直接调用即可。用G54~G59指令设置工件坐标系时,数控系统自动记忆,只要不对其进行修改、删除操作,该工件坐标系将永久保存,即使机床关机,其坐标系也将永久保留,直到重新设置或由同组其他指令替代为止。

一般数控机床可以在其行程范围内设置6个(G54~G59)不同的工件坐标系,这些指令均为同组的模态指令,在编程时可以选择其中的一个或多个使用。

G53指令用于程序中取消G54指令设置的工件坐标系,此时选择机床坐标系进行编程。该指令是非模态的指令,也就是说它只在当前程序段中起作用。

2)工件坐标系设置(G50)

工件坐标系除了用G54~G59指令进行选择与设定外,还可以通过工件坐标系设置G50指令来进行设定。

指令格式:“G50 X __ Z __;”

其中,X,Z后的数值是起刀点相对于工件坐标原点的坐标值。

指令说明如下:

(1)在执行该指令之前,必须通过手动方式将刀具的刀位点移动到程序所要求的起刀点位置上;数控系统执行G50指令时,刀具并不产生运动,只起预置寄存作用。

(2)采用G50设置工件坐标系,系统不具有记忆功能,当机床关机后,设定的坐标系即消失。G50是模态指令。

在图1.31中,*P*点是对刀点,可表达为“G50 X120.0 Z30.0”。

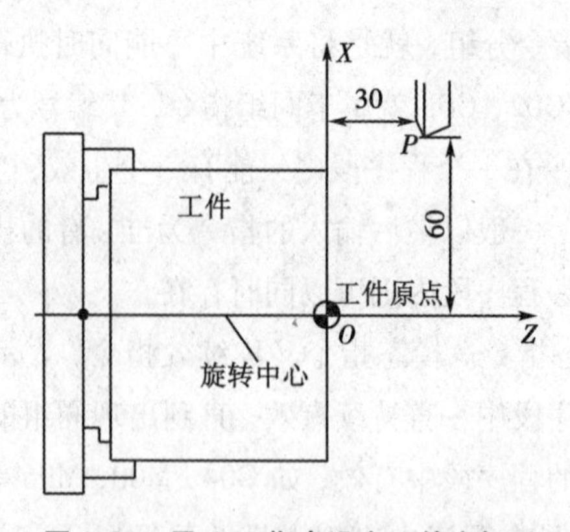

图1.31　用G50指令设定工件坐标系

3）快速点定位（G00）

该指令使刀具从当前所在位置以机床各轴设定的最高允许速度移动到目标点，用于切削开始时的快速进刀或切削结束时的快速退刀。

指令格式："G00 X(U)__Z(W)__;"

其中，X(U)，Z(W)后的数值为刀具目标点的坐标值；X，Z是用绝对坐标表示；U，W是用增量坐标表示。无论采用绝对坐标还是增量坐标，均有正负值之分。

指令说明如下：

（1）执行该指令时，刀具实际运动轨迹往往是一条折线。如图1.32，执行"G00 X120.0 Z100.0;"，则刀具从点A快速移动到点C，再沿Z轴单方向快速移动至目标点B（接近点B时减速，便于精确定位）。

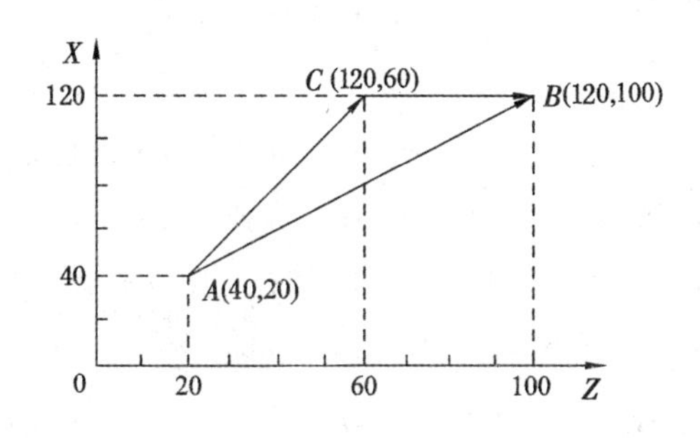

图1.32　快速点定位运动轨迹

（2）执行该指令时刀具的移动速度可通过机床操作面板上的进给倍率开关进行修调。G00是模态指令。

注意：使用G00指令时要注意刀具是否与工件及夹具发生干涉。对不适合联动的场合，两轴应单动。

4）直线插补（G01）

该指令使刀具以指令中给定的进给速度由当前点移动到目标点，用于插补加工任意斜率的直线。

指令格式："G01 X(U)__ Z(W)__F__; "

其中，X(U)，Z(W)后的数值为目标点的坐标值，F后的数值为进给速度。

指令说明如下：执行该指令时的实际运行速度等于F指令速度与进给速度修调倍率的乘积。G01，F都是模态指令。

指令应用举例：编写程序段，实现图1.33中从P_0点至P_1点的快速定位，再由P_1点至P_2点及P_2点至P_3点直线插补，后快速返回P_0点。

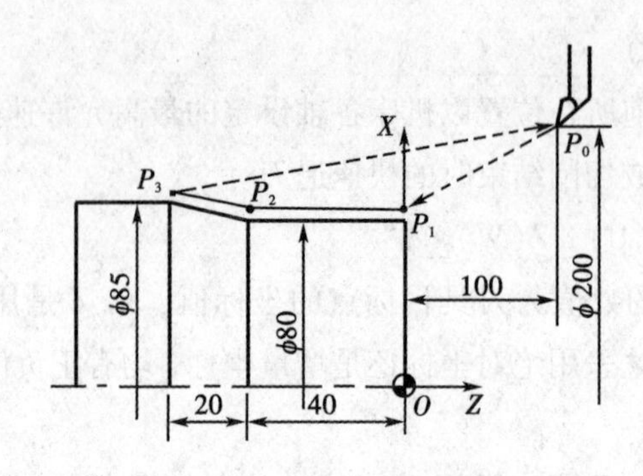

图 1.33　G01 指令应用示例

绝对坐标编程：

N100 G00 X80.0 Z2.0;　　　　$P_0 \to P_1$，快速定位

N120 G01 Z-40.0 F0.2;　　　　$P_1 \to P_2$，按 F 给定进给速度直线插补

N130 X85.0 Z-60.0;　　　　$P_2 \to P_3$，按 F 给定进给速度直线插补

N140 G00 X200.0 Z100.0;　　　　$P_3 \to P_0$，快速返回

增量坐标编程：

N100 G00 U-120.0 W-98.0;　　　　$P_0 \to P_1$，快速定位

N120 G01 W-42.0 F0.2;　　　　$P_1 \to P_2$，按 F 给定进给速度直线插补

N130 U5.0 W-20.0;　　　　$P_2 \to P_3$，按 F 给定进给速度直线插补

N140 G00 U115.0 W160.0;　　　　$P_3 \to P_0$，快速返回

1.3.3　任务实施

1) 制定工艺方案

(1) 零件加工工艺分析。

该阶梯轴由外圆柱面、端面、轴肩、倒角组成。各个尺寸的加工精度等级为自由公差，尺寸精度要求不高，可以按照《一般公差 未注公差的线性和角度尺寸的公差》(GB/T 1804—2000) 处理，取中等级。要求 Ra 为 6.3。毛坯材料为 Q235-A，材料的塑性好，易于加工，毛坯尺寸为 ϕ30 mm。

(2) 确定装夹方案。

选用三爪自定心卡盘装夹。

(3) 选择刀具。

T1：93°外圆车刀；T2：4 mm 切断刀。

(4) 确定加工顺序。

阶梯轴加工顺序：车端面→粗车外轮廓→精车外轮廓→切断。

(5) 选择切削用量。

粗加工：背吃刀量不大于 2.0 mm；切削速度为 80 m/min，则主轴转速取 900 r/min；

进给量取0.2 mm/r。

精加工：精车余量为0.5 mm；切削速度为100 m/min，则主轴转速取1300 r/min；精车进给量取0.08 mm/r。

(6)填写工艺卡。

阶梯轴加工数控加工工艺卡见表1.9。

表1.9　数控加工工艺卡片

安装	工步号	工步内容	刀具号	刀具规格	主轴转速 /(r·min^{-1})	进给速度 /(mm·r^{-1})	背吃刀量 /mm	备注
夹左端	1	车端面	T1	93°外圆车刀				手动
	2	粗车外轮廓	T1	93°外圆车刀	900	0.2	1.75~2	
	3	精车外轮廓	T1	93°外圆车刀	1300	0.08	0.25	
	4	切断工件	T2	3mm 切断刀	500	0.08		
调头	5	车端面	T1	93°外圆车刀				手动
	6	车倒角	T1	93°外圆车刀				
编制		审核		批准		年　月　日	共1页	第1页

2)绘制走刀路线

绘制阶梯轴数控加工走刀路线，如图1.34所示。

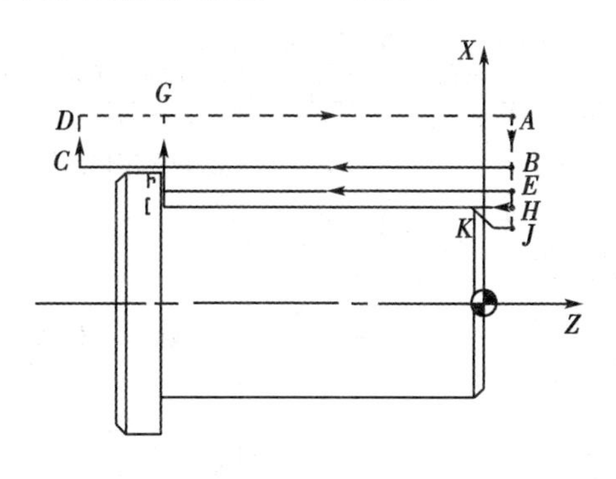

图1.34　阶梯轴粗加工走刀路线

计算走刀点坐标。设工件坐标原点如图1.35所示，粗加工各走刀点坐标：A(40.0, 3.0)，B(28.5, 3.0)，C(28.5, −44.0)，D(40.0, −44.0)，E(24.5, 3.0)，F(24.5, −34.8)，G(40.0, −34.8)，H(20.5, 3.0)，I(20.5, −34.8)，J(16.0, 3.0)。

3)编写数控加工程序

阶梯轴数控加工程序见表1.10。

表 1.10　数控加工程序单

	O0002	程序名
N010	G97 G99 G40；	取消恒线速，转进给，取消刀补
N020	T0101；	调 1 号刀、1 号刀补，建立工件坐标系
N030	M03 S900 M08；	主轴正转，转速 900 r/min，开切削液
N040	G00 X40.0 Z3.0；	快速定位至 *A* 点
N050	G00 X28.5；	粗加工 ϕ28 mm 外圆，留切断余量 0.5 mm，切出工件后快速退刀至起刀点
N060	G01 Z-44.0 F0.2；	
N070	X40.0；	
N080	G00 Z3.0；	
N090	X24.5；	粗加工 ϕ20 mm 外圆
N100	G01 Z-34.8；	
N110	X40.0；	
N120	G00 Z3.0；	
N130	X20.5；	粗加工 ϕ20 mm 外圆
N140	G01 Z-34.8；	
N150	X40.0；	
N160	G00 Z3.0；	
N170	S1300；	主轴变速为 1300 r/min
N180	G00 X16.0；	快速定位至外轮廓精加工起刀点
N190	G01 Z1.0 F0.2；	
N200	G01 X20.0 Z-1.0 F0.08；	精加工外轮廓
N210	Z-35.0	
N220	X28.0；	
N230	Z-44.0；	
N240	X40.0；	切出工件
N250	G00 X100.0；	快速退刀至换刀点
N260	Z100.0；	
N270	M05 M00；	主轴停转，程序暂停，测量工件
N280	T0202；	调 2 号刀、2 号刀补
N290	M03 S500；	主轴变速为 500 r/min
N300	G00 Z-43.3；	快速移动至切断位置
N310	X40.0；	快速定位
N320	G01 X1.0 F0.1；	切断

表1.10(续)

N330	G00 X100.0;	快速退刀至换刀点
N340	Z100.0;	
N350	M05 M09;	主轴停转，关切削液
N360	M02;	程序结束

4)仿真加工

工件仿真加工操作步骤如下：

(1)进入数控加工仿真系统；

(2)选择 FANUC 0*i* 系统数控车床；

(3)依次开机、回参考点、离开参考点；

(4)定义毛坯并安装；

(5)选择刀具并安装，设置刀具参数；

(6)对刀，建立以工件右端面与工件回转中心的交点为坐标原点的坐标系；

(7)录入程序，检查程序，并运行程序；

(8)测量，必要时调整刀补或修改程序，运行程序，测量，至合格；

(9)关闭数控加工仿真系统。

5)实际操作

(1)安装毛坯。采用三爪自定心卡盘装夹 ϕ30 mm 圆钢，保证工件伸出长度约55 mm，找正后夹紧。

(2)刀具的安装。根据加工要求，将刀具安装到刀架的相应刀位上。安装刀具时，要注意刀具高度、角度与伸出刀架的长度，夹紧刀具。

(3)对刀并执行刀补检查。用试切法对刀，并检查对刀是否准确。

(4)修改磨耗。打开刀具偏置磨耗画面，将加工刀具 X 向磨耗值设置为0.5。

(5)程序录入。编辑方式下，建立新程序“O0001”，并将数控加工程序输入到数控装置中。

(6)程序校验与图形模拟。选择自动方式，开启“机床锁住”和“空运行”功能，打开图形模拟画面，启动程序，观察刀具轨迹。需要注意的是，解除机床锁住功能后须执行回零操作。

(7)执行加工程序，完成一次加工。自动方式下，按“循环启动”键运行加工程序，完成零件的粗车和一次精车。在进刀过程中，注意对快速倍率、进给倍率的控制，及时检查显示器显示的坐标，以避免撞刀现象。

(8)测量。对零件的关键尺寸进行测量，并根据测量的结果对刀具磨耗及程序作相应的修正，再运行程序。

(9)加工结束，拆卸刀具，清理工位，打扫机床，关机。

1.3.4 训练与考核

1.3.4.1 训练任务

阶梯轴编程与加工训练任务见表 1.11。

表 1.11 阶梯轴编程与加工训练任务

任务描述	使用数控车床加工如图 1.35 所示阶梯轴。要求制定工艺方案，绘制数控加工走刀路线，编写数控加工程序。已知，毛坯尺寸 ϕ30 mm×40 mm，材料为 45 钢。 技术要求 1. 全部 Ra3.2 μm。 2. 未注尺公差按GB/T 1804—m。 图 1.35 阶梯轴零件图
工艺条件	工艺条件参照“1.3.1 工作任务”中提供的工艺条件配置
加工要求	严格遵守安全操作规程，零件加工质量达到图样要求，考核标准见表 F.8

1.3.4.2 考核评价

加工结束后检测工件加工质量，填写工件加工质量考核评分表，见表 F.9；工作结束后对工作过程进行总结评议，填写过程评价表，见表 F.8。

复习题

1) **填空题**(将正确答案填写在画线处)

(1)数控程序编制方法有两种，一种是________，另一种是________。

(2)字地址程序段格式中，N 表示________，G 表示________，M 表示________，F 表示________，S 表示________，T 表示________。

(3)在数控程序中，辅助功能 MO2 指令表示________，M03 指令表示________，M04 指令表示________，M05 指令表示________，M08 指令表示________。

(4)数控车床的刀具功能字 T 既指定了________，又指定了________。

(5)执行“G98 G01 X100.0 Z100.0 F100 M03 S500”程序时，进给速度是________。

(6)“G96 S150”表示切削点线速度控制在________。

(7)执行 G00 时刀具的移动速度是由________决定的，同时与________有关。

(8)执行程序段“G00 U20.0 W10.0”后，刀具在工件坐标系中的移动量是________。

2)选择题(在若干个备选答案中选择一个正确答案，填写在括号内)

(1)用于机床开关指令的辅助功能的指令代码是(　　)。

A. S 代码　　B. M 代码　　C. F 代码

(2)辅助功能中与主轴有关的 M 指令是(　　)。

A. M09　　B. M08　　C. M05　　D. M06

(3)下列 G 指令中是非模态指令的是(　　)。

A. G00　　B. G01　　C. G04

(4)下列哪种格式表示撤销刀具补偿(　　)。

A. T0202　　B. T0206　　C. T0200

(5)设置零点偏置(G54~G59)是从(　　)输入。

A. 程序段中　　B. 机床操作面板　　C. CNC 控制面板

(6)在循环加工时，当执行有 M00 指令的程序段后，如果要继续执行下面的程序，必须按(　　)按钮。

A. 循环启动　　B. 转换　　C. 输出　　D. 进给保持

(7)以下(　　)指令，在使用时应按下操作面板“暂停”开关，才能实现程序暂停。

A. M01　　B. M00　　C. M02　　D. M06

(8)用游标卡尺测量 8. 08 mm 的尺寸，选用分度值为(　　)的游标卡尺较适当。

A. 0. 02　　B. 0. 1　　C. 0. 05　　D. 0. 015

3)判断题(判断下列叙述是否正确，在正确的叙述后面画“√”，在错误的叙述后面画“×”)

(1)G 代码可以分为模态代码和非模态代码，非模态指令只能在本程序段内有效。(　　)

(2)数控加工工艺贯穿于数控程序中。(　　)

(3)程序段的顺序号，根据数控系统的不同，在某些系统中是可以省略的。(　　)

(4)自动编程一般适合于几何形状复杂，或形状虽不复杂但计算困难及编程工作量大的零件。(　　)

(5)数控加工程序手工编制完成后即可进行正式加工。(　　)

(6)G00，G01 指令都能使机床坐标轴准确到位，因此它们都是插补指令。(　　)

(7)G01 指令刀具以联动的方式，按 F 规定的合成进给速度，从当前位置按直线路径切削到程序段指令值所指定的终点。(　　)

(8)数控机床编程有绝对值和增量值编程，使用时不能将它们放在同一程序段中混合使用。(　　)

(9)数控机床加工过程中可以根据需要改变主轴速度和进给速度。(　　)

(10)同组模态 G 代码可以放在一个程序段中，而且与顺序无关。(　　)

任务 1.4　锥面零件的编程与加工

1.4.1　工作任务

锥面零件编程与加工工作任务见表 1.12。

表 1.12　锥面零件编程与加工工作任务

<table>
<tr><td>任务描述</td><td>使用数控车床加工如图 1.36 所示锥度轴。要求制定工艺方案，绘制走刀路线，编写数控加工程序。已知，毛坯尺寸为 ϕ30 mm 圆钢，材料为 45 钢。

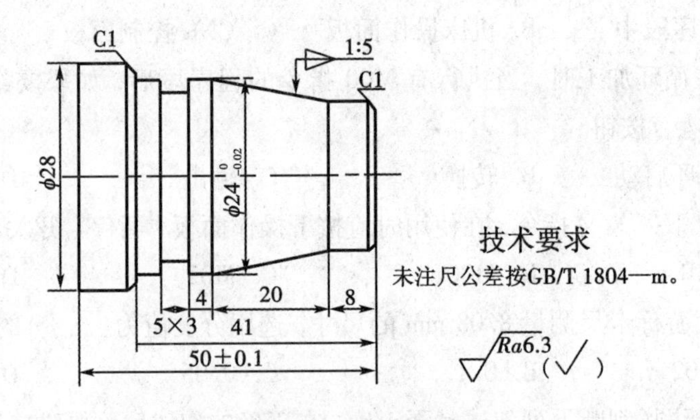

图 1.36　锥度轴零件图</td></tr>
<tr><td>知识点与技能点</td><td>知识点：◇锥面及槽面车削走刀路线
◇内、外圆单一固定循环(G90)指令功能、格式及用法
◇程序暂停(G04)指令功能、格式及用法
技能点：◇编写锥面零件数控加工程序的一般步骤及方法
◇圆锥表面检测、尺寸误差、表面粗糙度误差分析</td></tr>
<tr><td>工艺条件</td><td>(1)车床：FANUC 0i 系统卧式数控车床。
(2)毛坯：ϕ34 mm×135 mm，材料为 45 钢。
(3)刀具、量具及其他：
<table>
<tr><th>名称</th><th>规格</th><th>数量</th></tr>
<tr><td>外圆车刀</td><td>93°</td><td>1</td></tr>
<tr><td>切槽刀</td><td>5</td><td>1</td></tr>
<tr><td>游标卡尺</td><td>0~150，0.02</td><td>1</td></tr>
<tr><td>外径千分尺</td><td>25~50，0.01</td><td>各 1</td></tr>
</table></td></tr>
</table>

1.4.2 相关知识

1.4.2.1 圆锥面与外沟槽车削走刀路线

1)圆锥面车削走刀路线

车削圆锥面时，可以采用图1.37所示走刀路线。图1.37(a)为矩形走刀路线，图1.37(b)为与轮廓平行的三角形走刀路线，图1.37(c)为终点一致的三角形走刀路线。

其中矩形走刀路线的背吃刀量相同，每次进刀终点坐标不同，精加工余量不均匀，精加工前需要半精加工；与轮廓平行的三角形走刀路线背吃刀量相同，每次进刀终点坐标不同，但精加工余量均匀；终点一致的三角形走刀路线背吃刀量不同，但每次进刀终点坐标一致，编程方便。根据圆锥面尺寸结构特点及表面粗糙度要求，三种走刀路线均有应用。

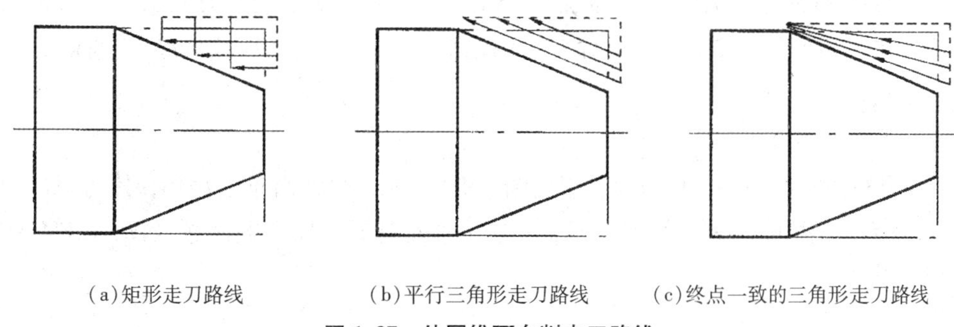

(a)矩形走刀路线　(b)平行三角形走刀路线　(c)终点一致的三角形走刀路线

图1.37　外圆锥面车削走刀路线

2)外沟槽车削走刀路线

外沟槽车削的走刀路线，应根据槽的结构特点及尺寸综合确定。当槽宽小于5 mm(称为窄槽)时，可利用主切削刃宽度一次切出，如图1.38(a)所示；当槽宽大于5 mm(称为宽槽)时，需分几次直进法粗车，槽底和侧面留0.2~0.5 mm的精加工余量，最后一刀车槽的一侧面，再精车全槽底，最后车槽宽至尺寸，如图1.38(b)所示；车削圆弧槽时，一般以成型刀车出，如图1.38(c)所示；车削较小梯形槽时，一般用成型刀一次完成；较大的梯形槽，通常先切割直槽，然后分别左进刀、右进刀切削完成，如图1.38(d)所示；车削45°斜沟槽或圆弧斜沟槽时，用专门的成型刀斜向进刀直接车削成型，如图1.38(e)所示。为获得槽底较小的表面粗糙度值并清根，可使主轴带动工件空转2~3周。

内槽面走刀路线与外槽面走刀路线相同，只是方向相反。

1.4.2.2 编程指令

1)内、外圆单一固定循环(G90)

为便于编程，多数数控系统都有固定循环功能，即将车刀的一系列连续走刀动作用一个循环指令来代替。单一固定循环是将车刀“切入→切削→退刀→返回”四个连续走刀动作，用一个循环指令来实现，使程序得到简化。

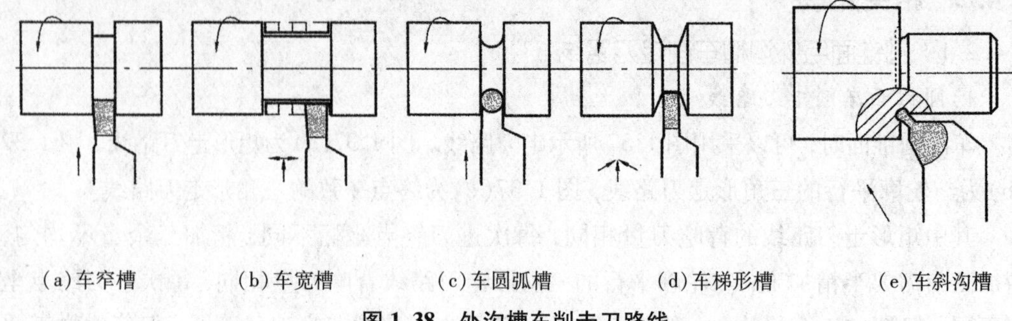

(a)车窄槽　　(b)车宽槽　　(c)车圆弧槽　　(d)车梯形槽　　(e)车斜沟槽

图 1.38　外沟槽车削走刀路线

指令格式：“G90 X(U)__Z(W)__F__；”　　　(内、外圆柱面单一固定循环)

“G90 X(U)__Z(W)__R__F__；”　(内、外圆锥面单一固定循环)

其中，X(U)，Z(W)后的数值为目标点坐标值；F 后的数值为进给速度；R 后的数值为圆锥车削轨迹起点与终点半径之差，即车削圆锥面时切削始点坐标减去终点坐标的一半，其值有正负之分。

其指令说明如下：

(1)圆柱面车削循环，其切削过程如图 1.39 所示；圆锥面车削循环，其切削过程如图 1.40 所示。图中，*R* 表示快速移动，*F* 表示进给运动，加工顺序按“1*R*→2*F*→3*F*→4*R*”进行。

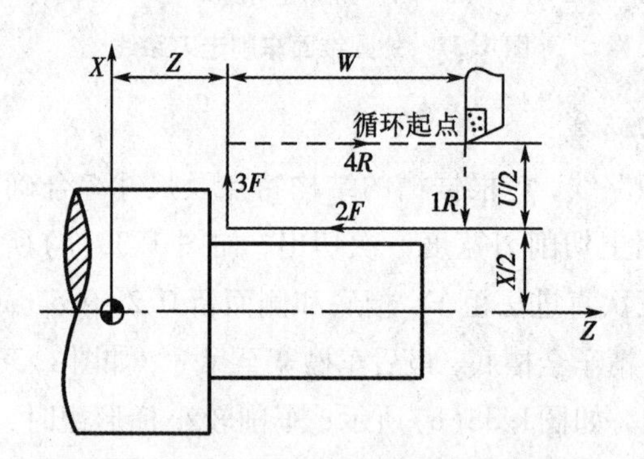

图 1.39　圆柱面单一固定循环切削过程

(2)当采用增量编程时，地址字 U 和 W 后面数值的符号取决于轨迹 1 和轨迹 2 的方向，在图 1.39 和图 1.40 中，U 和 W 后的数值均取负。

(3)圆锥面起始点坐标大于终点坐标时，*R* 值取正；反之取负。在图 1.40 中 *R* 值取负。

(4)内、外圆锥面单一固定循环指令中的 R，有时也用“I”或“K”来执行其功能。使用时应注意查阅数控车床编程说明书。G90 指令为模态指令。

指令应用举例 1：利用单一固定循环(G90)编写如图 1.41 所示零件粗车程序。

程序如下：

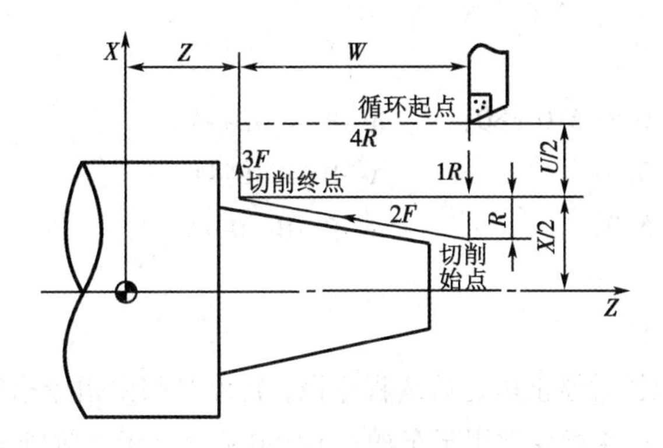

图 1.40　圆锥面单一固定循环切削过程

……

```
G90 X20.0 Z10.0 F0.2;        A→B→C→D→A
    X15.0;                   A→E→F→D→A
    X11.0;                   A→G→H→D→A
```

……

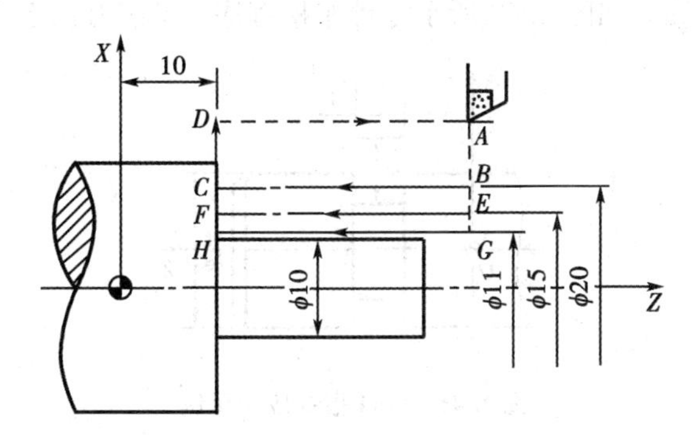

图 1.41　G90 指令应用示例

指令应用举例 2：利用单一固定循环(G90)编写如图 1.42 所示零件粗车程序。

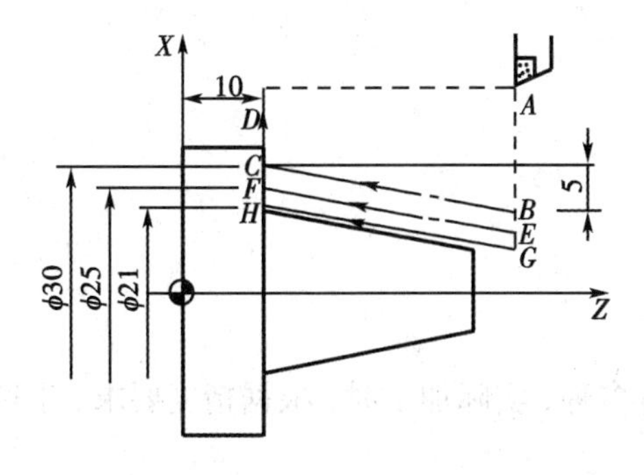

图 1.42　G90 指令应用示例

程序如下：

```
……
G90 X30.0 Z10.0 R-5.0 F80;      A→B→C→D→A
    X25.0  R-5.0;               A→E→F→D→A
    X21.0  R-5.0;               A→G→H→D→A
……
```

2)程序暂停(G04)

该指令控制系统暂时停止执行后续程序段，暂停时间由指令指定，暂停结束，即可继续执行后续程序。G04 指令常用于车槽、车内孔底面、车台阶轴等的加工，更能使刀具做短时间的无进给光整加工，以提高表面加工质量或清根。

指令格式："G04 X(P)__；"

其中，X(P)后的数值为暂停延时时间。X 后的数值用小数表示，单位为秒；P 后的数值用整数表示，单位为毫秒。如"G04 X2.0"表示暂停 2 秒；"G04 P1000"表示暂停 1000 毫秒，即 1 秒。G04 指令暂停延时时间至少要使回转件旋转一周。该指令为非模态指令，只在本程序段有效。

指令应用举例：编写如图 1.43 所示零件车槽程序，车槽刀在槽底停留 3 秒。

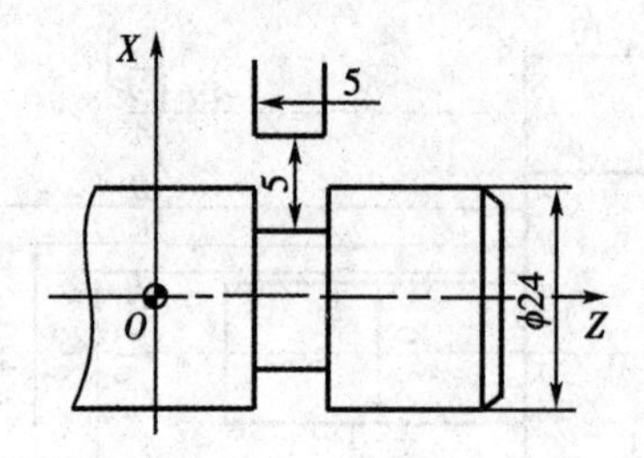

图 1.43　G04 指令应用示例

程序如下：

```
……
G01 U-10.0 F0.1;
G04 X3.0;
G01 U10.0;
……
```

1.4.2.3　质量检测

1)圆锥表面检测

圆锥面的检测方法有多种，实际加工时，根据精度要求、生产批量的不同，来选择不同的检测方法。

(1)用标准量规检测。

对于标准圆锥，一般使用圆锥套规和圆锥塞规检测，圆锥套规和圆锥塞规如图 1.44

所示。检测时,被测圆锥面在套规或塞规的界限之内为合格，反之为不合格。

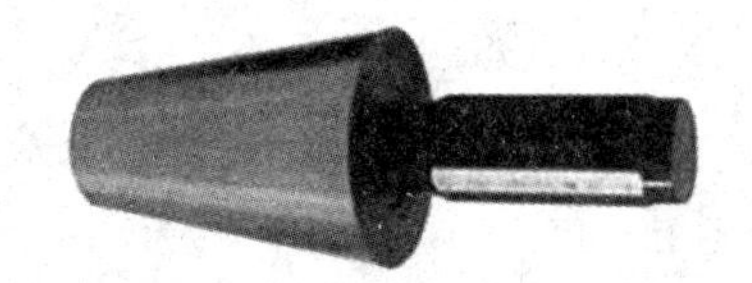

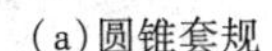

(a)圆锥套规　　(b)圆锥塞规

图1.44　圆锥套规与圆锥塞规

对于配合精度要求较高的圆锥面(一般圆锥面配合对锥度的要求比对直径严格)，一般用涂色法检验锥度，如图1.45所示。

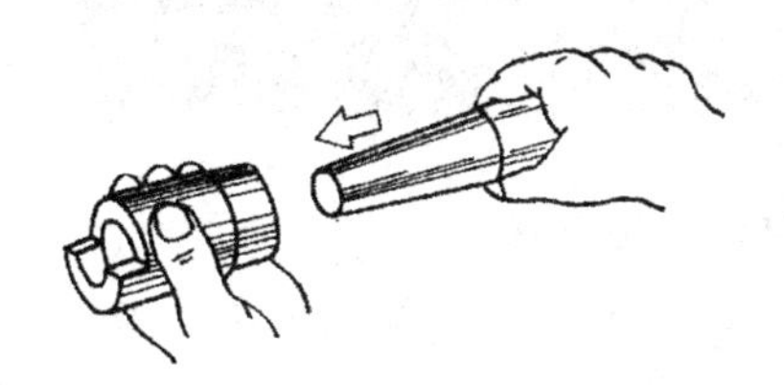

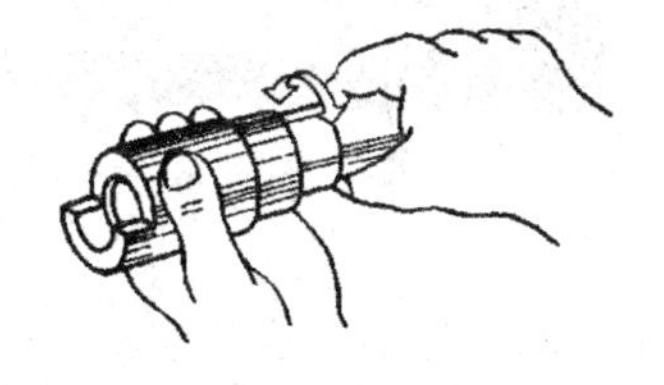

图1.45　用涂色法检测圆锥面

(2)用游标万能角度尺检测。

游标万能角度尺有Ⅰ型和Ⅱ型两种结构形式。常用的Ⅰ型游标万能角度尺通过对构件的不同组合可测量0°~320°范围内的任何角度，其分度值有2′和5′两种。

(3)用角度样板检测。

角度样板属于专用量具，对于批量生产的圆锥面，常用角度样板检测,如图1.46所示。

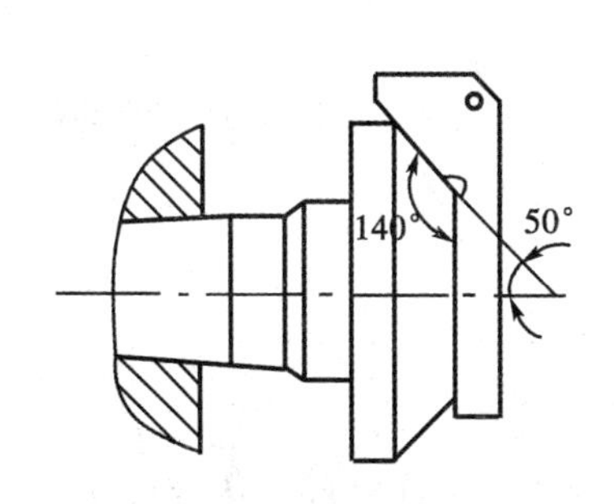

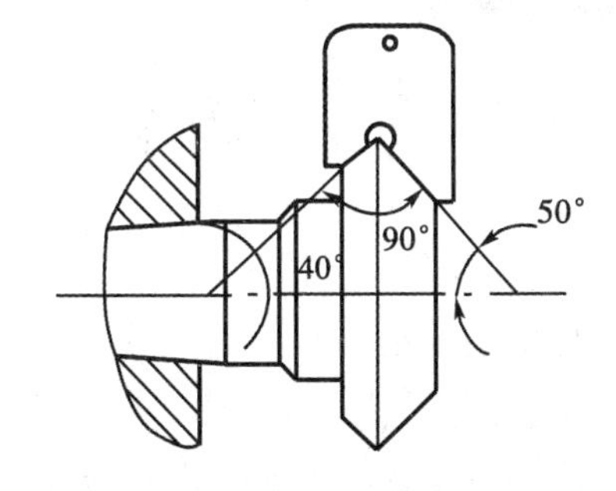

图1.46　用角度样板测量圆锥齿轮坯的角度

2)表面粗糙度检测

表面粗糙度检测根据检测原理不同，分为比较法、针描法、光切法、干涉法等，不同的方法需采用不同的量仪。

(1)表面粗糙度比较样块。

表面粗糙度比较样块如图1.47所示，其检测原理是用已知高度参数值的表面粗糙度比较样块与被测零件表面相比较，通过目测、手摸，亦可借助放大镜、显微镜等进行比较，从而判断被测表面粗糙度值。

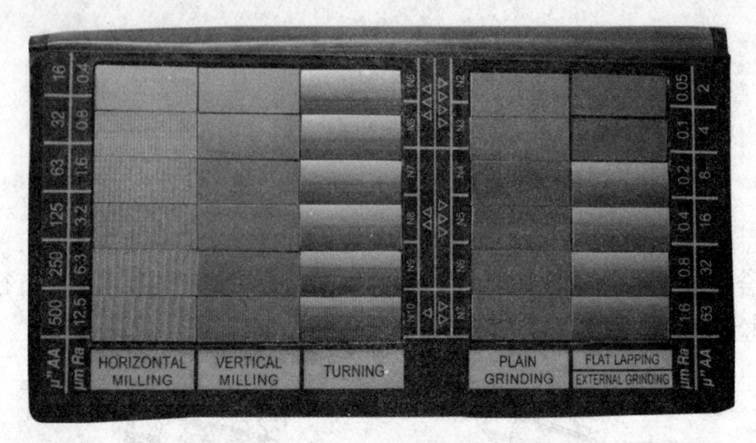

图 1.47　表面粗糙度比较样块

(2)表面粗糙度测量仪。

表面粗糙度测量仪的工作原理是利用触针沿被测表面滑行，触针的上下位移量由传感器转换为电信号，经放大、滤波、计算，显示表面粗糙度数值。图 1.48 为常见的表面粗糙度测量仪，图 1.49 为便携式表面粗糙度测量仪。

图 1.48　表面粗糙度测量仪

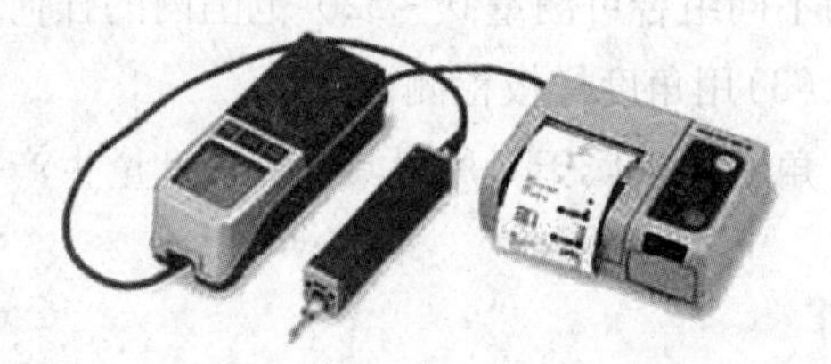

图 1.49　便携式表面粗糙度测量仪

1.4.3　任务实施

1)制定工艺方案

(1)零件加工工艺分析。

该锥度轴由外圆柱面、圆锥面、端面、轴肩、倒角、槽面组成。各个尺寸的加工精度等级为自由公差，尺寸精度要求不高。要求 Ra 为 6.3，可以通过粗、精加工实现。材料为 45 钢，切削加工性好。毛坯尺寸为 $\phi30$ mm。

(2)确定装夹方案。

选用三爪自定心卡盘装夹。

(3)选择刀具。

T1：93°外圆车刀；T2：5 mm 切断刀。

(4)确定加工顺序。

锥度轴加工顺序：平右端面→粗车外轮廓(ϕ28 mm外圆，ϕ24 mm外圆，锥面，ϕ20 mm外圆)→精车外轮廓→车槽→手动切断→调头装夹→平端面，找总长。

(5)切削用量选择。

粗车外轮廓：背吃刀量取2.0 mm，切削速度选择80 m/min，则主轴转速取850 r/min，进给量取0.2 mm/r。

精车外轮廓：精车余量取0.5 mm，切削速度选择100 m/min，则主轴转速取1100 r/min，进给量取0.08 mm/r。

车槽：主轴转速取600 r/min，进给量取0.1 mm/r。

2)绘制走刀路线图

绘制锥度轴粗车走刀路线，如图1.50所示。

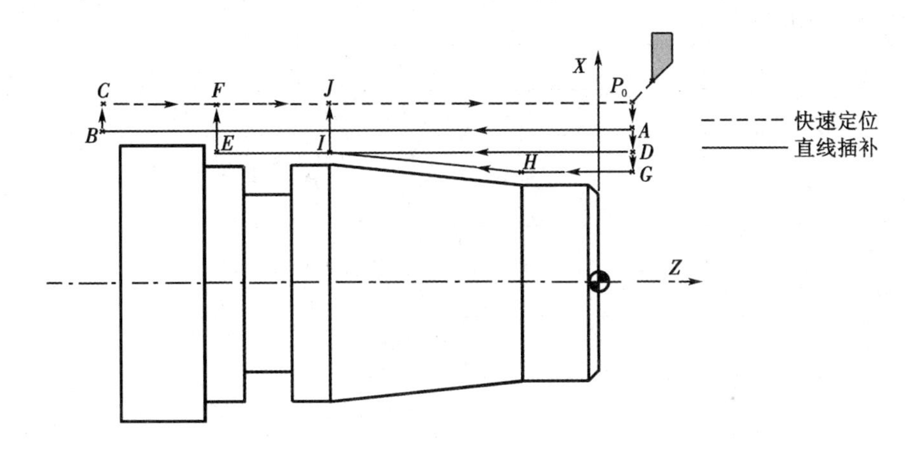

图1.50　锥度轴外轮廓粗加工走刀路线

计算走刀点坐标。设工件坐标原点如图1.51所示，零件粗加工走刀点坐标分别为：P_0(32.0, 3.0)，A(28.5, 3.0)，B(28.5, −51.0)，C(32.0, −51.0)，D(24.5, 3.0)，E(24.5, −40.8)，F(32.0, −40.8)，G(20.5, 3.0)，H(20.5, −8.0)，I(24.5, −28.0)，J(32.0, −28.0)。

锥度轴的车槽走刀路线及走刀点坐标略。

3)数值处理

零件图中尺寸$\phi 30^{0}_{-0.02}$，编程时取中值，即24+(0−0.02)/2=23.9。

4)编写加工程序

锥度轴加工程序见表1.13。

表 1.13　锥度轴加工程序

程序	说明
O0002	程序名
G54 G97 G99 G40；	建立工件坐标系，取消恒线速，转进给，取消刀补
T0101；	调 1 号刀、1 号刀补
M03 S850；	主轴正转，转速 850 r/min
G00 X32.0 Z3.0；	快速定位至 P_0 点
G90 X28.5 Z-51.0 F0.2；	粗车 ϕ28 mm 外圆
X24.5 Z-40.8；	粗车 ϕ24 mm 外圆
G00 X20.5；	快速定位至 G 点
G01 Z-8.0；	直线插补至 H 点
X24.5 Z-28.0；	直线插补至 I 点
X32.0；	直线插补至 J 点
G00 Z3.0；	快速定位至 P_0 点
S1100；	精加工主轴变速至 1100 r/min
G00 X16.0；	精车外轮廓
Z1.0；	
G01 X20.0 Z-1.0 F0.1；	
Z-8.0；	
X23.9 Z-28.0；	
Z-41.0；	
X26.0；	
X28.0 W-1.0；	
Z-51.0；	
X32.0；	
G00 X100.0　Z100.0；	快速退刀至换刀点
S600；	车槽变速至 600 r/min
T0202；	调 2 号刀、2 号刀补
G00 Z-37.0；	快速定位至车槽点
X34.0；	
G01 X18.0 F0.1；	车 ϕ18 mm 槽
X35.0；	退刀
G00 X100.0　Z100.0；	快速退刀至换刀点
M30；	程序结束，并返回程序头

5)数控加工

工件加工过程如图 1. 51 所示：工装准备→机床准备、开机、回参考点→装夹毛坯→装夹刀具→对刀并检验→输入程序并模拟→运行程序→测量、补刀补、再运行→工件加工完毕清理机床、关机→工件质量检测与分析。

图 1. 51　工件加工过程

1. 4. 4　训练与考核

1. 4. 4. 1　训练任务

锥面零件编程与加工训练任务见表 1. 14。

表 1. 14　锥面零件编程与加工训练任务

任务描述	使用数控车床加工如图 1. 52 所示锥度轴，达到图样技术要求。要求制定数控加工工艺方案，编写数控加工程序。已知，毛坯尺寸 ϕ40 mm，材料为 45 钢。 技术要求 表面粗糙度全部为6.3。 图 1. 52　锥度轴零件图

表1.14(续)

工艺条件	工艺条件参照“1.4.1 工作任务”中提供的工艺条件配置
加工要求	严格遵守安全操作规程，零件加工质量达到图样要求，考核标准见表 F.10

1.4.4.2 考核评价

加工结束后检测工件加工质量，填写工件加工质量考核评分表，见表 F.10；工作结束后，对工作过程进行总结评议，填写过程评价表，见表 F.8。

复习题

1) **填空题**(将正确答案填写在画线处)

(1)轴向单一固定循环 G90 指令格式是________。

(2)G04 指令仅在其被规定的程序段中________。

(3)暂停指令 G04 用地址________指示的暂停时间单位为毫秒。

(4)当接通电源时，数控机床执行存储于计算机中的________指令，因此机床主轴不会自动旋转。

(5)数控机床加工过程中________改变主轴速度和进给速度。

2) **选择题**(在若干个备选答案中选择一个正确答案，填写在括号内)

(1)“G90 X50.0 Z-60.0 R-2.0 F0.1；”程序段完成的是(　　)的加工。

A. 圆弧面　　B. 圆柱面　　C. 圆锥面　　D. 螺纹

(2)断屑槽宽度对切屑影响较大，进给量和背吃刀量减小时，断屑槽宽度应(　　)。

A. 减小　　B. 增大　　C. 不变　　D. 不一定

(3)在未装夹工件前，常常空运行一次程序，(　　)不是空运行的目的。

A. 程序是否正确　　B. 刀具、夹具选取与安装的合理性

C. 工件坐标系　　D. 机床的加工范围

(4)在机床锁定方式下进行自动运行，(　　)功能被锁定。

A. 进给　　B. 刀架转位　　C. 主轴　　D. 冷却

(5)进行批量加工时，加工程序结束时应使刀具返回(　　)。

A. 刀位点　　B. 换刀点　　C. 工件坐标原点　　D. 加工起点

3) **判断题**(判断下列叙述是否正确，在正确的叙述后面画“√”，在错误的叙述后面画“×”)

(1)数控机床的加工精度与其本身的分辨度密切相关。(　　)

(2)程序编制前，程序员应了解所用数控机床的规格、性能和 CNC 系统所具备的功能及编程指令格式等。(　　)

(3)机床上运行的新程序在调入后最好先进行校验，正确无误后再启动自动运行。(　　)

(4)因为试切法的加工精度较高，所以主要用于大批量的生产。(　　)

(5)数控车床加工凹槽时，用“N180 G00 X80.0 Z50.0；”程序段完成退刀，并回换刀点。(　　)

项目 2　圆弧面零件的编程与加工

【项目导学】

圆弧面零件的编程与加工是数控车削加工中常见的工作任务，体现了数控车削加工的优势。本项目包括“简单圆弧面零件的编程与加工”和“复杂圆弧面零件的编程与加工”两个任务。学生通过学习和实施这两个任务，掌握圆弧面加工时的刀具选择、走刀路线设计、编程指令运用、刀具半径补偿等知识，最终能独立编写圆弧面零件数控加工程序，并操作数控车床加工出合格零件。

任务 2.1　简单圆弧面零件的编程与加工

2.1.1　工作任务

简单圆弧面零件编程与加工工作任务见表 2.1。

表 2.1　简单圆弧面零件编程与加工工作任务

任务描述	使用数控车床加工如图 2.1 所示圆弧轴。要求制定工艺方案，绘制走刀路线图，编写数控加工程序，并正确操作数控车床加工零件。已知，毛坯为 ϕ30 mm 圆钢，材料为 45 钢，单件生产。 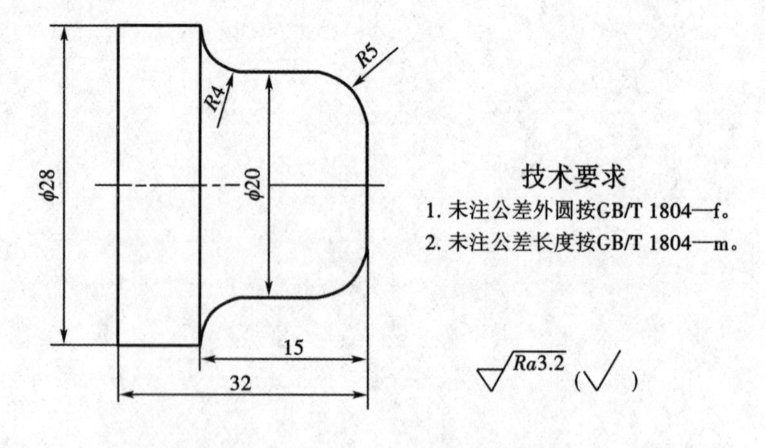 图 2.1　圆弧轴零件图

表2.1(续)

<table>
<tr><td>知识点与
技能点</td><td>知识点:◇车削回转体凸、凹表面刀具选择
◇圆弧面车削走刀路线
◇主轴最高转速限制(G50)指令功能、格式及用法
◇圆弧插补(G02/03)指令功能、格式及用法
◇恒线速切削(G96)、取消恒线速切削(G97)指令功能、格式及用法
◇刀具半径补偿原理
◇刀具半径补偿(G41/G42)指令格式及用法
◇取消刀具半径补偿(G40)指令格式及用法
技能点:◇圆弧面测量方法</td></tr>
<tr><td>工艺条件</td><td>(1)车床：FANUC 0i 系统卧式数控车床。
(2)毛坯：ϕ40 mm 圆钢，材料为 45 钢。
(3)刀具、量具及其他：
<table><tr><th>名称</th><th>规格</th><th>数量</th></tr><tr><td>外圆车刀</td><td>93°</td><td>1</td></tr><tr><td>切断刀</td><td>3</td><td>1</td></tr><tr><td>游标卡尺</td><td>0~150, 0.02</td><td>1</td></tr><tr><td>半径规</td><td>R1~R6.5</td><td>1</td></tr></table></td></tr>
</table>

2.1.2　相关知识

2.1.2.1　车削回转体凸、凹表面刀具选择

在车削回转体的凸、凹面时，若刀具选择不当，将影响工件表面加工质量，甚至导致加工无法进行。因此，要正确选择刀具。

1)避免加工过程中刀具与工件表面产生干涉

如精车图 2.2 所示工件外轮廓，为保证车削过程中车刀主、副切削刃与工件不致产生干涉，车刀的主、副偏角均应大于 45°，一般选择主、副偏角为 60°的尖形车刀。

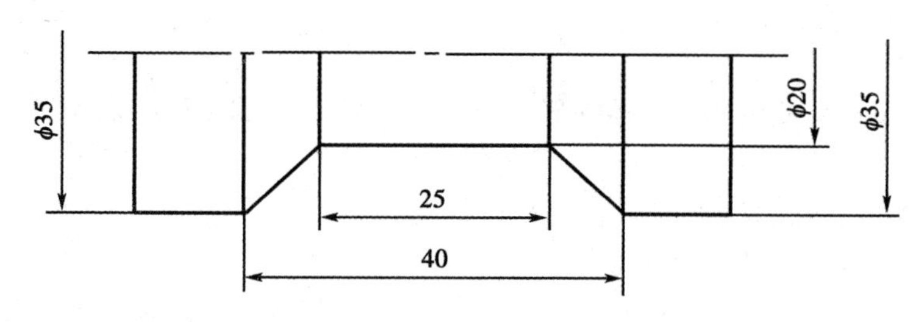

图 2.2　避免产生干涉示例件(一)

又如，车削图 2. 3(a)所示零件的内轮廓表面，为保证车削过程中车刀主、副切削刃与工件不致产生干涉，应选择尖形内孔车刀，如图 2. 3(b)所示。

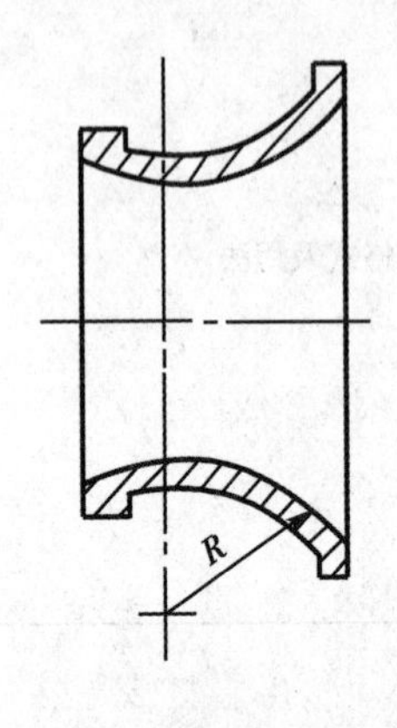

(a)大圆弧内表面零件

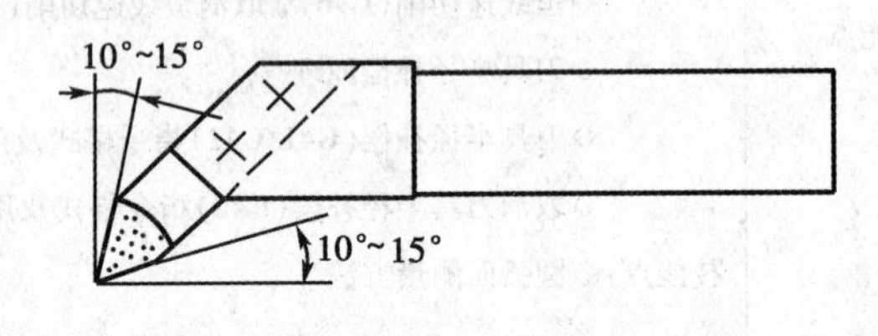

(b)尖形车刀示例

图 2. 3　避免产生干涉示例件(二)

实际应用时，可用计算或作图的方法确定车刀与工作面不致产生干涉的几何角度，一般极限角度值应大于作图或计算所得角度 6°~8°。

2)根据加工特点，选择适宜类型的刀具

如加工图 2. 4 所示工件，当车刀主切削刃靠近其圆弧终点时，切削深度 a_1 将大大超过其圆弧起点位置上的切削深度，致使切削阻力增大，可能产生较大的线轮廓度误差，并增大其表面粗糙度值。因此，当曲面形状精度及表面粗糙度均要求较高时，宜选择图 2. 5 所示的圆弧形车刀。选择圆弧形车刀时，车刀的圆弧半径应小于或等于凹形轮廓的最小半径，但不宜过小，否则会使刀头强度太弱，且难以制造。

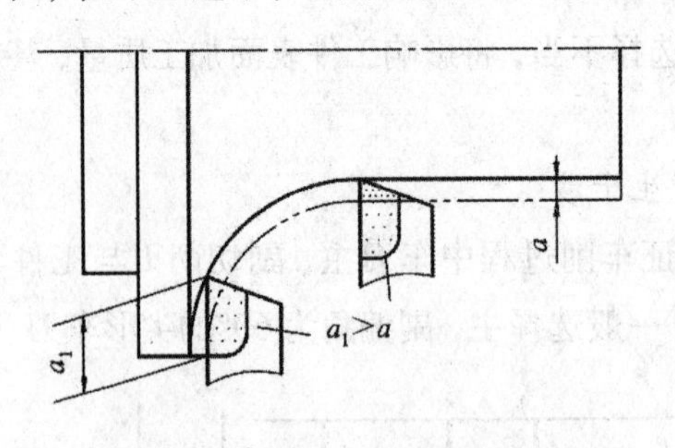

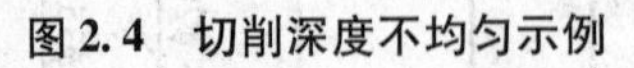

图 2. 4　切削深度不均匀示例

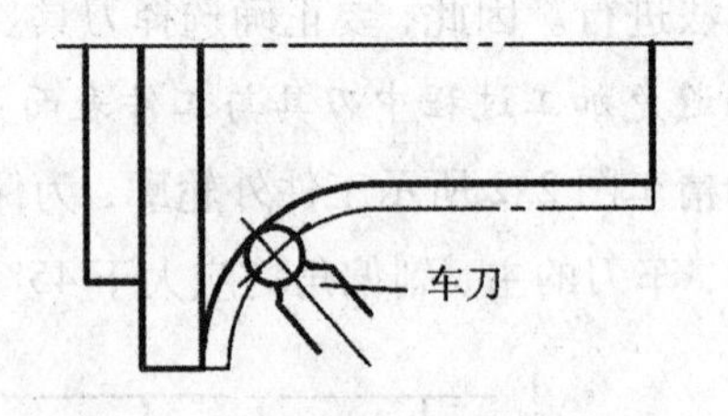

图 2. 5　圆弧形车刀车削凹曲面

2. 1. 2. 2　车削圆弧面走刀路线

1)车削外凸圆弧面的走刀路线

车削外凸圆弧面时可以采用三角形走刀路线、同心圆走刀路线、矩形走刀路线，如图 2. 6 所示。

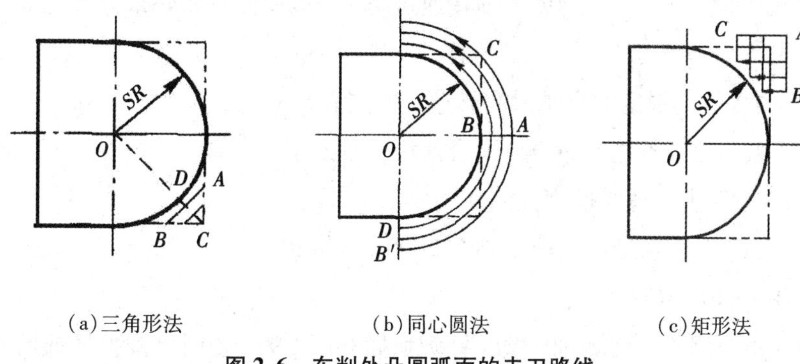

(a)三角形法　　(b)同心圆法　　(c)矩形法

图 2.6　车削外凸圆弧面的走刀路线

采用三角形走刀路线车外凸圆弧面时，要合理确定起点和终点坐标，否则可能损伤圆弧表面，或者余量留得太多。实际加工时，粗车走刀路线不能超过图 2.6(a)所示的 AB 线，否则会损伤圆弧表面。由于 $AC=BC\approx 0.586\ R$，因此当 R 不太大时，可取 $AC=BC=0.5R$。采用三角形走刀路线车外凸圆弧面，需要计算每次进刀起点、终点坐标，且精加工余量不均匀。

采用同心圆走刀路线时，走刀路线长，但余量均匀，编程方便。

采用矩形走刀路线时，需要计算每次进刀起点、终点坐标，且精加工余量不均匀，但走刀路线短。

2)车削内凹圆弧面的走刀路线

车内凹圆弧面时常采用同心圆走刀路线、等径圆走刀路线、三角形走刀路线、梯形走刀路线，如图 2.7 所示。

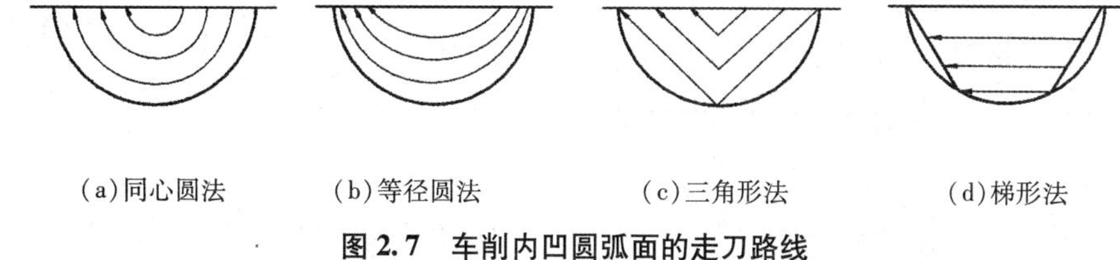

(a)同心圆法　　(b)等径圆法　　(c)三角形法　　(d)梯形法

图 2.7　车削内凹圆弧面的走刀路线

采用同心圆走刀路线车内凹圆弧面时，需要计算每次进刀起点、终点坐标，走刀路线较长，但编程较方便；采用等径圆走刀路线时，需要计算每次进刀起点、终点坐标，走刀路线长，但编程较方便；采用三角形走刀路线时，每次进刀起点、终点坐标变化，走刀路线短，但余量不均匀；采用梯形走刀路线的走刀路线短，但编程麻烦。

2.1.2.3　编程指令

1)最高转速限制(G50)

G50 指令除有坐标系设置功能外，在具有恒线速控制功能的数控车床上，还有最高转速限制的作用。如采用恒线速度切削径向尺寸变化较大的内、外轮廓时，当车削直径很小时，主轴转速会很高。为避免主轴转速过高，一般要限制主轴最高转速。

指令格式：“G50 S__；”

其中，S 后面的数值为限定的主轴最高转速，单位为 r/min。

该指令一般与恒线速指令(G96)配合使用，如：

“G96 S100；”表示恒线速度控制在 100 m/min；

“G50 S2000；”表示最高转速限制在 2000 r/min 以内。

2) 圆弧插补(G02/G03)

圆弧插补指令用于圆弧切削，顺时针圆弧插补用 G02，逆时针圆弧插补用 G03。

指令格式有两种：

“G02/G03 X(U)__ Z(W)__ R__ F__；”

“G02/G03 X(U)__ Z(W)__ I__ K__ F__；”

其中，X(U)，Z(W)后的数值为圆弧终点的坐标值；R 后的数值为圆弧半径；I，K 后的数值为圆弧圆心相对起点分别在 X，Z 坐标方向的增量值，有正负值之分；F 后的数值为进给速度。

指令说明如下：

(1)圆弧插补顺、逆方向的判别方法如图 2.8 所示，即沿着与圆弧插补平面相垂直的坐标轴的正方向向负方向看，顺时针方向圆弧用 G02，逆时针方向圆弧用 G03。

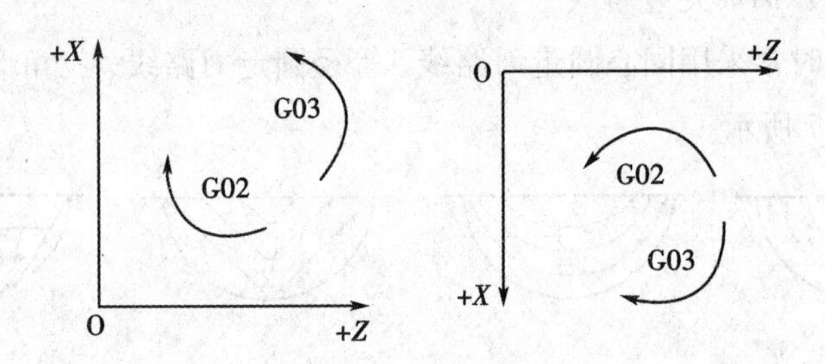

图 2.8　圆弧顺、逆方向的判别

(2) R 为圆弧半径。从圆弧的起点到圆弧终点，在同一半径的情况下，有两个圆弧，如图 2.9 所示。为区分二者，规定当圆弧对应的圆心角小于等于 180°时，R 值为正；当圆心角大于 180°时，R 值为负。

(3) I，K 为圆弧圆心相对其起点的增量值，其值与绝对坐标编程、增量坐标编程无关，即无论采用绝对坐标编程还是增量坐标编程，I 值均采用半径值编程，如图 2.10 所示。当 I，K 为零时，可省略。

(4)对于整圆，只能用圆心(I，K)编程，用半径 R 指定圆心位置时，不能编制整圆。

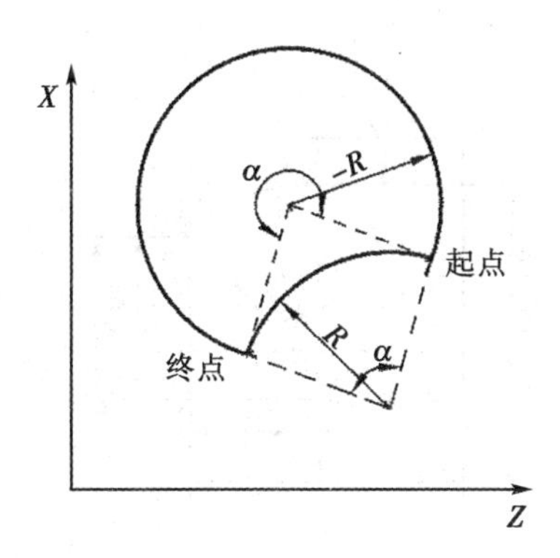

图 2.9　圆弧插补 R 值正、负规定

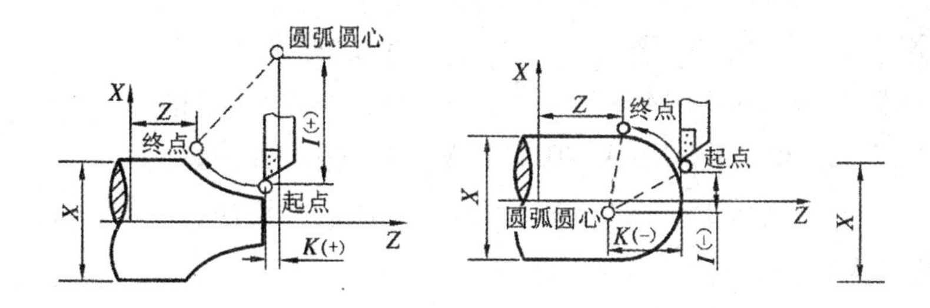

图 2.10　圆弧插补 I, K 含义

(5)G02/G03 为模态指令

注意：使用 G02/G03 编程时，应注意前置刀架与后置刀架的区别。

指令应用举例 1：利用圆弧插补指令(G02)编写如图 2.11 所示 $P_1 \rightarrow P_2$的走刀程序。

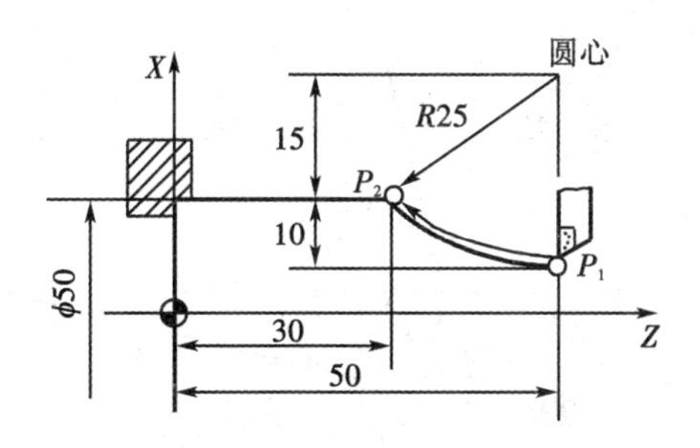

图 2.11　G02 指令应用示例

图中 $P_1 \rightarrow P_2$走刀，程序有以下四种表达方法：

“G02 X50.0 Z30.0 R25.0 F0.3；”　　绝对坐标，半径编程

“G02 U20.0 W-20.0 R25.0 F0.3；”　　增量坐标，半径编程

“G02 X50.0 Z30.0 I25.0 K0 F0.3；”　　绝对坐标，圆心编程

“G02 U20.0 W-20.0 I25.0 K0 F0.3；”　　增量坐标，圆心编程

指令应用举例 2：利用圆弧插补指令(G03)编写如图 2.12 所示的 $P_1 \rightarrow P_2$走刀程序。

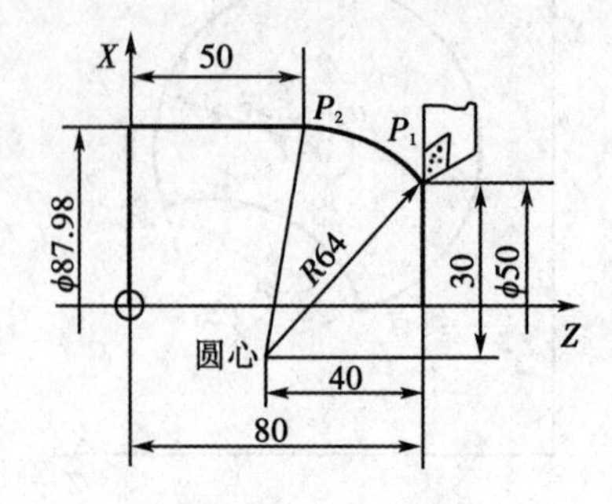

图 2.12　G03 指令应用示例

图中 $P_1 \rightarrow P_2$走刀，程序有以下四种表达方法：

“G03 X87.98 Z50.0 R64.0；”	绝对坐标，半径编程
“G03 U37.98 W-30.0 R64.0；”	增量坐标，半径编程
“G03 X87.98 Z50.0 I-30.0 K-40.0；”	绝对坐标，圆心编程
“G03 U37.98 W-30.0 I-30.0 K-40.0；”	增量坐标，圆心编程

3）刀尖圆弧半径补偿的建立与取消

（1）刀尖圆弧半径补偿功能。

以上编程，均假设车刀有一理想刀尖，并以此刀尖来切削工件。但实际上，为增加刀具强度，车刀刀尖不可能绝对尖，常常有一很小的过渡圆弧，如图 2.13 所示。实际切削时起作用的是刀尖的过渡圆弧部分。

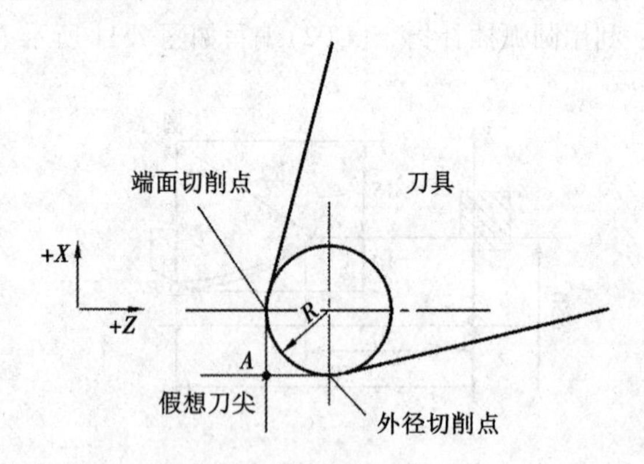

图 2.13　假想刀尖

车刀车削工件时，加工轨迹如图 2.14 所示，图中粗实线表示工件图样的理想轮廓，也是编程路径，细实线表示车削后的实际轮廓。由图可见，当车削端面、内外径等与轴线垂直或平行于表面时，刀尖的过渡圆弧对工件尺寸不会产生影响；但当车削锥面、圆弧面时，由于刀尖过渡圆弧的影响，实际尺寸就会产生偏差。如果工件精度不高，此偏差可以忽略不计；但若精度要求较高，就应考虑刀尖圆弧半径 R 对工件精度的影响。

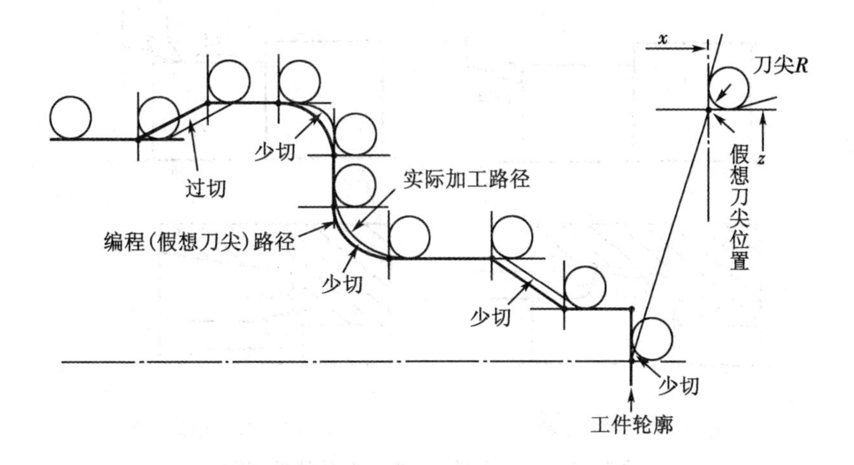

图 2.14　刀尖圆弧半径 R 造成的加工误差

为避免刀尖圆弧半径对加工的影响，编制工件加工程序时，可按刀尖圆弧中心轨迹编程。由于中、高档数控机床都具有刀尖圆弧半径补偿功能，因此编程时不必计算刀具中心的轨迹，只需按零件轮廓编程，通过使用刀尖圆弧半径补偿功能，使数控系统沿零件轮廓自动偏移一个刀具半径值，计算出刀具中心轨迹，保证刀尖圆弧中心与该轨迹重合，从而加工出所需要的零件轮廓。此时，需在数控程序中写入刀尖圆弧半径补偿指令，同时在控制面板上手动输入刀尖圆弧半径值。

(2)刀尖圆弧半径补偿(G41/G42/ G40)。

指令格式：

“G41 G00/G01 X(U)＿ Z(W)＿ F＿；”　　刀尖圆弧半径左补偿

“G42 G00/G01 X(U)＿ Z(W)＿ F＿；”　　刀尖圆弧半径右补偿

“G40 G00/G01 X(U)＿ Z(W)＿ F＿；”　　取消刀尖圆弧半径补偿

其中，X(U)，Z(W)后的数值为建立刀尖圆弧半径补偿时刀具移动目标点的坐标。

指令说明如下：

① G41 为刀尖圆弧半径左补偿，G42 为刀尖圆弧半径右补偿，G40 为取消刀尖圆弧半径补偿。刀尖圆弧半径左、右补偿的判别方法如图 2.15 所示。从与插补平面相垂直的坐标轴的正方向向负方向看，沿着刀具进给方向，刀具在被加工轮廓的左边，则为左补偿，此时用 G41 指令编程；反之，为右补偿，用 G42 指令编程。

② G41，G42，G40 指令必须在直线移动指令下使用，通过直线插补建立刀补。它们不允许与 G02，G03 等指令结合编程，否则系统会报警。

③ 系统执行“T××××”的程序指令时，从中取得了刀具补偿值(其中包括刀具长度补偿、刀尖半径补偿及磨耗补偿)，但此时并没有实施刀尖圆弧半径补偿。只有在程序中遇到 G41，G42 后，才可将刀库中提取的相应数据实施补偿。

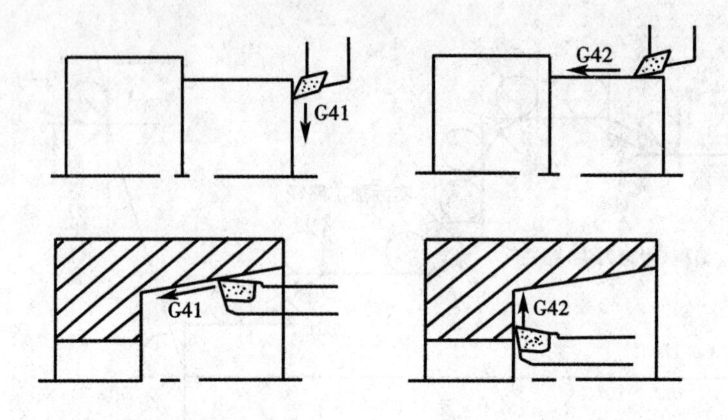

(a)刀尖圆弧半径左补偿　　(b)刀尖圆弧半径右补偿

图 2.15　刀尖圆弧半径左、右补偿的判别

④ 输入的刀补数据可以是负值，此时 G41，G42 互相转化。

⑤ G40 必须与 G41，G42 成对使用。

⑥ G41，G42，G40 是模态指令；G41，G42，G40 可相互注销。

(3)刀尖圆弧位置编码。

数控车床采用刀尖圆弧半径补偿功能进行加工时，如果刀具的刀尖形状和切削时所处的位置不同，那么刀具的补偿量与补偿方向也不同。根据刀尖形状及刀具走刀方向的不同，数控系统规定了 9 种假想刀尖方位，如图 2.16 所示。因此，要在刀尖圆弧半径补偿寄存器中，定义刀尖圆弧半径及刀尖方位号，才能保证刀补的有效实施。

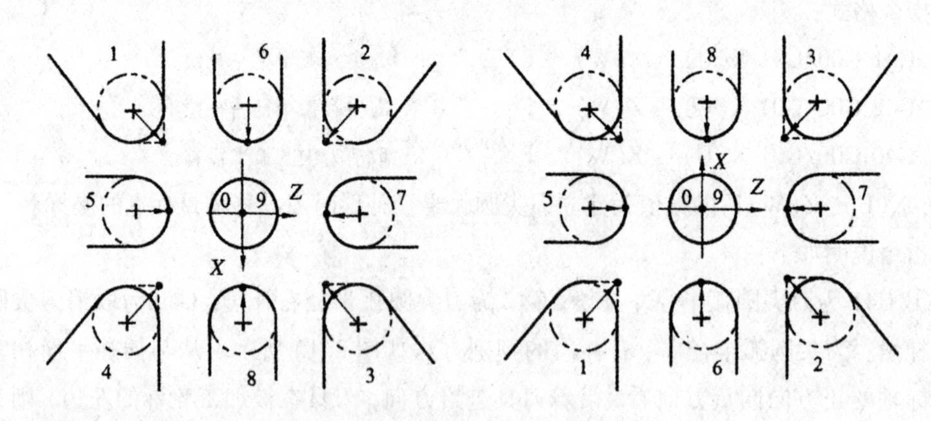

(a)前置刀架(下位刀)　　(b)后置刀架(上位刀)

图 2.16　假想刀尖方位

(4)刀尖圆弧半径补偿的执行过程。

刀尖圆弧半径补偿执行过程有三步，即建立刀补、执行刀补、取消刀补，如图 2.17 所示。

① 建立刀补。从理想刀尖与编程轨迹重合，逐步过渡到刀尖圆弧中心与编程轨迹偏

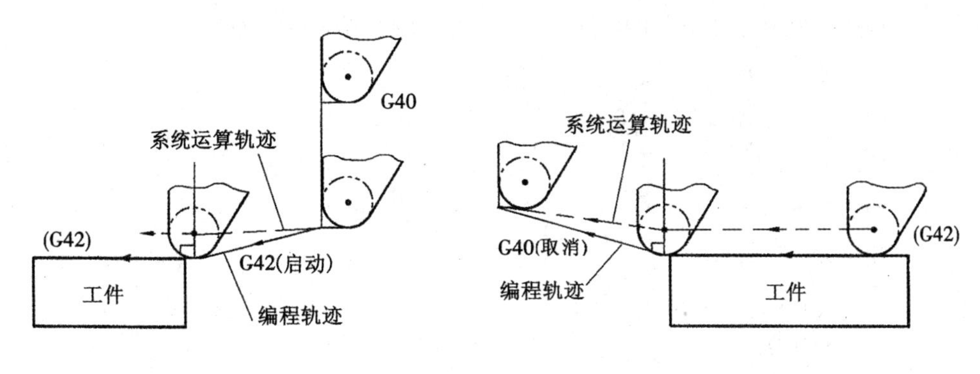

(a)建立刀补　　　　(b)取消刀补

图 2.17　刀尖圆弧半径补偿的建立与取消

离一个偏置量。

② 执行刀补。在刀具补偿期间，刀尖圆弧中心始终与编程轨迹相距一个偏置量。

③ 取消刀补。刀具切离工件，补偿取消，此时理想刀尖与编程轨迹重合。

指令应用举例：应用刀尖圆弧半径补偿（G41，G42，G40）编写如图 2.18 所示的零件精加工程序。

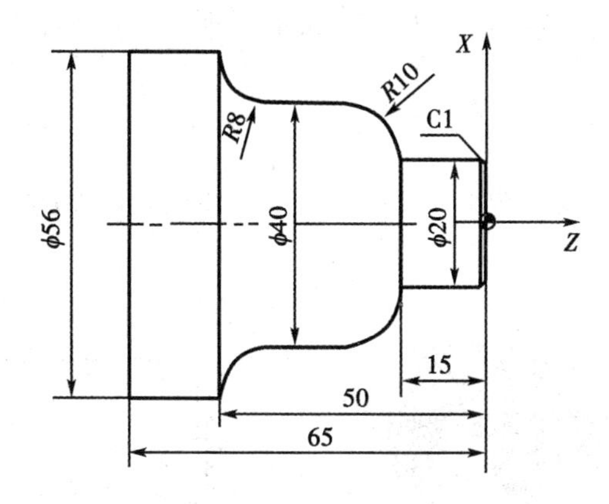

图 2.18　G41，G42，G40 指令应用示例

程序如下：

……

T0101；	调 1 号刀具
M03 S800；	主轴正转，转速 800 r/min
G96 S100；	恒线速切削，切削速度恒定 100 m/min
G50 S2000；	最高转速限制在 2000 r/min
G00 X60.0 Z5.0；	快速定位
G42 G00 X16.0 Z1.0；	建立刀补

```
    G01 X20.0 Z-1.0 F0.07;           实施刀补，精加工外轮廓
        Z-15.0;
    G03 X40.0 Z-25.0 R10.0;
    G01 Z-42.0;
    G02 X56.0 Z-50.0 R8.0;
    G01 Z-65.0;
        X60.0;                       切出工件
G40 G00 X100.0;                      取消刀补
        Z100.0;
  T0100;                             关闭刀具数据库
  ……
```

2.1.2.4 圆弧表面测量

1）半径规检测

半径规也称半径样板或 R 规，是利用光隙法测量圆弧半径的工具，如图 2.19 所示。半径规测量范围有 1~6.5，7~14.5，15~25 mm 三种。由于是目测，故准确度不是很高，只能作定性测量。

2）样板检测

用样板检测圆弧面的方法如图 2.20 所示，它主要适用于精度要求不高、批量生产的场合。

图 2.19 半径规

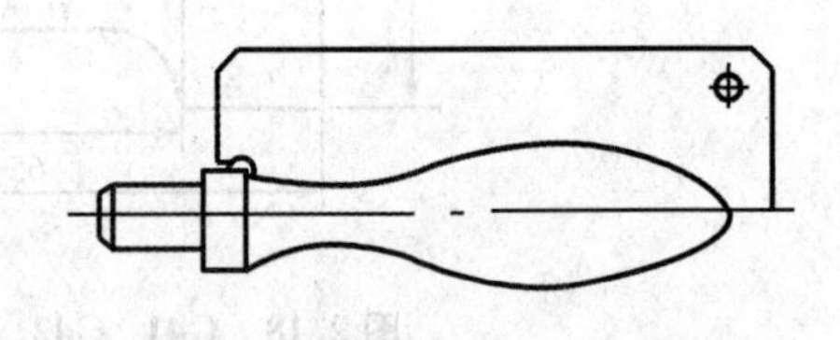

图 2.20 用样板检验圆弧面

3）万能工具显微镜检测

万能工具显微镜是采用影像法、轴切法，按直角坐标或极坐标对零件进行精确测量的仪器，如图 2.21 所示。它能精确测量各种工件的尺寸、角度、形状和位置，还能测量螺纹的各种参数。工程上常用万能工具显微镜对机械零件、量具、刀具、夹具、模具、电子元器件、电路板、冲压板、塑料及橡胶制品进行质量检验和控制。

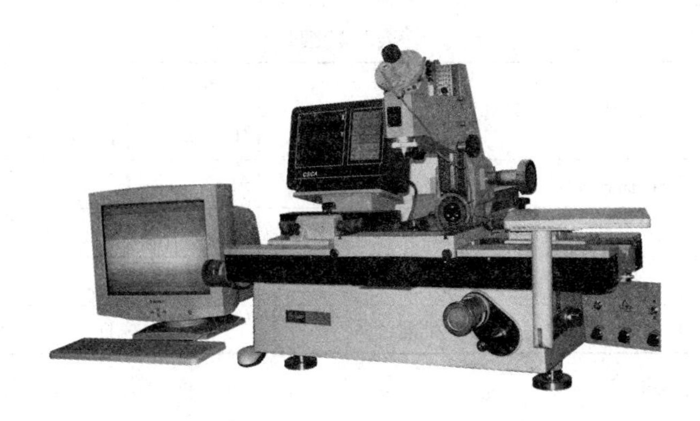

图 2.21　万能工具显微镜

2.1.3　任务实施

1)制定工艺方案

(1)零件加工分析。

根据零件结构及尺寸精度、表面粗糙度要求，零件加工工艺安排如下：平右端面→粗车外轮廓(*ϕ*26 外圆、*ϕ*20 外圆、*R*4 凹圆弧、*R*5 凸圆弧)→精车外轮廓→手动切断。

(2)确定装夹方案。

选择三爪自定心卡盘装夹。

(3)选择刀具。

T1：93°外圆车刀；T2：4 mm 切断刀；刀具材料均为硬质合金。

(4)编排加工工艺，填写工艺卡。

粗车外轮廓：背吃刀量取 2.0 mm，切削速度选择 80 m/min，则主轴转速取 850 r/min，进给量取 0.2 mm/r。

精车外轮廓：精车余量双边取 0.5 mm，切削速度选择 100 m/min，则主轴转速取 1100 r/min，进给量取 0.08 mm/r。

填写数控加工工艺卡，见表 2.2。

表 2.2　数控加工工艺卡片

安装	工步号	工步内容	刀具号	刀具规格	主轴转速 /(r·min^{-1})	进给速度 /(mm·r^{-1})	背吃刀量 /mm	备注
夹左端	1	车端面	T1	93°外圆车刀				手动
	2	粗车外轮廓	T1	93°外圆车刀	900	0.2	1.75~2	
	3	精车外轮廓	T1	93°外圆车刀	1300	0.08	0.25	
	4	切断工件	T2	3 mm 切断刀	500	0.08		

表2.2(续)

安装	工步号	工步内容	刀具号	刀具规格	主轴转速/(r·min^{-1})	进给速度/(mm·r^{-1})	背吃刀量/mm	备注
调头	5	车端面,找总长	T1	93°外圆车刀				手动
编制		审核		批准		年 月 日	共1页	第1页

2)绘制走刀路线

绘制圆弧轴数控车削加工走刀路线，见图2.22。

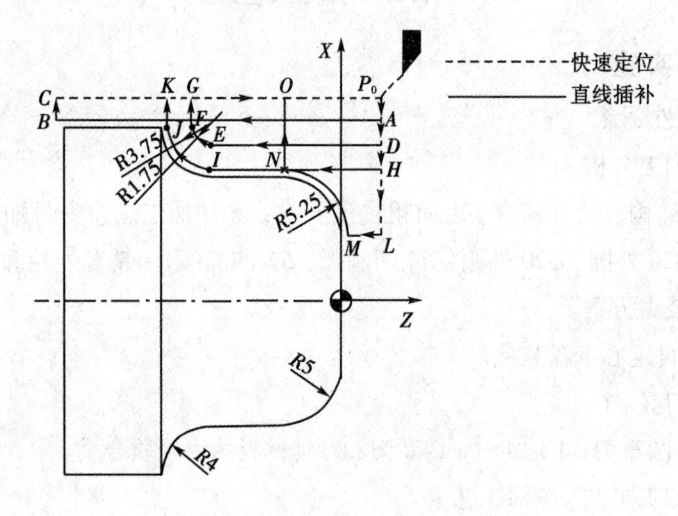

图2.22　圆弧轴数控车削走刀路线

设工件坐标原点如图2.22所示，零件粗加工走刀点坐标分别为：P_0(32.0, 3.0), A(28.5, 3.0), B(28.5, −24.0), C(32.0, −24.0), D(24.5, 3.0), E(24.5, −11.0), F(28.0, −12.75), G(32.0, −12.75), H(20.5, 3.0), I(20.5, −11.0), J(28.0, −14.75), K(32.0, −14.75), L(10.0, 3.0), M(10.0, 0.25), N(20.5, −5.0), O(32.5, −5.0)。

3)编写加工程序

圆弧轴加工程序见表2.3。

表2.3　圆弧轴加工程序

程序	说明
O0003	程序名
G54 G97 G99 G40;	建立工件坐标系，取消恒线速，转进给，取消刀补
T0101;	调1号刀、1号刀补
M03 S850;	主轴正转，转速850 r/min

表2.3(续)

程序	说明
G00 X32.0 Z3.0;	快速定位至 P_0
G94 X0 Z0 F0.1;	平右端面
G90 X28.5 Z-24.0 F0.2;	粗车 ϕ26 mm 外圆
G00 X24.5;	快速进给至 D
G01 Z-11.0;	直线插补至 E
G02 X28.0 Z-12.75 R1.5;	圆弧插补至 F，半径 R1.5
G01 X32.0;	直线插补至 G
G00 Z3.0;	快速返回至 P_0
X20.5;	快速进给至 H
G01 Z-11.0;	直线插补至 I
G02 X28.0 Z-14.75 R3.5;	圆弧插补至 J，半径 R3.5
G01 X32.0;	直线插补至 K
G00 Z3.0;	快速返回至 P_0
X10.0;	快速定位至 L
G01 Z0.5;	直线插补至 M
G03 X20.5 Z-5.0 R5.25;	圆弧插补至 N，半径 R5.25
G01 X32.0;	直线插补至 Q
G00 Z3.0;	快速返回至 P_0
S1100;	精加工主轴变速至 1100 r/min
G42 G00 X10.0 Z3.0;	精车外轮廓
G01 Z0 F0.1	
G03 X20.0 Z-5.0 R5.0;	
G01 Z-11.0;	
G02 X28.0 Z-15.0 R4.0;	
G01 Z-24.0;	
X32.0;	
G40 G00 X100.0　Z100.0;	快速退刀至换刀点
M05;	主轴停转
M30;	程序结束，并返回程序头

2.1.4　训练与考核

2.1.4.1　训练任务

简单圆弧面零件编程与加工训练任务见表 2.4。

表 2.4　简单圆弧面零件编程与加工训练任务

<table>
<tr><td>任务描述</td><td>在数控车床上加工如图 2.23 所示零件。要求制定工艺方案，绘制数控加工走刀路线，编写数控加工程序，操作数控车床加工零件。已知，毛坯为 ϕ30 mm 圆钢，材料为 45 钢。
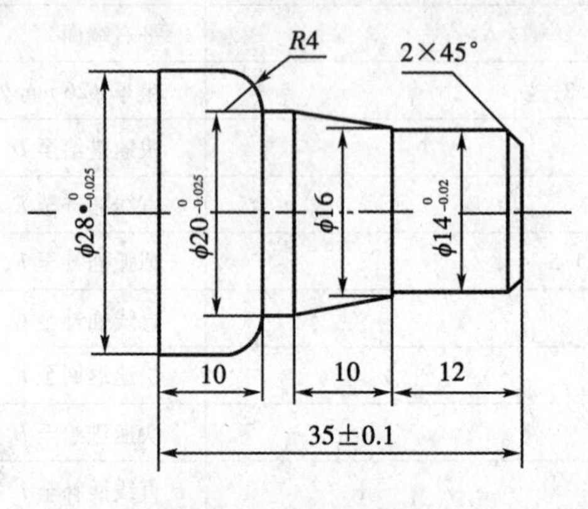

图 2.23 圆弧轴零件图</td></tr>
<tr><td>工艺条件</td><td>工艺条件参照“2.1.1 工作任务”中提供的工艺条件配置</td></tr>
<tr><td>加工要求</td><td>严格遵守安全操作规程，零件加工质量达到图样要求</td></tr>
</table>

2.1.4.2　考核评价

加工结束后检测工件加工质量，填写加工质量考核评分表，见表 F.11；工作结束后，对工作过程进行总结评议，填写过程评价表，见表 F.8。

复习题

1) 填空题(将正确答案填写在画线处)

(1) 用 FANUC 系统的指令编程，程序段“G03 X __ Z __ R __；”表明圆弧插补方向是________；X, Z 后的数值表示圆弧________；当圆弧所对应的圆心角大于 180°时 R 取________。

(2) 用 FANUC 系统的指令编程，程序段“G02 X __ Z __ I __ K __；”中的 I 表示________，K 表示________。

(3) 数控车床上，刀尖圆弧只有在加工________和________时才产生加工误差。

(4) 使用 G41 指令，表明刀具的半径补偿是________；使用 G42 指令，表明刀具的半径补偿是________；程序中指定了________时，刀具半径补偿被撤销。

(5) 使用刀尖圆角半径补偿时，当程序中指定了________时，刀尖圆角半径补偿被撤销。

2) 选择题(在若干个备选答案中选择一个正确答案，填写在括号内)

(1) 通常，数控系统除了直线插补外，还有(　　)。

A. 圆弧插补　　B. 正弦插补　　C. 抛物线插补

(2)应用刀具半径补偿功能时，如刀补值设置为负值，则刀具轨迹是(　　)。

A. 左补　　B. 右补

C. 不能补偿　　D. 左补变右补，右补变左补

(3)影响刀尖半径补偿值最大的因素是(　　)。

A. 进给量　　B. 切削速度　　C. 切削深度　　D. 刀尖半径大小

(4)圆弧插补方向(顺时针和逆时针)的规定与(　　)有关。

A. 不在于圆弧平面内的坐标轴　　B. *X* 轴　　C. *Z* 轴

(5)数控车削刀具进行半径补偿时，需在刀具半径补偿存储器中输入(　　)。

A. 刀尖的半径　　B. 刀尖的直径

C. 刀具的长度　　D. 刀尖的半径和刀尖方位号

3)判断题(判断下列叙述是否正确，在正确的叙述后面画“√”，在错误的叙述后面画“×”)

(1)刀具位置偏置补偿可分为刀具形状补偿和刀具磨损补偿两种。(　　)

(2)圆弧插补中，对于整圆，其起点和终点相重合，用 R 编程无法定义，所以只能用圆心坐标编程。(　　)

(3)沿着刀具前进方向看，刀具在被加工面的左边则为左刀补，就用 G42 指令编程。(　　)

(4)判断程序是否正确:“N100 G41 G02 X20. Y0 R10. ; N110 G42 G03 X0 Y0 R20. ”。(　　)

(5)利用 *I*, *K* 表示圆弧的圆心位置，须使用增量值。(　　)

(6)不具备刀具半径补偿功能的数控机床，在加工工件时需要计算假想刀尖轨迹或刀具中心轨迹与工件轮廓尺寸的差值。(　　)

(7)刀具补偿功能的执行包括刀补的建立、刀补的执行和刀补的取消三个阶段。(　　)

(8)G41，G42，G40 为模态指令，均有保持功能，机床的初态为 G40。(　　)

任务 2.2　复杂圆弧轴零件的编程与加工

2.2.1　工作任务

复杂圆弧轴零件编程与加工工作任务见表 2.5。

表 2.5　复杂圆弧轴零件编程与加工工作任务

<table>
<tr><td>任务描述</td><td>加工如图 2.24 所示手柄，毛坯尺寸 $\phi35$ mm×120 mm，材料为 45 钢，单件生产。 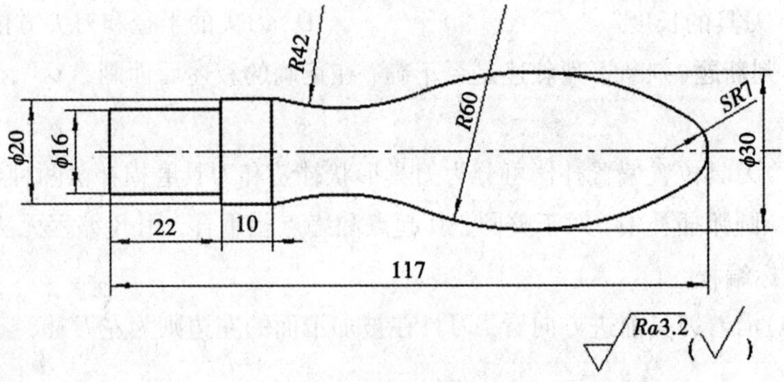

图 2.24 手柄零件图</td></tr>
<tr><td>知识点与
技能点</td><td>知识点：◇内、外圆粗车复合循环(G71)指令功能、格式及用法
◇仿形粗车复合循环(G73)指令功能、格式及用法
◇精车(G70)指令功能、格式及用法
技能点：◇复杂圆弧轴零件编程与加工</td></tr>
<tr><td>工艺条件</td><td>(1)车床：配置 FANUC 0i 系统的卧式数控车床。
(2)毛坯：$\phi35$ mm×120 mm，材料为 45 钢。
(3)刀具、量具及其他：
<table>
<tr><th>名称</th><th>规格</th><th>数量</th></tr>
<tr><td>外圆车刀</td><td>93°</td><td>1</td></tr>
<tr><td>93°外圆车刀刀体</td><td>MVJNR2525M16N</td><td>1</td></tr>
<tr><td>35°等边菱形刀片</td><td>VNMG160408 KU10T</td><td>1</td></tr>
<tr><td>游标卡尺</td><td>0~150，0.02</td><td>1</td></tr>
<tr><td>半径样板</td><td>R7~R14.5，R42，R60</td><td>各 1</td></tr>
</table></td></tr>
</table>

2.2.2 相关知识

2.2.2.1 编程指令

数控车削余量较大工件及轮廓形状复杂工件时，编程较为复杂，此时可选用复合循环指令。应用该指令时，在设定切削参数并指定精加工路线后，数控系统就会自动计算出粗加工路线和加工次数，自动完成加工。因此，使用复合循环指令，可以大大简化编程。

1）内、外圆粗车复合循环（G71）

G71 指令一般用于轴向尺寸较大、轮廓形状较复杂的轴类零件编程，加工时刀具沿 X 轴方向进刀，平行于 Z 轴方向切削。

指令格式：

"G71 U(Δd) R(e)；

G71 P(ns) Q(nf) U(Δu) W(Δw) F(Δf) S(Δs) T(t)；

N(ns)……F(f) S(s)；

……

……

N(nf)……；"

其中，Δd——每一次循环背吃刀量，半径值，无符号；

e——每次切削退刀量，半径值，无符号；

ns——轮廓精加工程序中的第一个程序段的顺序号；

nf——轮廓精加工程序中的最后一个程序段的顺序号；

Δu——X 轴方向的精加工余量大小和方向，直径编程；

Δw——Z 轴方向精加工余量大小和方向；

Δf——粗加工时的进给量；

Δs——粗加工时的主轴转速，若在 G71 之前即已指令，此处可省略；

t——粗加工时所用刀具，一般在 G71 之前即已指令，故此处可省略；

f——精加工时的进给量；

s——精加工时的主轴转速。

指令说明如下：

（1）内、外圆粗车复合循环过程如图 2.25 所示，图中 C 点为粗加工循环起点，R 表示快速移动，F 表示进给运动。A 点为精加工轮廓的起点，B 点为精加工轮廓的终点，AA'、BB'分别为 X 轴方向、Z 轴方向精加工余量，$CA'B'$构成粗加工区域。编程时，只要给出 $A \to B$ 的精加工轮廓，并在 G71 指令中给出精车余量 Δu 和 Δw，背吃刀量 Δd 及退刀量 e，则 CNC 装置就会自动计算出粗车加工路径，并控制车刀完成粗车，且最后一刀会沿着粗车轮廓 $A' \to B'$车削，再退回至循环起点完成粗车循环。

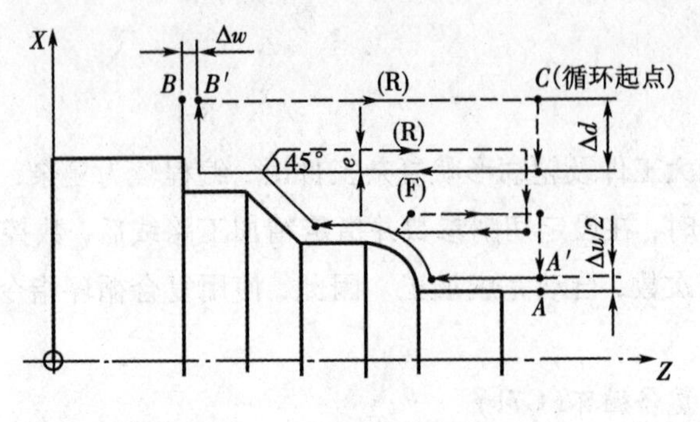

图 2.25　G71 轴向粗车循环过程

(2)在 G71 指令中，若指令 N(*ns*)→N(*nf*)程序段中的 *f*，*s*，则其在精车轮廓时有效；否则 Δ*f*，Δ*s* 有效。

(3)Δ*u* 有正、负之分：车外圆时，Δ*u* 取正值；车内孔时，Δ*u* 取负值。

使用 G71 指令时应注意以下几点：

(1)车削的路径必须是单调增大或单调减小，即不可有内凹的轮廓外形。

(2)定位循环起点 *C* 及轮廓精加工起点 *A*，只能用 G00 或 G01 指令，且 *Z* 方向坐标值应一致。

(3)循环终点 *B* 点定位过远，会在循环时增加空走刀次数。

若使用配置 FANUC 10T 系统的数控车床，则无(1)的限制。

2)精加工(G70)

用 G71 指令完成粗车循环后，可用 G70 指令进行精加工，使工件达到所要求的尺寸精度和表面粗糙度。精车时的加工量是粗车循环时留下的精车余量，加工轨迹是工件的轮廓线。

指令应用举例：应用轴向粗车多重复合循环(G71)、精加工(G70)编写如图 2.26 所示的零件加工程序。已知，毛坯为 ϕ40 mm 圆钢，材料为 45 钢。

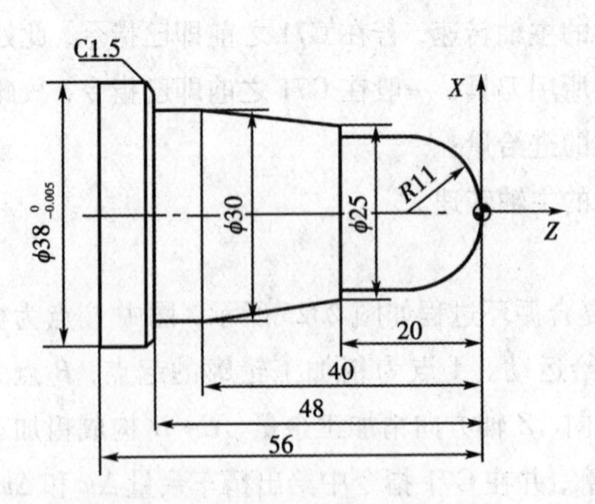

图 2.26　G71，G70 指令应用示例

确定工艺参数如下：选择93°外圆车刀，运用内、外圆粗车复合循环指令G71粗车外轮廓，留精加工余量0.5 mm(直径方向)，0.2 mm(轴向)，运用精加工指令G70精车轮廓。

程序参考如下：

```
……
G98 G40;                              分进给，取消刀具半径补偿
T0101;                                调1号刀，建立工件坐标系
M03 S800;                             主轴正转，转速800 r/min
G96 S100;                             恒线速切削，速度恒定100 m/min
G50 S2000;                            最高转速限制2000 r/min
G00 X42.0 Z2.0;                       快速定位至循环起点
G71 U2.0 R1.0;                        粗车循环参数设定，背吃刀量2 mm，退刀量1 mm，
G71 P100 Q200 U0.5 W0.2 F100;         径向与轴向精加工余量分别为0.5 mm和0.2 mm，
                                      粗加工进给速度100 mm/min
N100 G42 G00 X0.0 S120;               精加工刀具走刀路线描述，精加工时主轴转速120
     G01 Z0.0 F60;                    m/min，进给速度60 mm/min
     G03 X22.0 Z-11.0 R11.0;
     G01 Z-20.0;
         X25.0;
         X30.0 Z-40.0;
         Z-48.0;
         X34.998;
         X37.998 Z-49.5;
         Z-56.0;
     G01 X40.0;
N200 G40 G01 X42.0;
G70 P100 Q200;                        实施精加工
G00 X100.0 Z100.0;                    快速退刀
M30;                                  结束程序，并返回程序头
```

3)仿形粗车复合循环(G73)

仿形粗车复合循环(G73)用于毛坯已基本成型的锻铸件及已经粗加工后的零件的半精加工、精加工。

指令格式：

"G73 U(Δi) W(Δk) R(d)；

G73 P(ns) Q(nf) U(Δu) W(Δw) F(Δf) S(Δs) T(t)；

N(ns)……F(f) S(s)；

……；

N(nf)……；"

其中，Δi——粗车时 X 轴方向粗加工余量，半径值；

Δk——粗车时 Z 轴方向粗加工余量；

d——粗切削次数。

指令中其余各项含义与 G71 相同。

指令说明如下：

(1)仿形粗车复合循环过程如图 2.27 所示，图中 C 点为循环起点，刀具从 C 点快速退刀至 D 点，快速进刀至 E 点(E 点坐标值由 A 点坐标、精加工余量、粗加工余量 Δi 和 Δk 及粗切削次数决定)，工作进给至 F 点，快速退刀至 G 点，完成第一层循环切削。如此多层循环(层数由指令中的 d 决定)，粗车循环结束后，刀具退回至循环起点 C 点(C 点也是精加工轮廓的起点)，完成粗车循环。

(2)Δi，Δk 为粗加工余量，为使第一次走刀就有合理的切削深度，Δi 和 Δk 的值可以根据以下方法计算：

Δi =X 轴方向粗加工余量-第一次循环深度

=X 轴方向粗加工余量-X 轴方向粗加工余量/粗车次数

Δk =Z 轴方向粗加工余量-第一次切削深度

=Z 轴方向粗加工余量-Z 轴方向粗加工余量/粗车次数

(3)G73 车削路径没有单调增大或单调减小的限制。

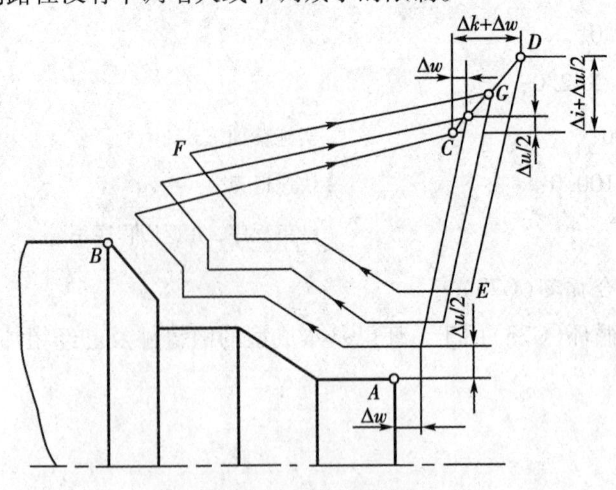

图 2.27　G73 粗车循环过程

注意：

① G73 指令粗车循环后，必须用 G70 指令完成精加工。

② G70 指令与 G71，G72，G73 配合使用时，不一定紧跟在粗加工程序后立即进行，通常可更换刀具，另用一把精加工刀具来执行 G70 程序段，但中间不能用 M02 或 M30 指令来结束程序。

指令应用举例：应用仿形粗车复合循环(G73)、精加工(G70)编写如图 2.28 所示的零件加工程序。毛坯已铸造成型，最大直径 ϕ136 mm，X 轴(单边)、Z 轴方向加工余量均为 6 mm。

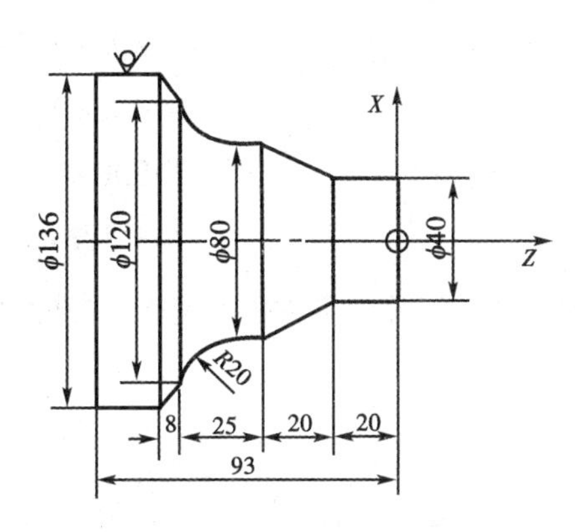

图 2.28　G73，G70 指令应用示例

确定工艺路线如下：选用 93°偏刀，运用仿形粗车复合循环(G73)粗车外轮廓，留精加工余量径向(单边)、轴向均为 0.2 mm，运用 G70 指令精车外轮廓。

相关参数选择如下：Δu = 0.4 mm，Δw = 0.2 mm，粗车次数 d 取 4，则 $\Delta i = \Delta k$ = 4.35 mm，粗加工进给量 Δf = 80 mm/min，主轴转速 Δs = 100 m/min，精加工时进给量 f = 60 mm/min，主轴转速 s = 120 m/min。

程序参考如下：

```
……
G98 G40;                          分进给，取消刀具半径补偿
T0101;                            调 1 号刀具，建立工件坐标系 D
M03 S100;                         主轴正转，转速 800 r/min
G96 S100                          恒线速切削，切削速度恒定 100 m/min
G50 S2000;                        最高转速限制 2000 r/min
G00 X160.0 Z10.0;                 快速移动至循环起点
G73 U4.35 W4.35 R4;               循环参数设定
G73 P100 Q200 U0.4 W0.2 F80;
```

```
N100 G00 X40.0 Z0.S120;                        轮廓精加工走刀路线
     G01 Z-20.0 F60;
         X80.0 Z-40.0;
     G02 X120.0 Z-65.0 R20.0;
     G01 X136.0 Z-73.0;
     N200 X140.0.;
G00 X100.0 Z100.0;                             快速退刀
T0202;                                         换精车刀
G42 G00 X160.0 Z10.0;                          快速移动至循环起点
G70 P100 Q200;                                 实施轮廓精加工
G40 G00 X100.0 Z100.0;                         快速退刀
M30;                                           结束程序，并返回程序头
```

综合应用举例：编写如图 2.29 所示零件加工程序。单件生产，毛坯为 ϕ40 mm 棒料，材料为 45 钢。

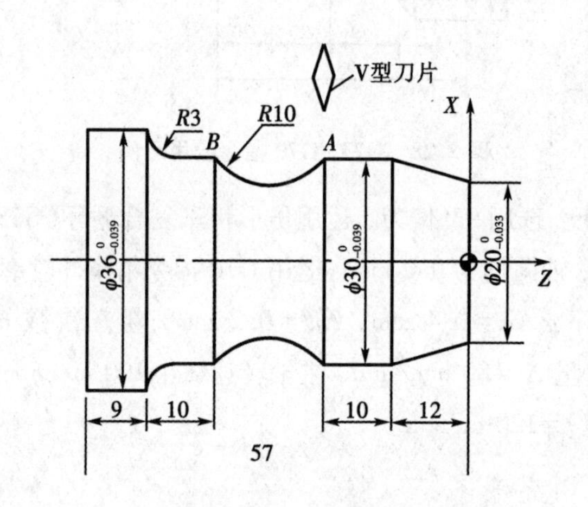

图 2.29　多重复合循环应用示例

确定工艺路线如下：用 93°外圆车刀车削端面；用 93°外圆车刀用 G71 粗车外轮廓（不含内凹圆弧面），用 G70 精车外轮廓；用 V 型刀片的机夹刀，用 G73 粗车内凹圆弧面，用 G70 精车内凹圆弧面；用 4 mm 切断刀切断工件；调头平端面至总长。

相关参数选择如下：G71 粗车外轮廓时，$\Delta u=0.5$ mm，$\Delta w=0.2$ mm，$U=2.0$ mm，$R=1.0$ mm；粗车主轴转速取 800 r/min，进给量取 0.2 mm/r；精车主轴转速取 1000 r/min，进给量取 0.1 mm/r。G73 粗车内凹圆弧面时，$\Delta u=0.4$ mm，$\Delta w=0$，X 轴方向最大加工余量为 4 mm（半径量），Z 轴方向加工余量为 0，粗车分 2 次进行，则 $\Delta i=3.8-3.8/2=1.9$ mm；$\Delta k=0$。

程序参考如下：

```
……
G40 G97 G99                          初始化设定
T0101;                               调1号刀，建立工件坐标系
M03 S800;                            主轴以800 r/min正转
G00 X42.0 Z2.0;                      快速定位G71切削循环起始点
G71 U2.0 R1.0;                       循环参数设置，轮廓轨迹描述，实施粗
G71 P70 Q140 U0.5 W0.2 F0.2;         加工
N70 G42 G00 X19.983 S1000;
    G01 Z0.0 F0.07;
        X29.98 Z-12.0;
        Z-45.0;
    G02 X35.98 Z-48.0 R3.0;
    G01 Z-57.0;
        X40.0;
N140 G40 G01 X42.0;
G70 P70 Q140;                        实施轮廓精加工
G00 X32.0 Z-22.0;                    快速定位G73切削循环起始点
G73 U1.9 W0 R2;                      循环参数设置
G73 P190 Q210 U0.4 W0 F0.2;
N190 G42 G01 X29.98 Z-22.0 S1000;    轮廓轨迹描述
    G02 Z-38.0 R10.0 F0.07;
N210 G40 G01 X32.0;
G70 P190 Q210;                       实施凹弧面精加工
G00 X100.0;                          快速退刀
    Z100.0;
T0100;                               取消刀补
T0202;                               调2号刀
G00 Z-61.5;                          快移至切断位置，留端面切削余量0.5 mm
    X45.0;
G01 X0.0 F0.15;                      切断
G00 X100.0;                          快速退刀至换刀点
    Z100.0;
M30;                                 程序结束
```

2.2.2.2 数控加工过程中的程序调试

程序调试是数控加工过程中必不可少的一个步骤。程序调试的作用有三个：一是检验输入数控系统程序的正确性；二是检验坐标系设定和对刀刀补值的正确性；三是检验坐标系的设定与所加工的程序是否匹配。批量生产零件过程中正确的程序调试步骤如下：

(1)根据程序单将数控程序输入数控车床；

(2)校对程序的正确性；

(3)设定坐标系和对刀；

(4)在不安装试件的情况下单步运行一遍程序；

(5)空运行程序；

(6)首件试切，测量工件，加刀补。

2.2.3 任务实施

1)制定工艺方案

(1)工件加工分析。

该手柄由左侧阶梯轴和右侧由三条相切圆弧形成的成型面组成。直径和长度尺寸均为自由公差，*Ra* 最高为 1.6，分粗加工、精加工即可。毛坯尺寸 ϕ35 mm×120 mm，材料为 45 钢。

(2)装夹方案。

该工件采用三爪自定心卡盘装夹。先加工左端，调头装夹后加工右端。

(3)刀具选择。

T1：用 90°外圆车刀加工端面及外圆柱面；

T2：用 35°V 型刀片加工右端圆弧面。

(4)切削用量选择。

粗加工：背吃刀量取 1.5~2.0 mm，切削速度取 1100 r/min(恒线速取 100 m/min)，进给速度取 0.16 mm/r(分进给取 80 mm/min)。

精加工：背吃刀量取 0.2 mm，切削速度取 1600 r/min(恒线速取 120 m/min)，进给速度取 0.16 mm/r(分进给取 60 mm/min)。

(5)编制工艺文件。

填写数控加工工艺卡，见表 2.6。

表 2.6 数控加工工艺卡片

安装	工步号	工步内容	刀具号	刀具规格	主轴转速 /(r·min^{-1})	进给速度 /(mm·r^{-1})	背吃刀量 /mm	备注
夹右端	1	车端面	T1	90°外圆车刀	1100			手动
	2	粗车外轮廓	T1	90°外圆车刀	1100	0.16	2.0	
	3	精车外轮廓	T1	90°外圆车刀	1600	0.1	0.2	
夹左端	4	车端面	T1	90°外圆车刀	1100			手动
	5	粗车外轮廓	T1	90°外圆车刀	1100	0.16	1.5	
	6	粗车外轮廓	T2	35°V型刀片的机夹刀	100 r/min	80 mm/min	1.5	
	7	精车外轮廓	T2		120 r/min	60 mm/min	0.20	
编制		审核		批准		年 月 日	共1页	第1页

2)相关计算

(1)循环加工切削参数计算。

加工手柄右侧时，先用G90指令车柱面至ϕ30.5 mm，再用G73或G70指令车手柄轮廓。根据计算，循环加工最大余量产生在R42.0凹处，约为9.5 mm(半径量)，Z轴方向加工余量为0，粗车分6次进行。X轴方向精加工余量留0.4 mm，则X轴方向粗加工余量9.3 mm。根据公式计算：$\Delta i=9.3-9.3/6=7.75$ mm；$\Delta k=0$。

(2)基点坐标计算。

该手柄的基点计算，主要是确定R7，R60，R42三段圆弧的切点坐标。为便于计算，在工件图上添加辅助线，如图2.30所示。图中O_1，O_2，O_3分别为圆弧R7，R60，R42的圆心。

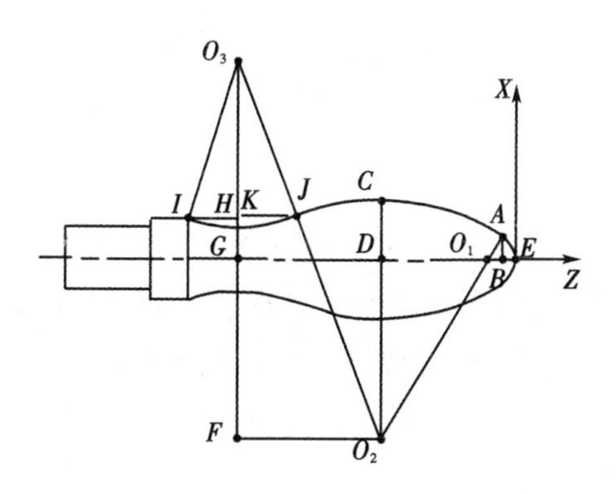

图 2.30 手柄基点坐标计算简图

在图中，R7与R60两圆弧相切，故$O_2O_1=60-7=53$，$O_2D=60-15=45$。在直角三角形O_2O_1D中，$O_1D=\sqrt{53^2-45^2}=28$

$$\because \triangle O_1BA \backsim \triangle O_1DO_2,$$

$$\therefore \frac{O_1B}{O_1D}=\frac{O_1A}{O_1O_2}$$

即

$$O_1B=\frac{O_1A}{O_1O_2}\times O_1D=\frac{7}{53}\times 28=3.698$$

则

$$BE=O_1E-O_1B=7-3.698=3.302$$

又如图中所示，$FG=O_2D=45$，$HG=10$，则设 $O_3H=x$，根据

$$O_1E+O_1D+DG+HI=117-22-10-85$$

列方程，得

$$7+28+\sqrt{(60+42)^2-(45+10+x)^2}+\sqrt{42^2-x^2}=85$$

解此方程，得

$$x=39.99$$

由此可得

$$IH=\sqrt{O_3I^2-O_3H^2}=\sqrt{42^2-39.99^2}=12.837$$

则

$$O_2F=117-22-10-28-7=50$$

$$\because \triangle O_3JH\backsim\triangle O_3O_2F,$$

$$\therefore \frac{O_3J}{O_2O_3}=\frac{KJ}{FO_2}$$

即

$$\frac{42}{60+42}=\frac{KJ}{50}$$

解得

$$KJ=20.588$$

设工件坐标原点在工件右端面与回转中心交点上，根据以上计算，可得基点坐标为：$A(12.324, -3.302)$，$J(26.764, -51.606)$，$I(20.0, -85.0)$。

3)编写加工程序

手柄右端加工程序，见表 2.7。

表 2.7　数控加工程序单

	O0005	程序名
N010	G97 G99 G40;	初始值设定
N020	T0101;	调 1 号刀
N030	M03 S1100 M08;	主轴以 1100 r/min 正转

表2.7(续)

N040	G00 X40.0 Z2.0;	快速定位 G90 切削循环起始点
N050	G90 X32.0 Z-86.0 F0.16;	粗车圆柱面
N060	X30.5;	
N070	G00 X100.0 Z100.0;	快速退刀至换刀点
N080	T0202;	调 2 号刀
N090	G96 G98;	恒线速切削，分进给
N100	G50 S2000;	最高转速限制 2000 r/min
N110	M03 S100;	恒线速切削，切削速度 100 m/min
N120	G00 X40.0 Z2.0;	快速定位 G73 切削循环起始点
N130	G73 U7.75 W0 R6;	循环参数设置
N140	G73 P150 Q210 U0.4 W0 F80;	
N150	G42 G01 X0 F60;	轮廓轨迹描述
N160	Z0;	
N170	G03 X12.344 Z-3.302 R7.0;	
N180	X26.764 Z-51.606 R60.0;	
N190	G02 X20.0 Z-85.0 R42.0;	
N200	G01X22.0;	
N210	G40 G01 X25.0;	
N220	G00 X100.0 Z100.0;	快速退刀至换刀点
N230	M05;	主轴停转，测量，补刀补
N240	M03 S1100;	主轴以 1100 r/min 正转
N250	G96 S120;	恒线速切削，切削速度 120 m/min
N260	G50 S2000;	最高转速限制 2000 r/min
N270	G00 X40.0 Z2.0;	快速定位 G73 切削循环起始点
N280	G70 P150 Q210;	实施圆弧精加工
N290	G00 X100.0 Z100.0;	快速退刀
N300	M05 M09;	主轴停转，关切削液
N310	M30;	程序结束

2.2.4　训练与考核

2.2.4.1　训练任务

复杂圆弧轴编程与加工训练任务见表 2.8。

表 2.8　复杂圆弧轴编程与加工训练任务

任务描述	使用数控车床加工如图 2.31 所示凹曲面圆弧轴。已知，毛坯为 ϕ40 mm 圆钢，材料为 45 钢。 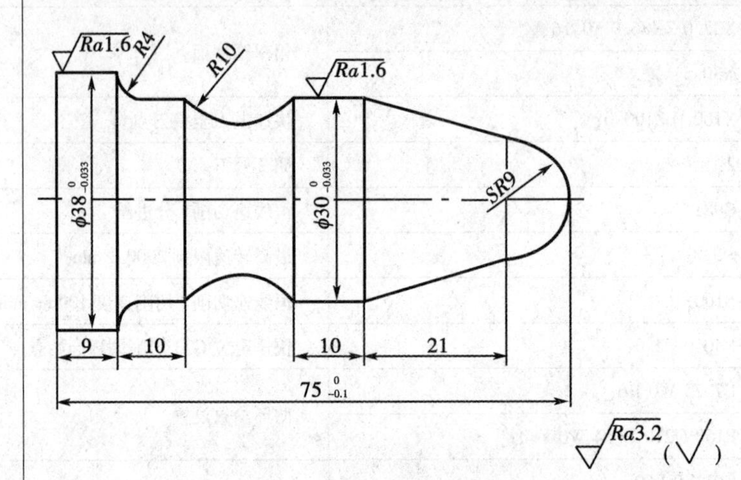 **图 2.31　凹曲面圆弧轴零件图**
工艺条件	工艺条件参照“2.2.1 工作任务”中提供的工艺条件配置
加工要求	严格遵守安全操作规程，零件加工质量达到图样要求

2.2.4.2　考核评价

加工结束后检测工件加工质量，填写加工质量考核评分表，见表 F.12；工作结束后，对工作过程进行总结评议，填写过程评价表，见表 F.8。

复习题

1) 填空题(将正确答案填写在画线处)

(1)数控车削中的指令 G70 格式为________。

(2)数控车削指令 G71 格式中 Δu 表示________，Δw 表示________。

(3)数控车削指令 G73 格式中 Δi 表示________，Δk 表示________。

(4)为了保持恒切削速度，在由外向内车削端面时，如进给速度不变，主轴转速会________。

(5)数控车床用恒线速度控制加工端面、锥度和圆弧时，必须限制主轴的________。

2) 选择题(在若干个备选答案中选择一个正确答案，填写在括号内)

(1)对某些精度要求较高的凹曲面车削或大外圆弧面的批量车削，最宜选(　　)加工。

A. 尖形车刀　　B. 圆弧车刀　　C. 成型车刀　　D. 都可以

(2)指令“G71 U(Δd) R(e); G71 P(ns) Q(nf) U(Δu) W(Δw) F(Δf) S(Δs) T(t);”中的“Δd”表示(　　)。

A. X 方向每次进刀量，半径量　　B. X 方向每次进刀量，直径量

C. X 方向精加工余量，半径量　　D. X 方向精加工余量，直径量

(3)在“G71 P(ns) Q(nf) U(Δu) W(Δw) S500;”程序格式中，(　　)表示精加工路径的最后一程序段顺序号。

A. nf　　B. Δw　　C. Δu　　D. ns

(4)对于 G71 指令中的精加工余量，当使用硬质合金刀具加工 45 钢内孔时，通常取(　　)较为合适。

A. 0.5 mm　　B. −0.5 mm　　C. 0.05 mm　　D. −0.05 mm

(5)为高速切削铸造成型、粗车成型的工件，避免较多的空走刀，选用(　　)指令作为粗加工循环较为合适。

A. G71　　B. G72　　C. G90　　D. G73

(6)程序段“G70 P10 Q20;”中“P10”的含义是(　　)。

A. 精加工循环的第一个程序段的程序号

B. 精加工循环的最后一个程序段的程序号

C. X 轴移动 10 mm

D. Z 轴移动 10 mm

(7)程序段“G73 P0035 Q0060 U0.5 W0.2 S500;”中“Q0060”的含义是(　　)。

A. 精加工路径的最后一程序段顺序号　B. 最高转速

C. 进刀量

3)判断题(判断下列叙述是否正确，在正确的叙述后面画“√”，在错误的叙述后面画“×”)

(1)数控系统中，固定循环指令一般用于精加工循环。(　　)

(2)外圆粗车循环为适合棒料毛坯除去较大余量的切削方法。(　　)

(3)固定形状粗车循环方式适合于加工已基本铸造或锻造成型的工件。(　　)

(4)在 FANUC 系统的 G71 指令中，顺序号“ns”所指程序段必须沿 X 向进刀，且不能出现 Z 轴的运动指令，否则会出现程序报警。(　　)

(5)插补运动的实际插补轨迹始终不可能与理想轨迹完全相同。(　　)

4)编程题

编写如图 2.32 所示零件加工程序。毛坯如图中虚线所示，X 方向余量为 3 mm(半径)，Z 方向余量为 2 mm，材料为铸铝。

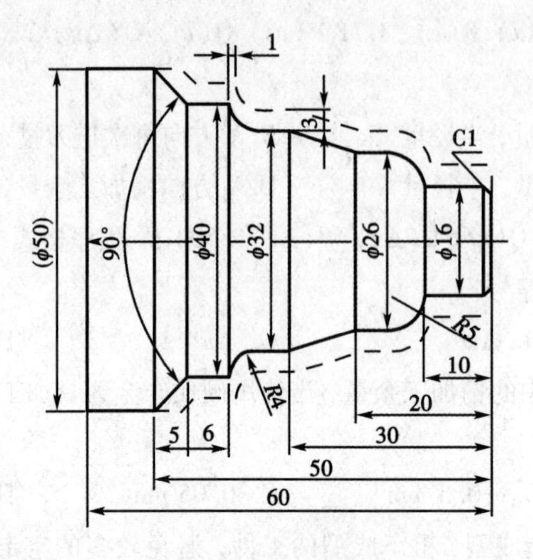

图 2.32　铸铝件零件图

项目3　螺纹零件的编程与加工

【项目导学】

螺纹零件在机械零件中占有很高比例。螺纹加工是数控车削加工必须掌握的基本技能之一。本项目安排了“普通螺纹零件的编程与加工”和“梯形螺纹零件的编程与加工”两个任务。要求：通过对这两个任务的学习和实施，掌握螺纹零件的编程方法，并能安全操作数控车床加工出合格零件。

任务3.1　普通螺纹零件的编程与加工

3.1.1　工作任务

普通螺纹零件编程与加工工作任务见表3.1。

表3.1　普通螺纹零件编程与加工工作任务

<table>
<tr><td>任务描述</td><td>加工如图3.1所示螺钉，要求制定工艺方案，编写数控加工程序，并使用数控车床完成零件加工。已知，毛坯尺寸 $\phi40$ mm，材料为45钢，单件生产。
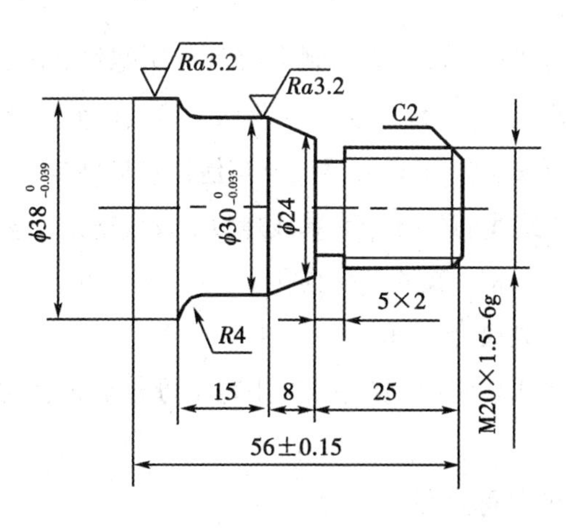

图3.1　螺钉零件图</td></tr>
</table>

表3.1(续)

<table>
<tr><td>知识点与
技能点</td><td>知识点：◇螺纹的种类
◇普通螺纹各部分名称及尺寸计算
◇普通螺纹的牙型高度计算及车螺纹前的内、外径尺寸计算
◇螺纹车削走刀路线
◇螺纹切削(G32/G92/G76)指令功能、格式及用法
技能点：◇螺纹刀选择、安装及对刀
◇螺纹零件编程与质量检测</td></tr>
<tr><td>工艺条件</td><td>(1)车床：配置 FANUC 0i 系统的卧式数控车床。
(2)毛坯：ϕ30 mm 圆钢，材料为 45 钢。
(3)刀具、量具及其他：
<table>
<tr><th>名称</th><th>规格</th><th>数量</th></tr>
<tr><td>外圆车刀</td><td>93°</td><td>1</td></tr>
<tr><td>切断刀</td><td>5</td><td>1</td></tr>
<tr><td>螺纹车刀</td><td>60°</td><td>1</td></tr>
<tr><td>游标卡尺</td><td>0~150，0.02</td><td>1</td></tr>
<tr><td>千分尺</td><td>25~50，0.01</td><td>1</td></tr>
<tr><td>螺纹环规</td><td>M20×1.5</td><td>1</td></tr>
</table></td></tr>
</table>

3.1.2 相关知识

3.1.2.1 螺纹基本知识

1)螺纹的种类

螺纹种类有多种：按其度量单位分为米制螺纹和英制螺纹；按其母体形状分为圆柱螺纹和圆锥螺纹；按其所处位置分为外螺纹、内螺纹；按其截面形状分为三角螺纹(又称普通螺纹)、矩形螺纹、梯形螺纹、锯齿形螺纹及其他特殊形状螺纹；按螺旋线方向分为左旋螺纹和右旋螺纹；按螺旋线的数量分为单线螺纹、双线螺纹及多线螺纹。其中单线、右旋的普通螺纹应用最广。目前，螺纹已标准化。

2)普通螺纹各部分名称及尺寸计算

普通螺纹基本牙型如图 3.2 所示，图中大、小写字母分别代表内、外螺纹，各部分名称及尺寸计算如下。

(1)大径 $D(d)$，螺纹的公称直径。

(2)螺距 P，相邻两牙在轴线方向上对应点间的距离。

(3)牙型角 α，螺纹轴向剖面内螺纹两侧面的夹角，米制牙型角为60°。

(4)原始三角形高度 H，$H=0.866P$。

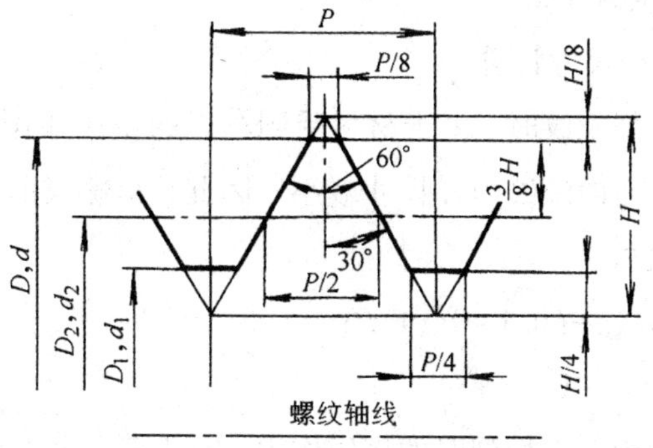

图 3.2　普通螺纹基本牙型

(5)中径 $D_2(d_2)$，由下式计算：

$$D_2=D-2\times\frac{3}{8}H=D-0.6495P$$

$$d_2=d-2\times\frac{3}{8}H=d-0.6495P$$

(6)小径 $D_1(d_1)$，由下式计算：

$$D_1=D-2\times\frac{5}{8}H=D-1.082P$$

$$d_1=d-2\times\frac{5}{8}H=d-1.0825P$$

(7)线数 n，同一螺纹上螺旋线根数。

(8)导程 L，同一螺旋线上相邻牙在中径线上对应两点间的轴向距离，可表示为

$$L=nP$$

3)普通螺纹的牙型高度计算及车螺纹前的外径尺寸计算

(1)普通螺纹的牙型高度计算。

螺纹牙型高度是指螺纹牙型上牙顶到牙底之间垂直于螺纹轴线的距离，它是车削时车刀的总切入深度。根据《普通螺纹　基本牙型》(GB 192—81)和《普通螺纹　公差与配合(直径 1~355 mm)》(GB 197—81)规定，普通螺纹的牙型理论高度 $H=0.866P$。实际加工时，由于螺纹车刀刀尖半径的影响，螺纹的实际切深 $2\times\frac{3}{8}H$ 有变化。根据《普通螺纹　公差与配合(直径 1~355 mm)》(GB 197—81)规定，螺纹车刀可在牙底最小削平高度 $H/8$ 处削平或倒圆，则螺纹实际牙型高度可按下式计算：

$$h=H-2\times\frac{H}{8}=0.6495P$$

式中，H——螺纹理论高度(又称原始三角形高度)，$H=0.866P$，单位为 mm；

P——螺距，单位为 mm。

(2)车螺纹前的外径尺寸计算。

对于塑性材料，车削螺纹时，由于材料受到车刀的挤压作用而产生塑性变形，使得外螺纹外径尺寸增大，而内螺纹内径尺寸减小。因此，车螺纹前的外圆直径应比螺纹大径略小些。采用经验公式：

编程大径：$d_{大径} \approx d_{公称} - (0.1 \sim 0.14)P$；

螺纹小径：$d_{小径} = d_{公称} - 1.3P$ 。

车削内螺纹时，因为车刀切削时的挤压作用，内孔直径会缩小，塑性材料更为明显，所以车削内螺纹前的孔径应比内螺纹小径(D_1)略大些。采用经验公式：

编程小径：$D_{小径} = D_{顶} \approx D_{公称} - (1 \sim 1.05)P$(其中加工塑性金属取 1.0，加工脆性金属取 1.05)；

螺纹大径：$D_{大径} = D_{底径} = D_{公称}$；

内螺纹螺纹牙深：$h = 1.0825P$。

4)车螺纹时主轴转速的设定

车螺纹时主轴转速参考下式计算：

$$n \leqslant 1200/P - 80$$

式中，P——螺距。

3.1.2.2　螺纹车刀的安装与调整

安装螺纹车刀时，应保证车刀伸出刀座的长度不超过刀杆截面高度的 1.5 倍，并使刀尖中心与主轴轴线严格等高，且保证刀尖角的角平分线垂直主轴轴线。安装时，可用样板内侧靠在已精加工的外圆表面上，然后将车刀移入样板相应角度的缺口中，用透光法检查车刀安装情况并进行调整，如图 3.3 所示。

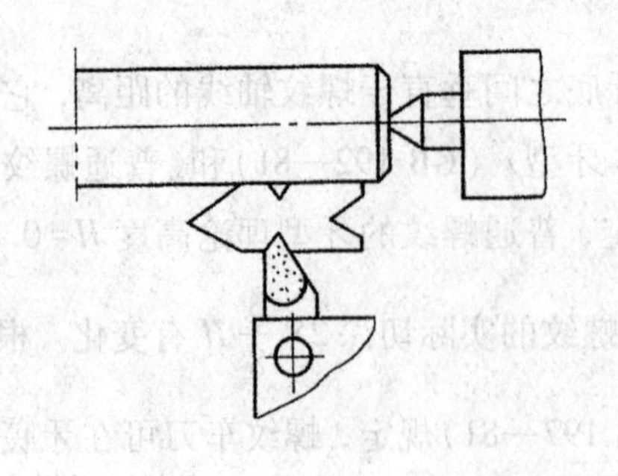

(a)正确

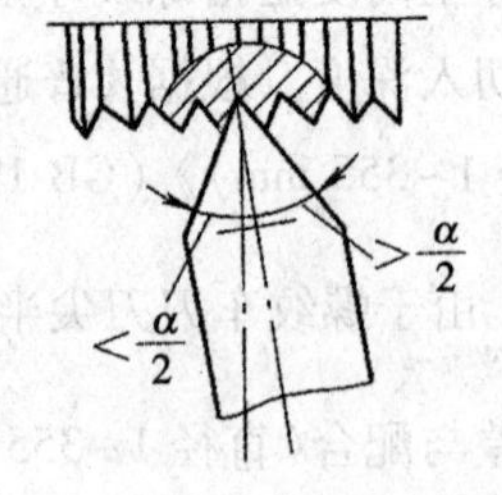

(b)不正确

图 3.3　外螺纹车刀的安装

3.1.2.3　螺纹车削走刀路线

1) 螺纹车削的轴向走刀路线

车螺纹时，刀具沿螺纹方向的进给应与主轴回转保持严格的速比关系。由于机床伺服系统本身具有滞后特性，车螺纹起始时有一个加速过程，结束前有一个减速过程，所以车螺纹时在这段距离中螺距不均匀。为避免发生螺纹的螺距不规则现象，在车螺纹的起始段和停止段必须设置足够的刀具导入长度 δ_1 和导出长度 δ_2(如图3.4所示)，以保证实际被加工的工件表面螺距均匀。因此，加工螺纹走刀长度应该是导入长度 δ_1，螺纹长度和导出长度 δ_2 的总和。

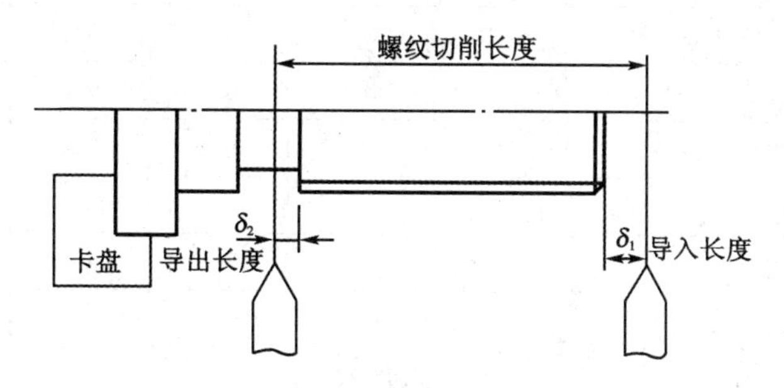

图3.4　螺纹加工轴向走刀路线

δ_1，δ_2 一般按下式选取：

$$\delta_1 \geqslant 2L$$

$$\delta_2 \geqslant (1 \sim 1.5)L$$

式中，L——导程，单位为mm。

2) 螺纹车削的径向走刀路线

螺纹车削为成型车削，且进给量较大，刀具强度较差，因此径向要求分数次走刀完成，如图3.5所示。

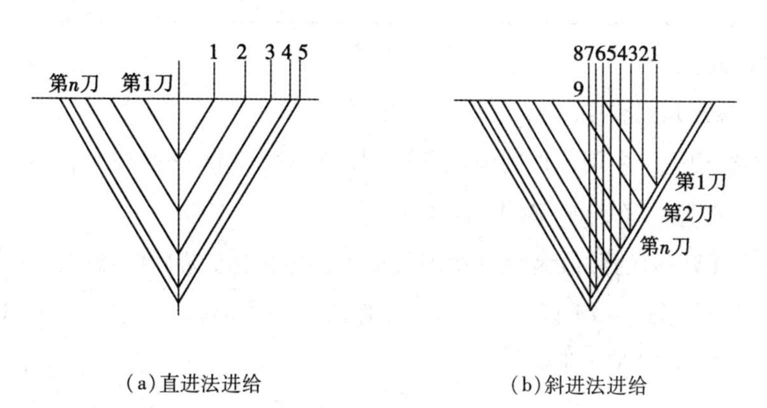

(a) 直进法进给　　(b) 斜进法进给

图3.5　螺纹加工径向走刀路线

每次走刀的背吃刀量用螺纹实际牙型高度减去精加工余量所得的差值再按递减规律

分配。常用螺纹切削的走刀次数与背吃刀量见表 3.2。

表 3.2 常用螺纹切削的走刀次数与背吃刀量

米制螺纹								
螺距		1.0	1.5	2.0	2.5	3.0	3.5	4.0
牙深(半径量)		0.649	0.974	1.299	1.624	1.949	2.273	2.598
走刀次数与背吃刀量(直径量)	1次	0.7	0.8	0.9	1.0	1.2	1.5	1.5
	2次	0.4	0.6	0.6	0.7	0.7	0.7	0.8
	3次	0.2	0.4	0.6	0.6	0.6	0.6	0.6
	4次		0.16	0.4	0.4	0.4	0.6	0.6
	5次			0.1	0.4	0.4	0.4	0.4
	6次				0.15	0.4	0.4	0.4
	7次					0.2	0.2	0.4
	8次						0.15	0.3
	9次							0.2
英制螺纹								
牙/in		24	18	16	14	12	10	8
牙深(半径量)		0.678	0.904	1.016	1.162	1.355	1.626	2.033
走刀次数与背吃刀量(直径量)	1次	0.8	0.8	0.8	0.8	0.9	1.0	1.2
	2次	0.4	0.6	0.6	0.6	0.6	0.7	0.7
	3次	0.16	0.3	0.5	0.5	0.6	0.6	0.6
	4次		0.11	0.14	0.3	0.4	0.4	0.5
	5次				0.13	0.21	0.4	0.5
	6次						0.16	0.4
	7次							0.17

3.1.2.4 编程知识

1)等螺距螺纹切削指令 G32

等螺距螺纹切削指令用于切削圆柱螺纹、圆锥螺纹和端面螺纹。

指令格式:“G32 X(U)__ Z(W)__ F__;”

其中, X(U), Z(W)后的数值为螺纹切削目标点的坐标值, F 后的数值为螺纹导程。对于圆锥螺纹, 其斜角 α 在 45°以下时, 螺纹导程以 Z 轴方向指定; 斜角 α 在 45°~90°时, 以 X 轴方向指定, 如图 3.6 所示。

指令说明如下:

(1)G32 指令与 G01 指令的根本区别是: 它能使刀具直线移动的同时, 与主轴的旋转位置保持同步, 即主轴转一周, 刀具移动一个导程; 而 G01 指令刀具的移动和主轴的

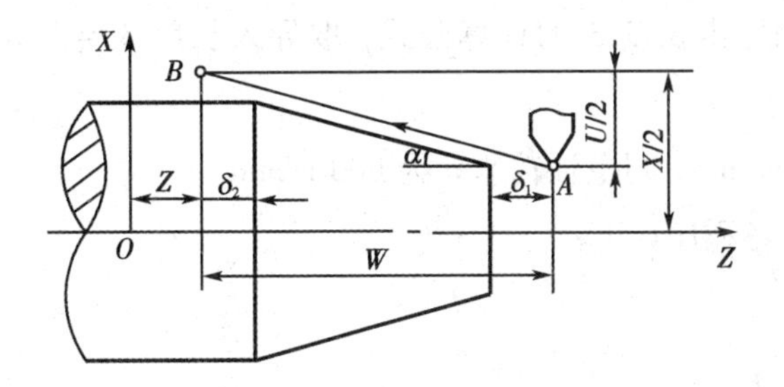

图 3.6　等螺距螺纹切削过程

旋转位置不同步，用来加工螺纹时会产生乱扣现象。

(2)切削圆柱螺纹时，X(U)可以省略，格式为“G32 Z(W)__ F __；”；切削端面螺纹时，Z(W)可以省略，格式为“G32 X(U)__ F __；”。

(3)在螺纹加工过程中，主轴转速应采用取消恒线速控制功能(即 G97 编程)，进给应采用转进给(即 G95 编程)，否则螺纹导程将发生变化。

(4)在螺纹切削过程中，主轴转速修调功能、进给速度修调功能失效，此时按进给暂停键，刀具将在执行了非螺纹切削程序段后停止运动。

(5)切削多头螺纹时，每增加一头螺纹，刀具起始点应偏移一个螺距值。

(6)切削左旋螺纹时，轴向进刀方向相反。

(7)G32 是模态指令。

指令应用举例 1：图 3.7 所示零件的 ϕ29.8 mm 外圆及 5 mm 槽宽已加工完成，利用 G32 指令编写圆柱螺纹切削程序。

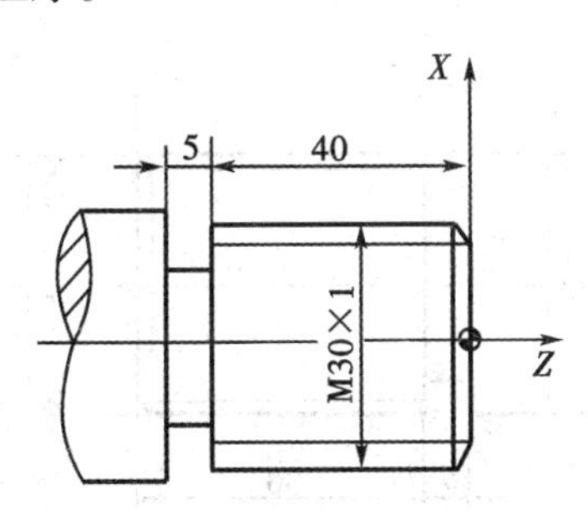

图 3.7　G32 指令应用示例

圆柱螺纹 M30×1，公称直径为 30 mm，螺距为 1.0 mm。

查表 3.2，牙深为 0.649 mm，需要三次切削，背吃刀量(直径)分别为 0.7，0.4，0.2 mm，则对应坐标计算：

$$X_1 = 30 - 0.7 = 29.3$$

$$X_2 = 29.3 - 0.4 = 28.9$$

$$X_3 = 28.9 - 0.2 = 28.7$$

由导入长度 δ_1 和导出长度 δ_2 的计算公式，取导入长度 $\delta_1 = 3.0$ mm，导出长度 $\delta_2 = 2.5$ mm。

切削速度取 60 m/min，则主轴转速 n 为 600 r/min。

圆柱螺纹切削参考程序如下：

```
……
G97 S600 M03;
G00 X29.3 Z3.0 M08;
G32 Z-42.0 F1.0;
G00 X40.0;
    Z3.0;
    X28.9;
G32 Z-42.0 F1.0;
G00 X40.0;
    Z3.0;
    X28.7;
G32 Z-42.0 F1.0;
G00 X100.0 M09;
……
```

指令应用举例 2：利用 G32 指令编写图 3.8 所示圆柱螺纹切削程序。

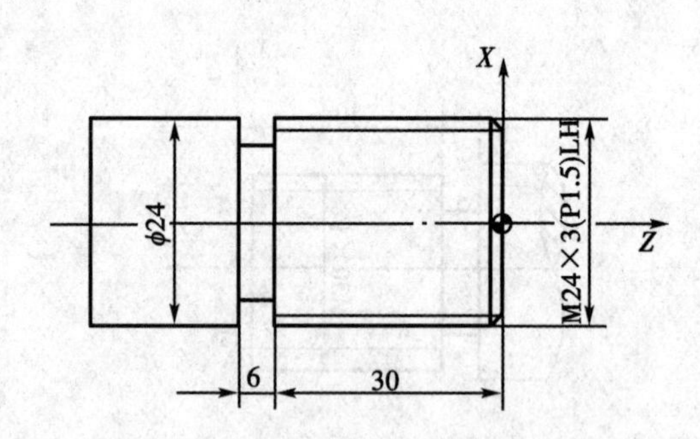

图 3.8　双头左旋螺纹加工示例

图 3.8 所示螺纹为双头左旋圆柱螺纹，螺距为 1.5 mm。查表 3.2 可知，牙深为 0.974 mm，分四次切削，背吃刀量(直径)分别为 0.8，0.6，0.4，0.16 mm。设导入长度 $\delta_1 = 4.0$ mm，导出长度 $\delta_2 = 3.0$ mm。

参考程序如下：

……

```
G00 Z-34.0;              左边进刀
    X29.2;               加工第一条螺旋线
G32 Z3.0 F3.0;
G00 X40.0;
    Z-34.0;
    X28.6;
G32 Z3.0 F3.0;
G00 X40.0;
    Z-34.0;
    X28.2;
G32 Z3.0 F3.0;
G00 X40.0;
    Z-34.0;
    X28.04;
G32 Z3.0 F3.0;
G00 X40.0;
    Z-32.5;              Z向平移一个螺距
    X29.2;
G32 Z4.5 F3.0;
G00 X40.0;
Z-32.5;
X28.6;
G32 Z4.5 F3.0;
G00 X40.0;
    Z-32.5;              加工第二条螺旋线
    X28.2;
G32 Z4.5 F3.0;
G00 X40.0;
    Z-32.5;
    X28.04;
G32 Z4.5 F3.0;
G00 X100.0;
……
```

2)螺纹切削单一固定循环(G92)

螺纹切削单一固定循环可实现内、外圆柱螺纹和内、外圆锥螺纹的单一固定循环。

指令格式：

“G92 X(U)__ Z(W)__ F__；”(内、外圆柱螺纹单一固定循环)；

“G92 X(U)__ Z(W)__ R__ F__；”(内、外圆锥螺纹单一固定循环)

其中，X(U)，Z(W)后的数值为螺纹切削目标点的坐标值；R后的数值为车削圆锥螺纹时锥面切削起始点坐标减去切削终点坐标的半径值，其值有正负之分；F后的数值为螺纹导程。对于圆锥螺纹，其斜角 α 在45°以下时，螺纹导程以 Z 轴方向指定；斜角 α 在45°~90°时，以 X 轴方向指定。

指令说明如下：

(1)圆柱螺纹车削循环切削过程如图3.9所示，圆锥螺纹车削循环切削过程如图3.10所示。图中，R 表示快速移动，F 表示进给运动，刀具从循环起点按图示“$1R$→$2F$→$3R$→$4R$”顺序走刀，最后返回到循环起点。

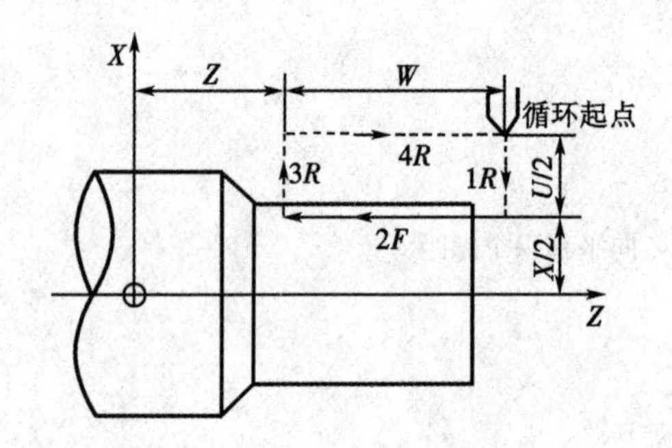

图3.9 圆柱螺纹单一固定循环切削过程

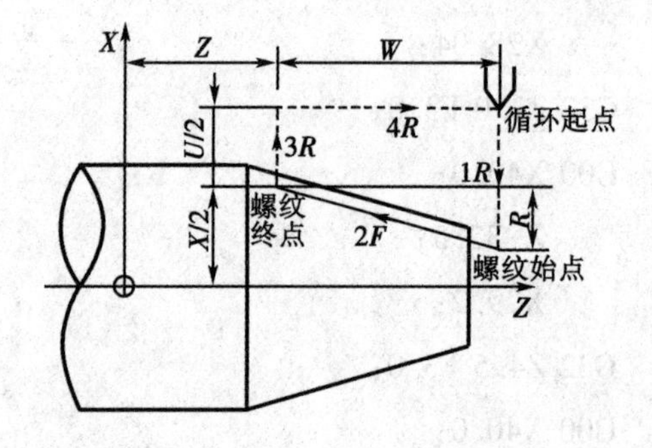

图3.10 圆锥螺纹单一固定循环切削过程

(2)指令中U，W数值及符号同G90指令规定。

(3)圆锥螺纹切削单一固定循环中的 R，有时也用“I”或“K”来执行 R 功能。

(4)G92为模态指令。

指令应用举例：利用螺纹切削单一固定循环指令G92编写图3.11所示零件螺纹程序。

程序如下：

……

G00 X80.0 Z62.0；

G92 X48.683 Z12.0 R-5.0 F2.0；

X48.083 R-5.0；

X47.483 R-5.0；

X47.083 R-5.0；

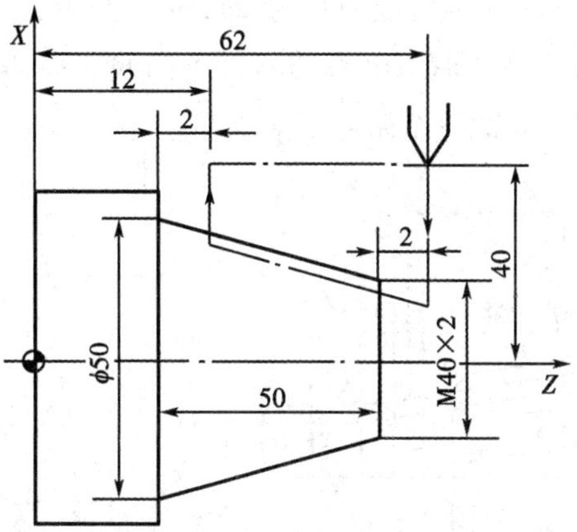

图 3.11 G92 指令应用示例

X46.983 R-5.0；

……

3)螺纹切削复合循环指令 G76

指令格式：

"G76 P(m)(r)(a) Q(Δd_{min}) R(d)；

G76 X(U)_ Z(W)_ R(i) P(k) Q(Δd) F(f)；"

其中，m——精加工重复次数(1~99)；

r——斜向退刀量单位数，或螺纹收尾长度，在 0.1L~9.9L 之间(其中 L 为螺纹导程)，以 0.1L 为一单位，用 00~99 两位数字指定；

a——刀尖角度，有 80°，60°，55°，30°，29°，0°六个角度选择；m，r，a 可用地址一次指定，如 $m=2$，$r=1.2f$，$a=60°$时，可写成"P021260"；

Δd_{min}——最小切削深度，当计算深度小于 Δd_{min}，则取 Δd_{min} 作为切削深度，该值用不带小数点的半径量表示；

d——精加工余量，带小数点的半径量表示，有正负号；

X(U)，Z(W)——终点的坐标值；

i——锥螺纹的半径差，若 $i=0$，则为直螺纹；

k——螺纹高度，该值用不带小数点的半径量表示，普通螺纹 $k=649.5P$，且取整数，其中 P 为螺距；

Δd——第一刀的切削深度，该值用不带小数点的半径量表示；

f——螺纹导程。

指令说明如下：

(1)复合循环 G76 的切削过程如图 3.12(a)所示，以外圆柱螺纹(i 值为 0)为例，刀具从循环起点 A 处，快速移动至螺纹牙顶 X 坐标处，然后沿基本牙型一侧平行的方向进给，如图 3.12(b)所示，此时 X 向背吃刀量为 Δd，进给至 B 点处，再以螺纹切削方式进给至离 Z 向终点距离 r 处，倒角退刀至 D 点，再 X 向快速移动至 E 点，最后返回 A 点。然后开始第二次切削循环，如此直至循环结束。

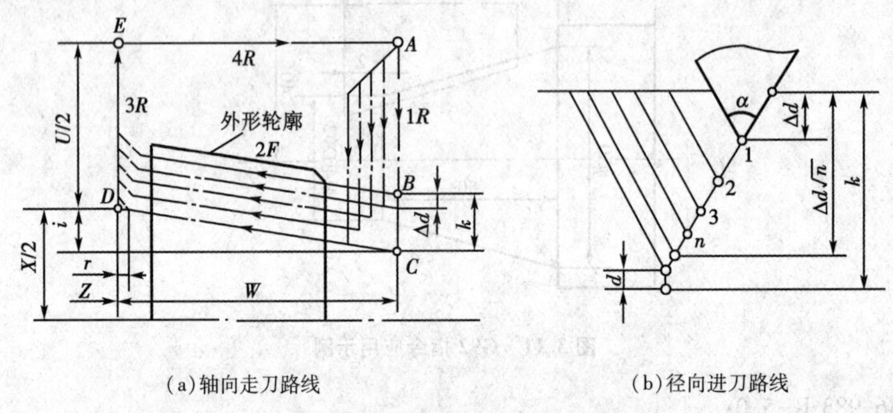

(a)轴向走刀路线　　(b)径向进刀路线

图 3.12　螺纹复合循环切削过程

(2)该循环中螺纹车刀沿基本牙型一侧平行的方向进刀，始终用一个切削刃进行切削，减少了切削阻力，提高了刀具寿命，避免“扎刀”现象，保证了螺纹加工质量。

(3)G76 循环指令中，m，r，a 用两位数字指定，每个两位数中的前置“0”不能省略。

(4)G76 可以在 MDI 方式下使用。

(5)G76 是非模态指令。

指令应用举例：如图 3.13 所示为零件轴上的一段直螺纹，利用螺纹切削复合循环指令 G76 编写圆柱螺纹切削程序。

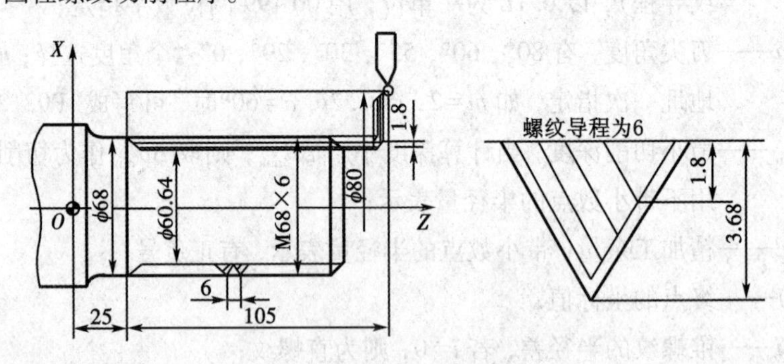

图 3.13　G76 指令应用示例

该螺纹精车次数 1 次，螺纹尾端倒角为 $11\times0.1P$，刀尖角为 60°，最小车削深度 0.1 mm，精车余量 0.1 mm，螺纹高度为 3.68 mm，第一次车削深度 1.8 mm，螺距为 6 mm。其程序如下。

……

G00 X80.0 Z130.0;　　　　快速定位至循环起点

```
G76 P011160 Q100 R0.1;                螺纹循环车削
G76 X60.64 Z25.0 P3680 Q1800 F6.0;
……
```

3.1.2.5　螺纹检测

螺纹检测主要测量螺距、牙型角和螺纹中径。普通螺纹检测有单项检测和综合检测两种方法。

1)普通螺纹单项检测

螺纹螺距是由车床的运动关系来保证的，可以用钢直尺、游标卡尺测量；牙型角是由车刀的刀尖角及正确安装来保证的，一般用螺纹规同时测量螺距和牙型角，如图3.14所示。

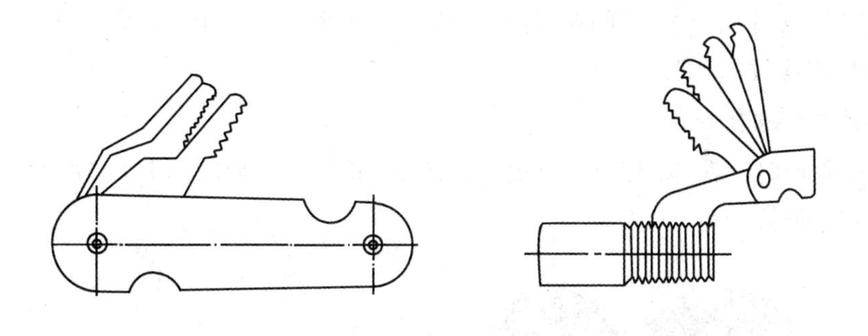

(a)螺纹规　　(b)用螺纹规测量螺距和牙型角

图3.14　螺纹规及其使用

螺纹中径可用螺纹千分尺直接测量。螺纹千分尺如图3.15所示。使用时，首先选择与螺纹牙型角相同的上、下测量头，安装在螺纹千分尺的测量微螺杆及砧座上，然后使螺纹千分尺的测量头卡在螺纹牙侧，所得到的千分尺读数就是螺纹中径的实际尺寸，如图3.16所示。

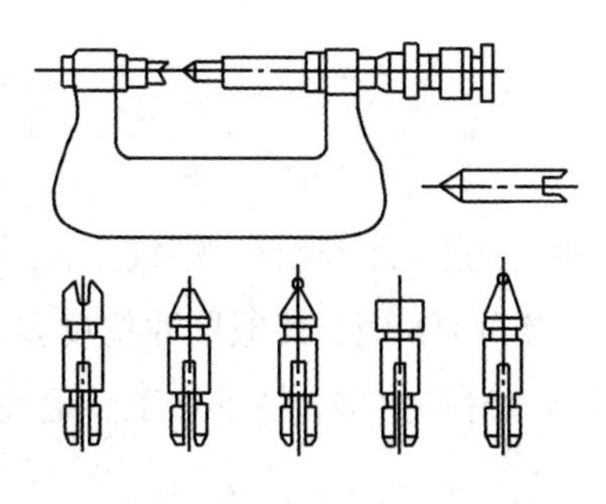

图3.15　螺纹千分尺及测量头

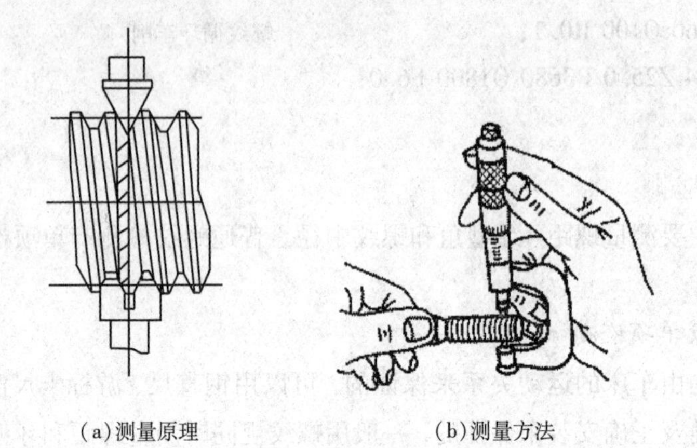

(a)测量原理　　(b)测量方法

图 3.16　螺纹千分尺测量螺纹中径

螺纹中径也可用三针法间接测量，参见“任务 3.2”中“3.2.2 相关知识”的“3.2.2.5 梯形螺纹检测”。

2)普通螺纹综合检测

在批量生产时，常用极限通、止规综合检测。螺纹环规如图 3.17(a)所示，螺纹塞规如图 3.17(b)所示。

(a)螺纹环规　　(b)螺纹塞规

图 3.17　普通螺纹量规

3.1.3　任务实施

1)制定工艺方案

(1)零件加工工艺分析。

该螺钉由外圆柱面、圆弧面、圆锥面、槽面、螺纹、端面、倒角等加工表面构成。尺寸 $\phi38^{0}_{-0.039}$，$\phi30^{0}_{-0.033}$公差等级为 IT8 级，其他尺寸精度要求不高，表面粗糙度圆柱表面要求为 $Ra3.2$，其余为 $Ra6.3$。材料为铝，易于加工。毛坯为 $\phi30$ mm 圆钢，材料加工性好。

(2)确定装夹方案。

选用三爪自定心卡盘装夹。

(3)选择刀具。

T1：93°外圆车刀；T2：5 mm 切断刀；T3：60°螺纹车刀。

(4)确定加工顺序。

平右端面(手动)→粗车外轮廓→精车外轮廓→车槽→车螺纹→切断。

(5)选择切削用量。

粗加工外轮廓：$n=800$ r/min，$f=0.2$ mm/r，$a_p=2$ mm；

精加工外轮廓：$n=1000$ r/min，$f=0.1$ mm/r，精车 X 方向余量 0.5 mm；

车槽：$n=600$ r/min，$f=0.1$ mm/r，$a_p=5$ mm；

车螺纹：$n=600$ r/min，$f=1.5$ mm/r，a_p由大到小。

(6)填写工艺卡。

螺钉加工数控加工工艺卡见表 3.3。

表 3.3 数控加工工艺卡片

工步号	工步内容	刀具号	刀具规格	主轴转速/($r\cdot min^{-1}$)	进给速度/($mm\cdot r^{-1}$)	背吃刀量/mm	备注
1	平端面	T1	90°外圆车刀	800			手动
2	粗车右端外轮廓	T1	90°外圆车刀	800	0.16	1.5	
3	精车右端外轮廓	T1	90°外圆车刀	1600	0.1	0.4	
4	车 5 mm 槽	T2	2 mm 车槽刀	800	0.1		
5	车螺纹	T3	60°螺纹车刀	800	1.0		
6	切断	T2	2 mm 车槽刀	800	0.1		手动
7	调头装夹，找总长	T1	90°外圆车刀	800			
编制		审核	批准	年 月 日	共 1 页	第 1 页	

2)数值计算

(1)$\phi38^{0}_{-0.039}$应采用中值 $\phi37.981$ 编程；$\phi30^{0}_{-0.033}$应采用中值 $\phi29.984$ 编程。

(2)该螺钉螺距为 1.5 mm。根据公式计算，牙深为 0.974 mm(单边)，分四次切削，背吃刀量(直径)分别取 0.8 mm，0.6 mm，0.4 mm，0.16 mm，对应的直径分别为 $\phi19.2$ mm，$\phi18.6$ mm，$\phi18.2$ mm，$\phi18.04$ mm。设导入长度 $\delta_1=3.0$ mm，导出长度 $\delta_2=2$ mm。

(3)考虑螺纹加工时产生塑性变形，编程大径 $d_{大径}=20-0.12\times1.5=19.82$ mm。

3)编写数控加工程序

螺钉加工程序见表 3.4。

表 3.4 数控加工程序单

程序	说明
O0008	程序名
G54 G97 G99 G40；	建立工件坐标系，取消恒线速，转进给，取消刀补
T0101；	调 1 号刀、1 号刀补

表3.4(续)

程序	说明
M03 S800;	主轴正转，转速 800 r/min
G00 X42.0 Z3.0;	快速定位至循环起点
G71 U2.0 R1.0;	粗车循环参数设定
G71 P100 Q200 U0.5 W0.2 F0.2;	
N100 G42 G00 X14.0 S1000;	精加工刀具走刀路线描述
G01 Z1.0 F0.1;	
X19.82 Z-2.0;	
Z-25.0;	
X24.0;	
X30.0 Z-33.0;	
Z-44.0;	
G02 X38.0 Z-48.0 R4.0;	
G01 Z-56.0;	
X41.0;	
N200 G40 G01 X42.0;	
G70 P100 Q200;	精加工
G00 X100.0 Z100.0;	快速退刀
M05;	主轴停转
M00;	程序暂停
T0202;	调 2 号刀、2 号刀补
M03 S600;	主轴变速 600 r/min
G00 X30.0 Z-25.0;	快速定位
G01 X16.0 F0.1;	车槽
X30.0;	
G00 X100.0 Z100.0;	快速退刀
T0303;	调 3 号刀、3 号刀补
G00 X30.0 Z5.0;	快速定位
G92 X19.2 Z-22.0 F1.5;	车螺纹
X18.6;	
X18.2;	
X18.04;	
G00 X100.0 Z100.0;	快速退刀
M30;	结束程序，并返回程序头

3.1.4　训练与考核

3.1.4.1　任务描述

普通螺纹零件编程与加工训练任务见表 3.5。

表 3.5　普通螺纹零件编程与加工训练任务

<table>
<tr><td>任务描述</td><td>在数控车床上加工图 3.18 所示螺纹轴。要求制定工艺方案，绘制走刀路线，编写数控加工程序，并仿真加工。已知，毛坯为 ϕ40 mm 圆钢，材料为 45 钢。
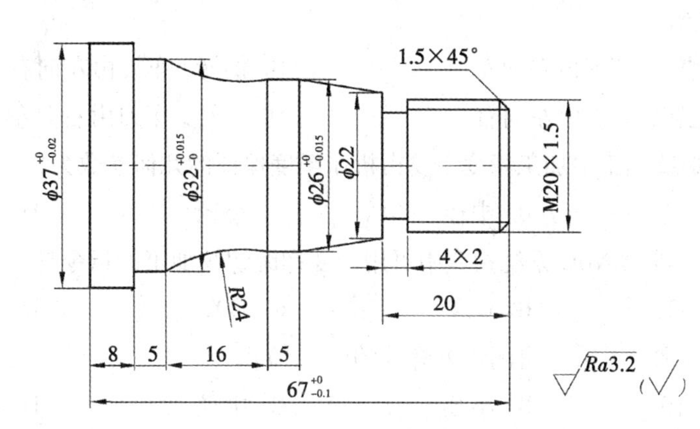

图 3.18 螺纹轴零件图</td></tr>
<tr><td>工艺条件</td><td>工艺条件参照“3.1.1 工作任务”中提供的工艺条件配置</td></tr>
<tr><td>加工要求</td><td>严格遵守安全操作规程，零件加工质量达到图样要求</td></tr>
</table>

3.1.4.2　考核评价

加工结束后检测工件加工质量，填写加工质量考核评分表，见表 F.13；工作结束后对工作过程进行总结评议，填写过程评价表，见表 F.8。

复习题

1) **填空题**(将正确答案填写在画线处)

(1)车螺纹时，刀具沿轴向进给的加工路线长度，除保证螺纹加工的长度外，还应增加________和________。

(2)在 G92，G76 指令执行过程中，________倍率和________倍率均无效。

(3)FANUC 系统螺纹切削常用指令有________、________、________。

(4)用 FANUC 系统加工多头螺纹，程序段“G92X(U)__ Z(W)__F__；”中的 F 是指________。

(5)在 FANUC 系统中，指令“G76 P(m)(r)(a) Q(Δd_{min}) R(d)；G76 X(U)__ Z(W)__ R(i) P(k) Q(Δd) F(f)；”中的“R(d)”是指________，P(k)是指________。

(6)在执行程序段“G76 P030130 Q(Δd_{min}) R(d)；”时，在螺纹切削退尾处(45°)的

Z 向退刀距离为________倍导程。

2) **选择题**(在若干个备选答案中选择一个正确答案，填写在括号内)

(1)程序段“G92 X30 Z-5 F3；”中，“X30 Z-5”的含义是(　　)。

A. 外圆车削的终点　　B. 螺纹车削的终点

C. 端面车削的终点　　D. 内孔车削的终点

(2)车削右旋螺纹时主轴正转，车刀由右向左进给；车削左旋螺纹时应该使主轴(　　)进给。

A. 倒转，车刀由右向左　　B. 倒转，车刀由左向右

C. 正转，车刀由左向右　　D. 正转，车刀由右向左

(3)螺纹加工中加工精度主要由机床精度保证的几何参数为(　　)。

A. 大径　　B. 中径　　C. 小径　　D. 导程

(4)下列 FANUC 系统指令中可用于变螺距螺纹加工的指令是(　　)。

A. G32　　B. G34　　C. G92　　D. 76

(5)用螺纹千分尺可测量外螺纹的(　　)。

A. 大径　　B. 小径　　C. 中径　　D. 螺距

3) **判断题**(判断下列叙述是否正确，在正确的叙述后面画“√”，在错误的叙述后面画“×”)

(1)数控车床可以车削直线、斜线、圆弧、公制和英制螺纹、圆柱和锥螺纹、管螺纹、内外螺纹、左旋和右旋螺纹、单头和多头螺纹，但是不能车削变螺距螺纹。(　　)

(2)数控车床主轴编码器的作用是防止切削螺纹时乱扣。(　　)

(3)加工右旋螺纹，车床主轴必须反转，用 M04 指令。(　　)

(4)数控加工螺纹时，为了提高螺纹表面质量，最后精加工时应提高主轴转速。(　　)

(5)加工多线螺纹时，加工完一条螺纹后，加工第二条螺纹的起刀点应和第一螺纹的起刀点相隔一个螺距。(　　)

4) **编程题**

(1)编制如图 3.19 所示零件加工程序，并在数控仿真系统中进行校验。已知，毛坯尺寸 ϕ50 mm×100 mm，材料为 45 钢。

(2)图 3.20 所示零件，已知毛坯尺寸为 ϕ55 mm×110 mm，材料为 45 钢。编制该零件的加工程序。

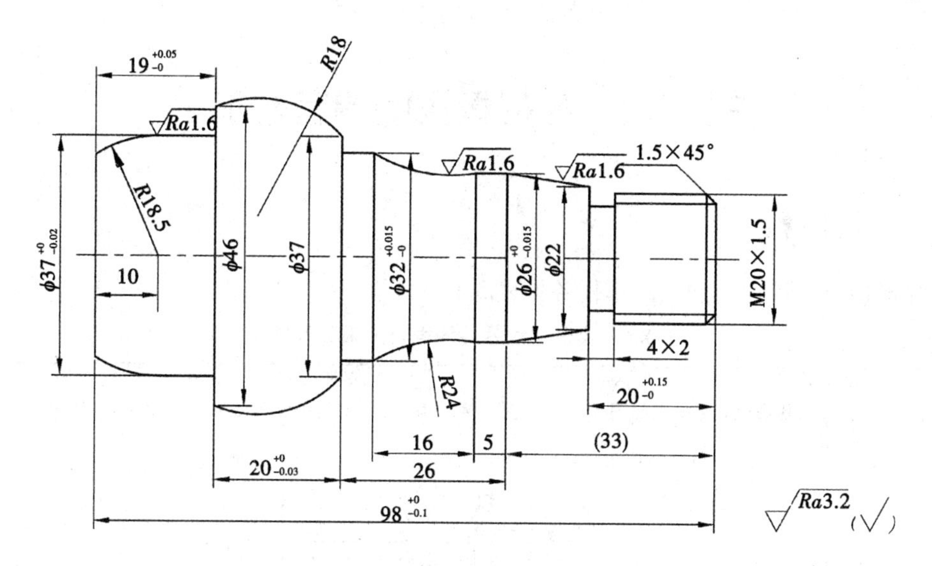

图 3.19 螺纹编程训练零件图

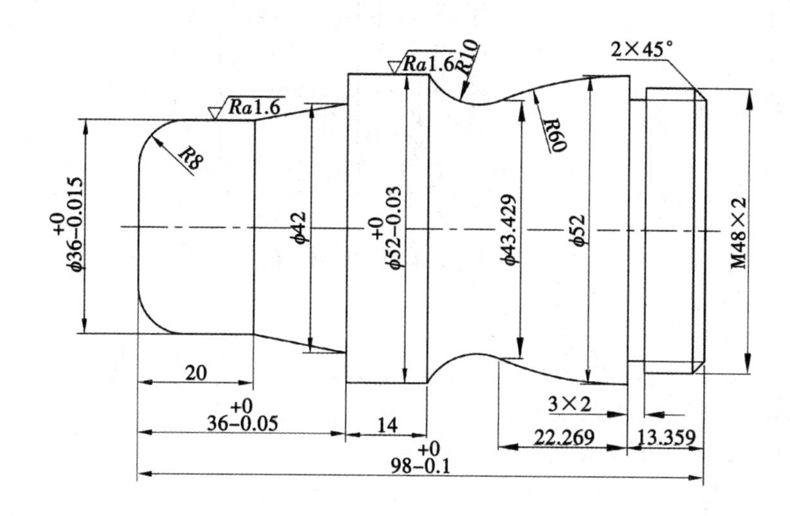

图 3.20 螺纹编程训练零件图

任务 3.2 梯形螺纹的编程与加工

3.2.1 工作任务

梯形螺纹的编程与加工工作任务见表 3.6。

表 3.6 梯形螺纹零件编程与加工工作任务

任务描述	用数控车床加工如图 3.21 所示梯形螺纹螺杆。已知，毛坯为 ϕ40 mm 圆钢，材料为 Q235-A，单件生产。 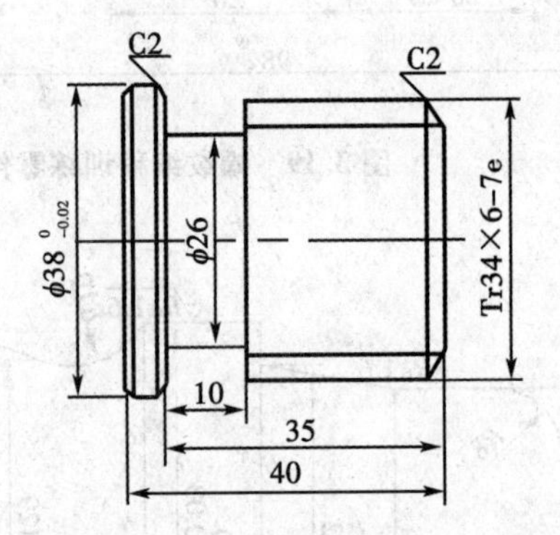 **图 3.21 梯形螺纹螺杆零件图**
知识点与技能点	知识点：◇梯形螺纹标记、各部分尺寸计算及其公差 ◇梯形螺纹车刀选用 ◇梯形螺纹车削方法及特点 ◇径向切槽循环(G75)指令的功能、格式及用法 ◇三针法、单针法测量螺纹中径原理 技能点：◇梯形螺纹车刀的安装 ◇梯形螺纹质量检测 ◇编写直进法、左右借刀法、斜进法加工梯形螺纹程序

表3.6(续)

<table>
<tr><td rowspan="2">工艺条件</td><td>(1)车床：配置 FANUC 0i 系统的卧式数控车床。
(2)毛坯：ϕ40 mm 棒料，材料为 Q235-A。
(3)刀具、量具及其他：</td></tr>
<tr><td>
<table>
<tr><th>名称</th><th>规格</th><th>数量</th></tr>
<tr><td>外圆车刀</td><td>90°</td><td>1</td></tr>
<tr><td>切断刀</td><td>4</td><td>1</td></tr>
<tr><td>梯形螺纹车刀</td><td>30°</td><td>1</td></tr>
<tr><td>游标卡尺</td><td>0~150，0.02</td><td>1</td></tr>
<tr><td>外径千分尺</td><td>25~50，0.01</td><td>1</td></tr>
<tr><td>梯形螺纹环规</td><td>Tr34×6-7e</td><td>1</td></tr>
</table>
</td></tr>
</table>

3.2.2　相关知识

3.2.2.1　梯形螺纹基本知识

1)梯形螺纹代号及标记

梯形螺纹有公制和英制两种，公制梯形螺纹牙型角为 30°，英制梯形螺纹牙型角为 29°。在我国，公制梯形螺纹应用广泛。

梯形螺纹代号为“Tr”。梯形螺纹标记为：

“梯形螺纹代号 大径×导程(P 螺距)旋向-半径公差带代号-半径旋合长度代号”。

对于单线螺纹，导程等于螺距，此时大径后可直接标注螺距；对于右旋螺纹，可不标旋向；梯形螺纹公差带代号只标注中径公差带；当旋合长度为 N 组时，可不标注；当旋合长度为特殊需要时，可用具体数值代替组别代号。

例如，大径 40、导程 14、螺距 7、左旋、中径公差代号为 8e、中等旋合长度的梯形螺纹的标注为：Tr40×14(P7)LH-8e。

2)公制梯形螺纹各部分的名称及尺寸计算

公制梯形螺纹如图 3.22 所示。公制梯形螺纹各部分名称、代号、尺寸计算及相互关系如表 3.7 所列。

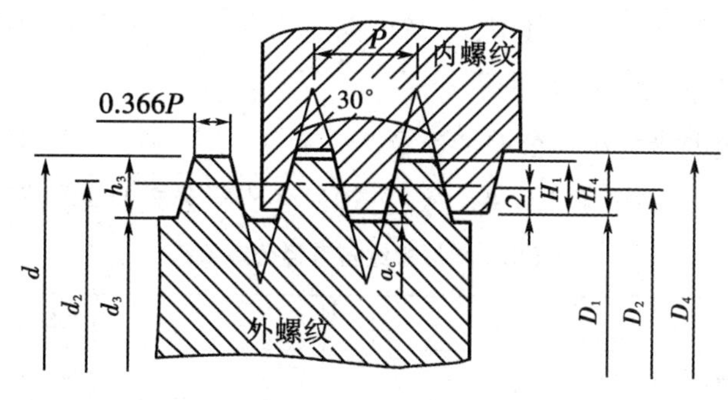

图 3.22　公制梯形螺纹各部分的名称及代号

表 3.7　梯形螺纹各部分名称、代号及计算公式

名称		代号	计算公式			
牙型角		α	30°			
螺距		P	由螺纹标准确定			
基本牙型高度		H_1	$H_1=0.5P$			
牙顶高		Z	$Z=H_1/2=0.25P$			
牙顶间隙		a_c	P	1.5~5	6~12	14~44
			a_c	0.25	0.5	1
牙高		h_3，H_4	$h_3=H_4=H_1+a_c=0.5P+a_c$			
外螺纹	大径	d	公称直径			
	中径	d_2	$d_2=d-2Z=d-0.5P$			
	小径	d_3	$d_3=d-2h_3$			
内螺纹	大径	D_4	$D_4=d+2a_c$			
	中径	D_2	$D_2=d_2=d-0.5P$			
	小径	D_1	$D_1=d-2H_1=d-P$			
牙顶宽		f, f'	$f=f'=0.366$			
牙槽底宽		W，W'	$W=W'=0.366P-0.536a_c$			

3)梯形螺纹公差

《梯形螺纹　第 4 部分：公差》(GB/T 5796.4—2005)对梯形螺纹公差带位置与基本偏差、公差带大小及公差带等级、旋合长度、螺纹精度与公差带的选用和多线螺纹作了规定。

(1)梯形螺纹公差带位置与基本偏差。

梯形螺纹公差带位置由基本偏差确定。标准规定梯形外螺纹的上偏差(es)和内螺纹的下偏差(EI)为基本偏差。

对内螺纹的大径 D_4，中径 D_2 及小径 D_1 规定了一种公差带位置 H，其基本偏差为零。对外螺纹的大径 d，小径 d_3 规定了一种公差带位置 h，其基本偏差为零。对中径 d_2 规定了三种公差带位置：h，e 和 c。其中，h 基本偏差为零，e 和 c 基本偏差为负值。内、外螺纹中径基本偏差数值可查相关手册。

(2)梯形螺纹公差带大小及公差带等级。

梯形螺纹直径公差等级见表 3.8，内、外螺纹各直径公差具体数值可查相关手册。

表 3.8　梯形螺纹各直径公差等级

直径	公差等级
内螺纹小径 D_1	4
外螺纹大径 d	4

表3.8(续)

直径	公差等级
内螺纹中径 D_2	7，8，9
外螺纹中径 d_2	7，8，9
外螺纹小径 d_3	7，8，9

3.2.2.2　梯形螺纹车刀及其安装

1)梯形螺纹车刀

车梯形螺纹时，径向切削力较大。为了减小切削力，梯形螺纹车刀一般分为粗车刀和精车刀两种。

(1)高速钢梯形螺纹粗车刀。低速车削梯形螺纹应选用高速钢螺纹车刀，高速钢梯形螺纹粗车刀切削部分的几何形状如图3.23所示。刀具具有较大前角，以便于排屑。图中 φ 为螺旋升角，刀具后角较小，能增强刀具刚性，为切削时留有精车余量。刀尖角小于牙型角，且刀尖宽度小于牙型槽底宽，一般按螺距值 P 的3/10选取。

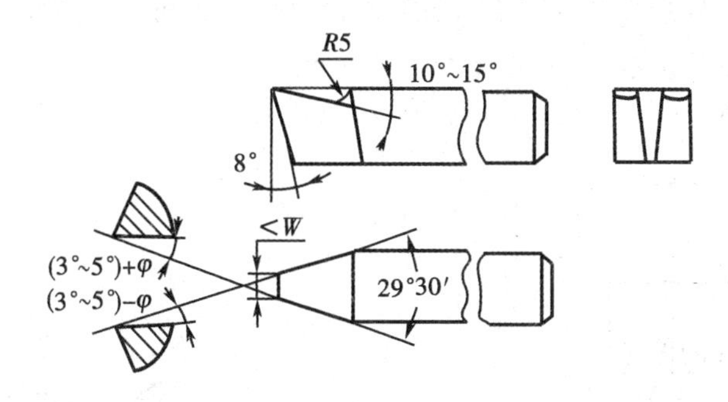

图3.23　高速钢梯形螺纹粗车刀

(2)高速钢梯形螺纹精车刀。图3.24为常见的带分屑槽的高速钢梯形螺纹精车刀。车刀的径向前角为0°，刀尖角等于牙型角，前刀面两侧刃磨有 $R=2\sim3$ mm的分屑槽，两侧刃后角磨有0.2~0.3 mm的切削刃带。梯形螺纹精车刀要求表面光洁，两侧切削刃直线度好。

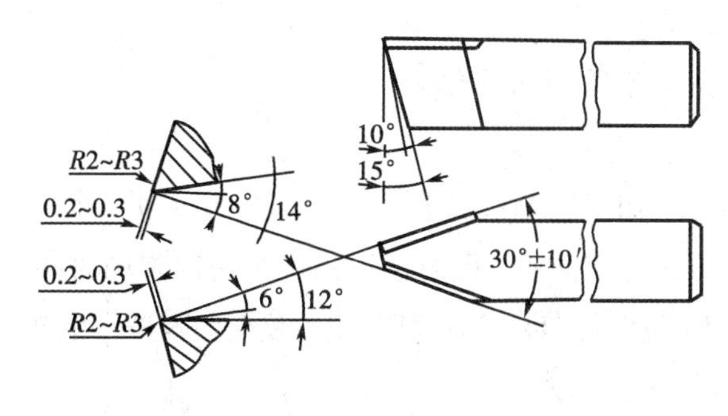

图3.24　带分屑槽的高速钢梯形螺纹精车刀

(3)硬质合金梯形螺纹车刀。为了提高效率，在车削一般精度梯形螺纹时，可以采用硬质合金车刀进行高速车削。硬质合金梯形螺纹车刀如图 3. 25 所示。

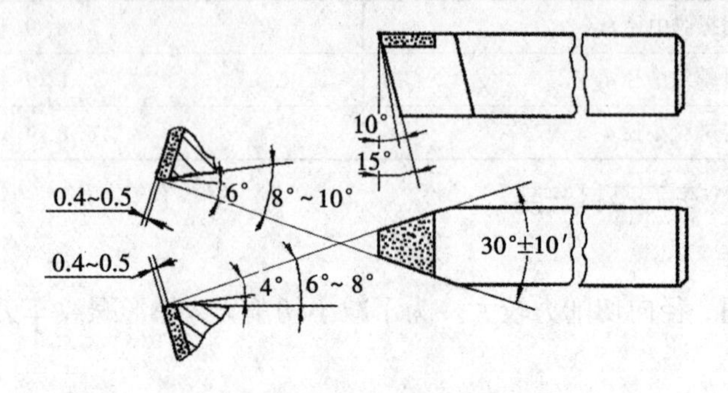

图 3. 25　硬质合金梯形螺纹车刀

2) *梯形螺纹车刀的安装*

安装梯形螺纹车刀时，应使车刀刀尖与工件回转中心等高，刀尖角中心线与工件轴心线垂直，并用螺纹样板作透光检查，如图 3. 26 所示；也可用高速钢刀头磨成梯形螺纹刀，装在弹性刀杆上，如图 3. 27 所示。

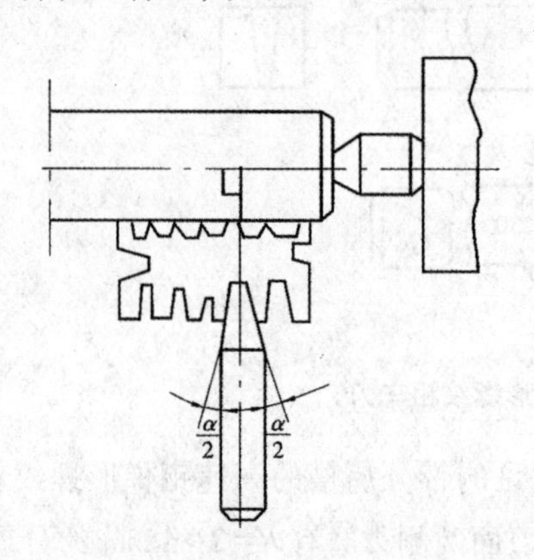

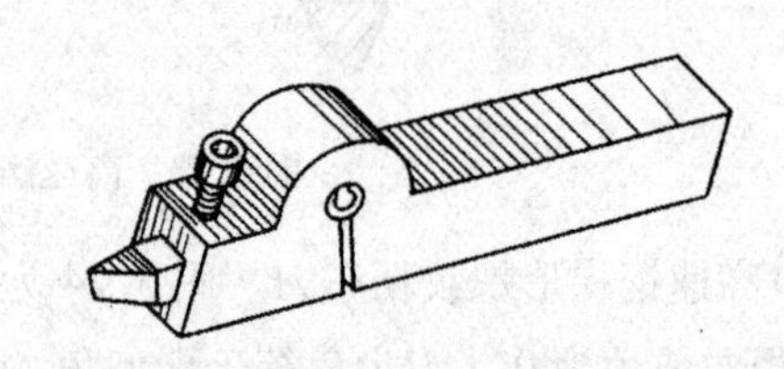

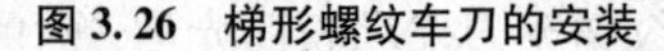

图 3. 26　梯形螺纹车刀的安装　　**图 3. 27　梯形螺纹车刀装夹在弹性刀杆上**

3. 2. 2. 3　梯形螺纹车削方法

数控车削梯形螺纹一般采用如下方法。

1) *直进法*

直进法也称成型法，如图 3. 28(a)所示。车削时，车刀沿 X 向间歇进给，Z 向不做移动，至牙深处。这种方法操作简单，但由于刀具三个切削刃同时参加切削，使切削过程中切削力、切削热增加，排屑困难，当切到一定深度时，容易产生扎刀现象。因此，它只适用于螺距较小的梯形螺纹车削。

2) *左右切削法*

左右切削法如图 3. 28(b)所示，它是螺纹车刀沿牙型角方向左右进刀，间歇进给至牙深处。用左右切削法车螺纹时，避免了三刃同时切削，可防止产生扎刀现象。但左右切削法左右进刀量大小和比例不固定，每刀切削量不好控制，故编程时多引用宏程序实现。

3)斜进法

斜进法如图3.28(c)所示，它是螺纹车刀沿牙型角方向单面斜向间歇进给至牙深处。用斜进法车螺纹时，始终只有一个切削刃参加切削，从而使刀刃的受力、受热有所改善，排屑比较顺利，切削中不易引起扎刀现象。编程时用G76指令实现。

当螺距较大时，还可采用斜进与左右移动相结合的方法车削。

以上均采用一把螺纹车刀车削。

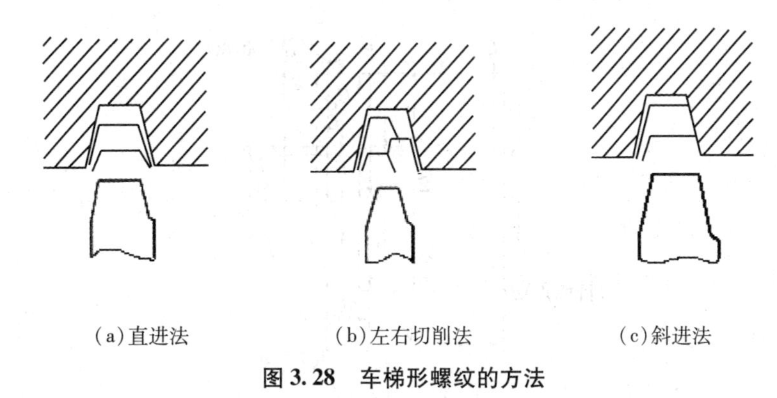

(a)直进法　　(b)左右切削法　　(c)斜进法

图3.28　车梯形螺纹的方法

此外，还可采用先用矩形螺纹车刀粗车直槽(小螺距)或阶梯槽(大螺距)，再用梯形螺纹精车刀精车的方法进行加工，此时需用多把刀具完成车削，如图3.29所示。

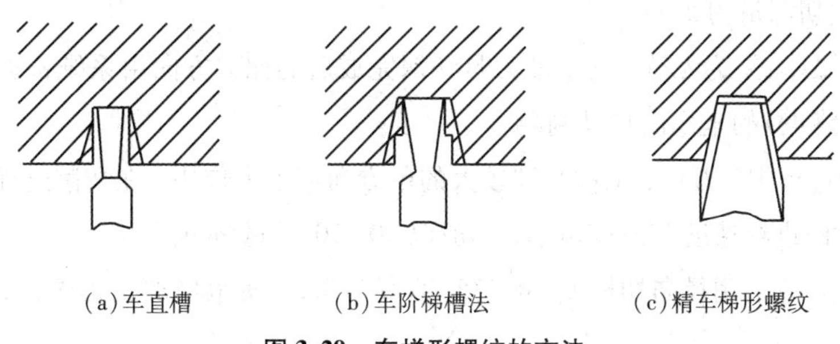

(a)车直槽　　(b)车阶梯槽法　　(c)精车梯形螺纹

图3.29　车梯形螺纹的方法

3.2.2.4　编程指令

径向切槽循环(G75)可用于径向槽循环加工。

指令格式：

“G75 R(e);

G75 X(U)__ Z(W)__ P(Δi) Q(Δk) R(Δd) F__;”

其中，e——每次进给后的退刀量，半径值，无符号；

Δi——X轴方向每次切深量，半径值，无符号；

Δk——刀具完成一次径向切削后，在 Z 轴方向的偏移量，无符号；

Δd——刀具在切削底部 Z 轴方向的退刀量，无要求时可省略。

其中，X(U)，Z(W)后的数值为切槽终点的坐标值，F 后的数值为进给量。

指令说明如下：

(1)径向切槽循环过程如图 3.30 所示，图中 A 点为循环起点，虚线表示快速移动，实线表示进给运动。从 A 点径向进刀 Δi 至 C 点，退刀 e 至 D 点，继续循环递进切削至径向目标点 X 坐标处，退刀至循环起点，完成一次切削循环；沿轴向偏移 Δk 至 F 点，进行第二层切削循环；依次循环直至目标点 B，径向退刀至 G 点，再轴向退刀至起点 A，完成整个循环动作。

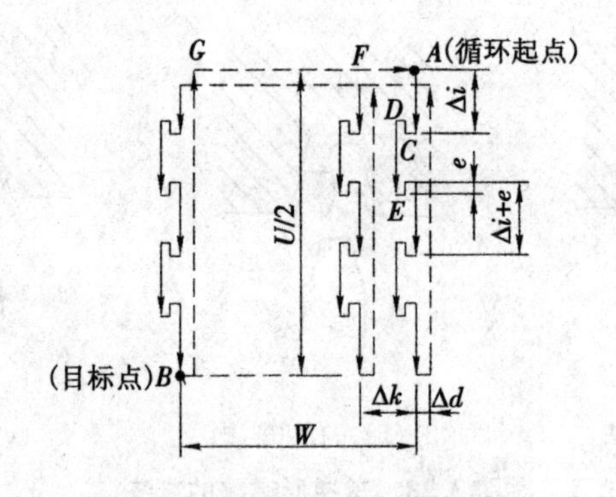

图 3.30 G75 径向切槽循环过程

(2)指令格式中的 Δi, Δk 值，要输入最小编程单位，不能输入小数点，如“P2000”表示径向每次切深量为 2 mm。

(3)由于 Δi, Δk 为无符号值，故刀具切深完成后的偏移方向由系统根据循环起点及切槽目标点(终点)的坐标值自动判断。

(4)切槽过程中，刀具、工件受到较大的单方向切削力作用，在切削过程中易产生振动，故切槽时的进给速度取值应略小，一般取 50~100 mm/min。

指令应用举例：用径向切槽循环(G75)编写图 3.31 所示槽加工程序，工件外径 $\phi30$ mm 已加工。

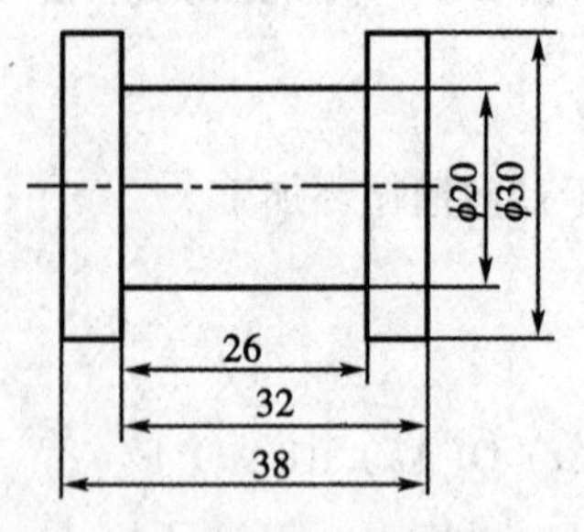

图 3.31 G75 指令应用示例

加工参数选择：刀宽 4 mm，设定 X 向每次切深 1.5 mm，退刀量为 1 mm，径向切削后 Z 向偏移量 3 mm，进给量 0.05 mm/r。设工件坐标原定为工件右端面与回转轴交点，刀具定位点坐标(34.0，-10.0)，则程序段如下：

```
……
G00 X34.0 Z-10.0;
G75 R1.0;
G75 X20.0 W-22.0 P1500 Q3000 F0.1;
……
```

3.2.2.5　梯形螺纹检测

梯形螺纹检测包括大径、中径和小径的检测。大径可用游标卡尺或千分尺进行测量；中径可用三针测量法、单针测量法测量；小径可通过测量牙型高间接测量。这里着重介绍螺纹中径的测量方法及梯形螺纹的综合测量。

1)螺纹中径的测量

(1)三针测量法检测。

三针测量法是测量外螺纹中径的一种比较精密的测量方法，适用于精度较高、螺旋升角小于 4°的普通螺纹、梯形螺纹和蜗杆中径的测量。测量时，将三根直径相等的量针放置在相对应的螺旋槽中，再用千分尺量出两侧量针顶点之间的距离 M(如图 3.32 所示)，通过测量值来确定中径是否合格。

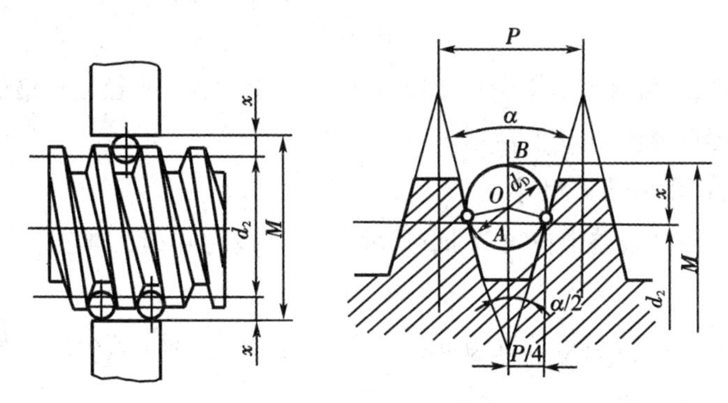

(a)三针测量原理图

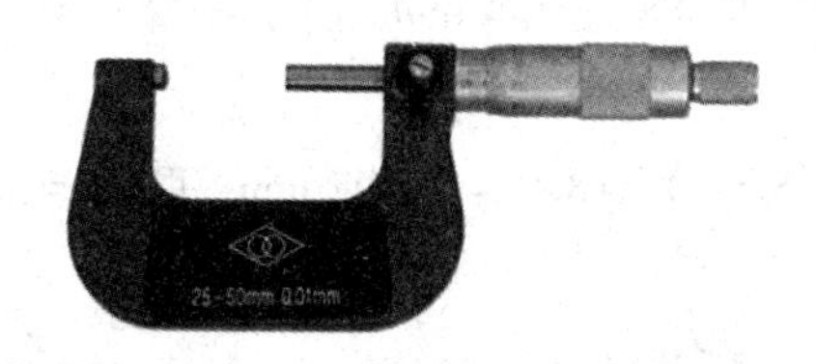

(b)千分尺

图 3.32　三针测量法

距离 M 与量针直径 d_D之间的关系可用下式表示：

$$M = d_2 + d_D\left(1 + \frac{1}{\sin\frac{\alpha}{2}}\right) - \frac{P}{2}\cot\frac{\alpha}{2}$$

式中，M——千分尺测得的尺寸，单位为 mm；

d_2——螺纹中径，单位为 mm；

d_D——量针直径，单位为 mm；

α——牙型角，单位为(°)；

P——螺距，单位为 mm。

对于公制梯形螺纹，牙型角等于 30°，则以上计算公式可简化为

$$M = d_2 + 4.864d_D - 1.866P$$

三针测量的量针直径 d_D不能太大，否则量针的横截面与螺纹牙侧不相切，无法量得中径的实际尺寸；d_D 也不能太小，不然量针陷入牙槽中，其顶点低于螺纹牙顶而无法测量。最佳量针直径是量针横截面与螺纹中径处于牙侧相切时的量针直径。

量针直径可用下式表示：

$$d_D = \frac{P}{2\cos\frac{\alpha}{2}}$$

对于公制梯形螺纹，牙型角等于 30°，以上计算公式可简化为

$$d_D = 0.518P$$

应用举例：用三针法测量梯形螺纹 Tr36×6-8e，求大径、小径的合格值，选择量针直径，并求千分尺读数合格的 M 值范围。

① 计算大径 d 和小径 d_3尺寸。

根据标准，大径 d 公差带位置为 h，尺寸公差等级为 4 级，查公差手册，大径尺寸 $d = \phi 36^{0}_{-0.375}$ mm。

根据标准，小径 d_3公差带位置为 h，当中径公差为 8e 时，查公差手册，由螺距 $P6$，小径尺寸 $d_3 = \phi 29^{0}_{-0.649}$ mm。

② 计算中径 d_2尺寸。

中径为 $d_2 = d - 0.5P = 36 - 0.5 \times 6 = \phi 33$ mm，由中径公差 8e，得中径 $d_2 = \phi 33^{-0.118}_{-0.543}$ mm。

③ 计算量针直径。

$$d_D = 0.518P = 0.518 \times 6 = 3.108 \text{ mm，取 } d_D = 3.1 \text{ mm。}$$

④ 计算测量读数 M。

$$M = d_2 + 4.864d_D - 1.866P = 33 + 4.864 \times 3.1 - 1.866 \times 6 = 36.882 \text{ mm}$$

⑤ 计算距离 M 的合格范围。

M 的合格范围为：36.339~36.764 mm。

(2)单针测量法。

由于普通千分尺测头直径较小，很难实现三针测量，因此更多的是用公法线千分尺，采用单针法测量。其原理与三针测量法相似，只是用一根量针测量螺纹中径，如图 3.33 所示。

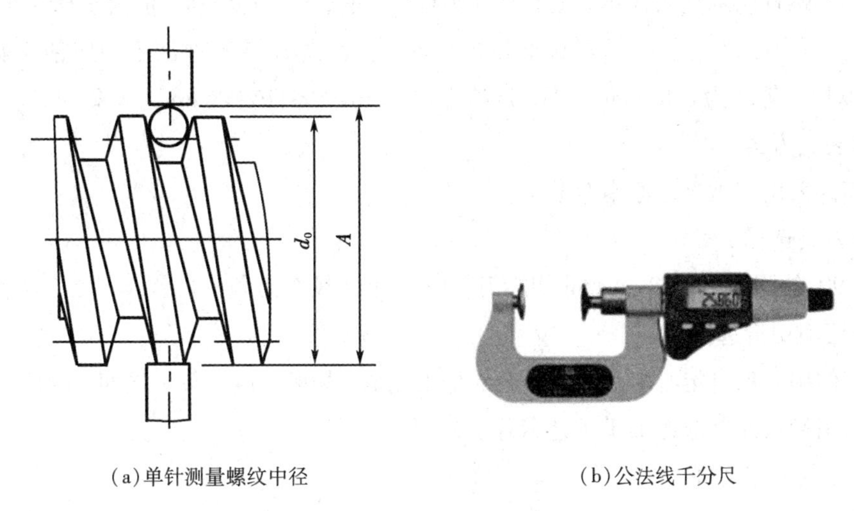

(a)单针测量螺纹中径　　(b)公法线千分尺

图 3.33　单针测量法

单针法测量计算公式为

$$A = \frac{M + d_0}{2}$$

式中，A——单针测量值，单位为 mm；

d_0——螺纹顶径的实际尺寸，单位为 mm；

M——三针测量值，单位为 mm。

2)梯形螺纹综合测量

对于批量生产、精度要求不高的梯形螺纹，可以采用标准梯形螺纹量规(如图 3.34 所示)进行综合检查。检测的方法同普通三角螺纹的检测。

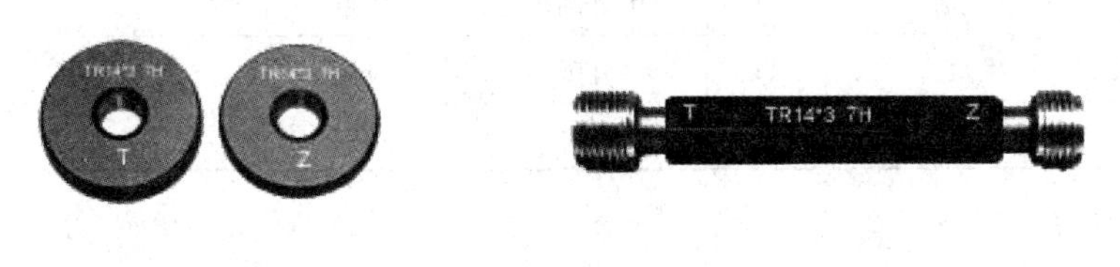

(a)梯形螺纹环规　　(b)梯形螺纹塞规

图 3.34　梯形螺纹量规

3.2.3 任务实施

1）制定工艺方案

（1）零件加工分析。

该梯形螺杆轮廓比较简单，主要有外圆柱面、槽、梯形螺纹等，但由于梯形螺纹截面尺寸较大，采用直进法切削很容易出现扎刀现象。因此在该零件加工中应使用斜进法，用 G76 编程。毛坯为 $\phi40$ mm 圆钢，材料为 Q235-A，零件要求 Ra 为 3.2。

（2）装夹方案。

该零件采用三爪自定心卡盘装夹。

（3）刀具选择。

T1：90°外圆车刀；T2：4 mm 切断刀；T3：30°螺纹车刀。

（4）切削用量选择。

该零件用三爪自定心卡盘装夹，全部加工完成，切断，再调头平端面、倒角。

切削用量选择见数控加工工艺卡片。

（5）编制工艺文件。

填写数控加工工艺卡，见表 3.9。

表 3.9 数控加工工艺卡片

安装	工步号	工步内容	刀具号	刀具规格	主轴转速 /($r \cdot min^{-1}$)	进给速度 /($mm \cdot r^{-1}$)	背吃刀量 /mm	备注
夹左端	1	平端面	T1	90°外圆车刀	400			手动
	2	粗车外轮廓	T1	90°外圆车刀	900	0.2	1.75，2，2	
	3	精车外轮廓	T1	90°外圆车刀	1200	0.1	0.25	
	4	切槽	T2	4 mm 切断刀	300	0.08	0.15	
	5	切梯形螺纹	T3	30°螺纹车刀	200	6.0		
	6	切断工件	T2	4 mm 切断刀	200	0.1		
调头	7	平端面	T1	90°外圆车刀	400			手动
	8	倒角	T1	90°外圆车刀	400			手动
编制		审核		批准	年 月 日	共 1 页	第 1 页	

2）相关计算

（1）公制梯形螺纹各部分尺寸及公差计算。

牙顶间隙：$a_c = 0.5$ mm；

牙高：$h_3 = 0.5P + a_c = 0.5 \times 6 + 0.5 = 3.5$ mm；

大径：$d = 34$ mm；

中径：$d_2 = d - 0.5P = 34 - 0.5 \times 6 = 31$ mm；

小径：$d_3 = d - 2h_3 = 34 - 2 \times 3.5 = 27$ mm；

牙顶宽：$f=0.366P=0.366\times6=2.196$ mm；

牙槽底宽：$w=0.366P-0.536a_c=1.928$ mm。

查公差手册知：大径 $d=\phi34^{0}_{-0.375}$ mm，小径 $d_3=\phi27^{0}_{-0.649}$ mm，中径 $d_2=\phi31^{-0.118}_{-0.543}$ mm。

计算编程尺寸，得大径 $d=33.813$ mm，小径 $d_3=26.676$ mm，中径 $d_2=30.67$ mm。

(2)量针直径与测量读数计算。

量针直径：$d_D=0.518P=0.518\times6=3.108$ mm，取 3.1 mm；

测量读数：$M=d_2+4.864d_D-1.866P=31+4.864\times3.1-1.866\times6=36.882$ mm。

由此计算测量读数 M 的合格范围为 36.339~36.764 mm。

3)编写加工程序

梯形螺杆加工程序见表 3.10。

表 3.10 数控加工程序单

	O0007	程序名
N010	G97 G99;	初始值设定
N020	T0101;	调1号刀，建立工件坐标系
N030	M03 S800 M08;	主轴正转，转速 800r/min，开切削液
N040	G00 X42.0 Z3.0;	快速定位至循环起刀点
N050	G71 U1.5 R1.0;	外圆粗车循环参数设定
N060	G71 P100 Q200 U0.5 W0.2 F0.2;	
N100	G00 X27.8;	精加工走刀路线描述
N110	G01 Z1.0 F0.1;	
N120	X33.8 Z-2.0;	
N130	Z-35.0;	
N140	X35.99;	
N150	X37.99 Z-36.0;	
N160	Z-40.0;	
N200	X42.0;	
N210	G00 X100.0;	快退至换刀点
N220	Z100.0;	
N230	M03 S1000;	主轴变速
N240	G00 Z2.0;	快速定位至循环起刀点
N250	X42.0;	
N260	G70 P100 Q200;	实施轮廓精加工

表3.10(续)

N270	G00 X100.0;	
N280	Z100.0;	
N290	M05;	主轴停转，程序暂停、测量
N300	M00;	
N3100	T0202;	调2号刀，建立工件坐标系
N320	M03 S300;	
N330	G00 Z-39.0;	快速定位至切槽循环起刀点
N340	X42.0;	
N350	G75 R0.5;	切槽循环
N360	G75 X26.0 Z-45.0 P1500 Q3000 F0.08;	
N370	G00 X100.0;	
N380	Z100.0;	
N390	T0303;	调3号刀、建立坐标系
N400	G00 Z14.0;	快速定位至螺纹循环起刀点
N410	X40.0;	
N420	G76 P010030 Q50 R0.05;	梯形螺纹循环加工，精车1刀，刀尖角30°，精加工余量0.05 mm
N430	G76 X26.676 Z-30.0 P3500 Q300 F6.0;	牙高3.5 mm，第一刀切深0.3 mm，导程6
N440	G00 X100.0;	
N450	Z100.0;	
N460	T0202;	调2号刀，建立工件坐标系
N470	G00 Z-44.5;	切断
N480	X45.0;	
N490	G01 X1.0 F0.05;	
N500	G00 X100.0;	
N510	Z100.0;	
N520	M05 M09;	主轴暂停，关切削液
N530	M30;	程序结束

3.2.4 训练与考核

3.2.4.1 训练任务

梯形螺纹的编程与加工训练任务见表3.11。

表 3.11　梯形螺纹零件编程与加工训练任务

任务描述	加工如图 3.35 所示连接螺杆。已知，毛坯为六角型材，材料为 40Cr，需大批量生产。 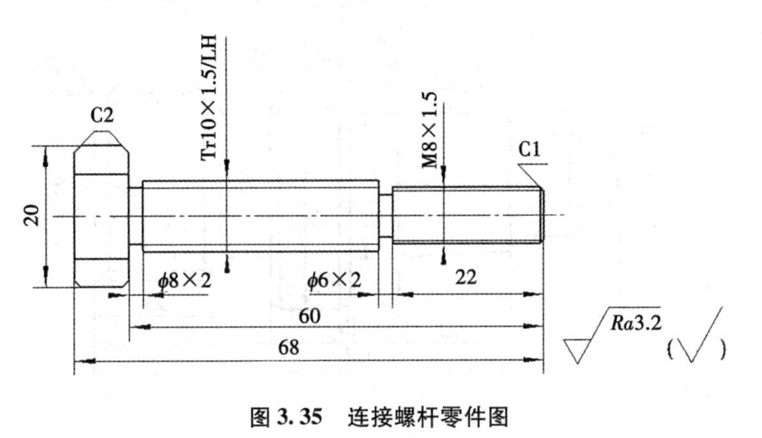 **图 3.35　连接螺杆零件图**
工艺条件	工艺条件参照“3.2.1 工作任务”中提供的工艺条件配置
加工要求	严格遵守安全操作规程，零件加工质量达到图样要求

3.2.4.2　考核评价

加工结束后检测工件加工质量，并填写加工质量考核评分表，见表 F.14；工作结束后对工作过程进行总结评议，并填写过程评价表，见表 F.8。

复习题

(1)粗牙普通螺纹与细牙普通螺纹代号有何不同?

(2)英制螺纹与普通螺纹有何区别?

(3)管螺纹的公称直径是指哪个直径?

(4)梯形螺纹的完整标记由哪些内容组成?

(5)车削梯形螺纹有哪几种方法?当螺距较大时，应采用哪些方法?

(6)编写如图 3.36 所示零件数控加工程序，并在数控仿真系统中进行校验。已知，毛坯尺寸为 ϕ50 mm×100 mm，材料为 45 钢。

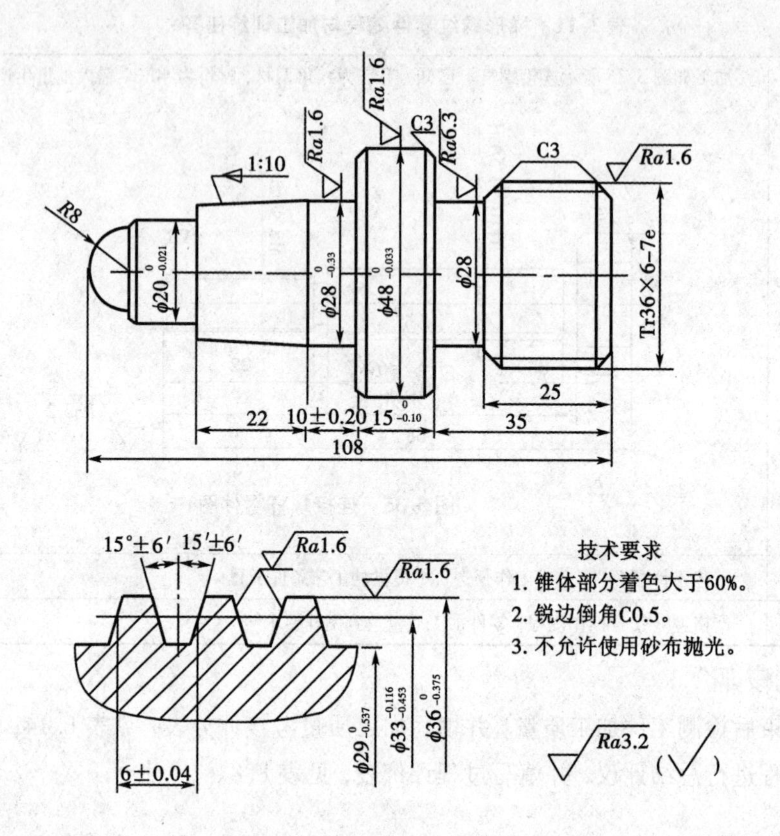

图 3.36　梯形螺纹编程训练零件图

项目4　盘、套类零件的编程与加工

【项目导学】

盘、套类零件，结构一般包括内外圆柱面、内外圆锥面、内外圆弧面、内外沟槽、内外螺纹、端面、内外台阶面等。盘、套类零件多与轴类零件相配合，因此对形位公差有较高要求。本项目安排了“简单套类零件的编程与加工”“复杂套类零件的编程与加工”“盘类零件的编程与加工”3个任务。通过对这3个任务的学习和实施，让学生能独立编写盘、套类零件的数控加工程序，并能安全操作数控车床加工出合格零件。

任务4.1　简单套类零件的编程与加工

4.1.1　工作任务

简单套类零件编程与加工工作任务见表4.1。

表4.1　简单套类零件编程与加工工作任务

<table>
<tr><td>任务描述</td><td>加工图4.1所示套筒，要求制定机械加工工艺方案，编写数控加工程序。已知，毛坯 ϕ40 mm×30 mm，外圆及端面已加工完成，材料45钢。
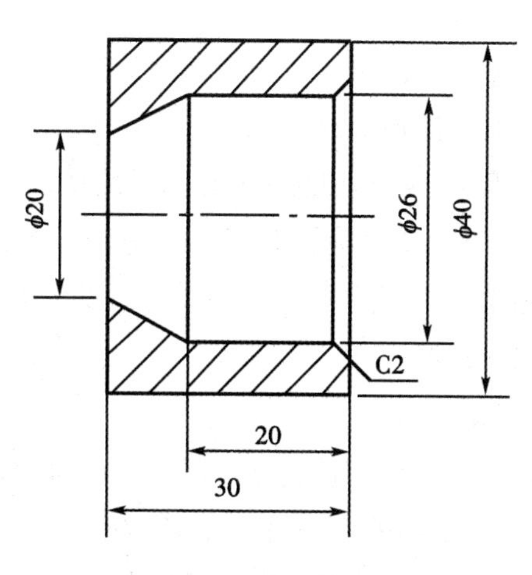

图4.1　套筒零件图</td></tr>
</table>

表4.1(续)

<table>
<tr><td>知识点与技能点</td><td>知识点：◇钻、扩、铰孔、车孔时刀具选用、安装、切削用量选择
◇钻孔、车孔操作
技能点：◇简单内孔零件的程序编制</td></tr>
<tr><td>工艺条件</td><td>(1)车床：配置 FANUC 0i 系统的卧式数控车床。
(2)毛坯：φ40 mm×30 mm，材料为 45 钢。
(3)刀具、量具及其他：
<table><tr><th>名称</th><th>规格</th><th>数量</th></tr><tr><td>钻头</td><td>φ16</td><td>1</td></tr><tr><td>内孔车刀</td><td>95°</td><td>1</td></tr><tr><td>游标卡尺</td><td>0~150，0.02</td><td>1</td></tr><tr><td>百分表及磁性表架</td><td>10~20，0.01</td><td>各 1</td></tr></table></td></tr>
</table>

4.1.2 相关知识

4.1.2.1 孔加工工艺

1)孔加工方法

孔加工的一般方法主要有钻孔、扩孔、铰孔、车孔等。钻孔属于粗加工，钻孔后尺寸精度可达 IT13~IT11，*Ra* 可达 12.5 μm。扩孔是将已有孔扩大的加工方法，一般用于孔的半精加工或终加工，扩孔后精度可达 IT10~IT9，*Ra* 可达 6.3~3.2 μm。铰孔是对已有孔进行精加工的工艺方法，铰孔后精度可达到 IT9~IT7，*Ra* 可达 0.4 μm。车孔是用内孔车刀对已铸出、锻出或钻出孔的进一步加工，车孔后的尺寸精度可达到 IT8~IT7，*Ra* 可达 1.6~0.8 μm。

2)孔加工特点

特点：孔加工时，尤其是不通孔的加工，切屑难以及时排出；切削时，切削液难以到达切削区域；观察刀具切削情况比较困难；内孔车刀刀杆刚性较差，在加工中容易出现振动等现象；孔加工切削过程不易观察；孔加工测量比较困难。套筒类零件一般比较薄，加工中常因夹紧力、切削力、内应力和切削热等因素的影响而产生变形。因此，孔加工要比外轮廓的加工困难。

3)孔加工切削用量选择

(1)钻孔切削用量的选择。

钻孔时主轴转速应根据钻头直径进行调整。高速钢钻头钻钢件，切削速度一般选择 15~30 m/min；钻铸件，切削速度一般选择 75~90 m/min。

钻孔时进给量不宜过大，否则容易折断钻头。高速钢钻头钻钢件，进给量一般选择 0.1~0.3 mm/r；钻铸件，进给量一般选择 0.15~0.4 mm/r。

(2)扩孔切削用量的选择。

扩孔切削速度一般应略低于钻孔的切削速度，进给量可比钻孔稍大些。

(3)铰孔切削用量的选择。

铰削时，切削速度越低，加工后的表面粗糙度值就越小，因此，一般情况下，切削速度低于5 m/min，进给量取0.2~1 mm/r，铰孔余量为0.08~0.15 mm。用高速钢铰刀时，铰削余量取小值；用硬质合金铰刀时，铰前余量取大值。

4)孔加工刀具选用

常用孔加工刀具有钻头、扩孔钻、铰刀、内孔车刀等，这里仅对内孔车刀进行介绍。

图4.2所示为内孔车刀。内孔车刀刀头几何角度如图4.3所示。为避免内孔车刀后刀面与孔壁相碰又不使后角磨得太大，一般将后角磨成双重后角，或将后刀面磨成圆弧状。精车通孔时，车刀刃倾角 λ_s 应取正值，以使切屑流向待加工表面，并从孔的前端口排出；精车不通孔时，车刀的刃倾角 λ_s 应取负值，以使切屑从孔口及时排出。

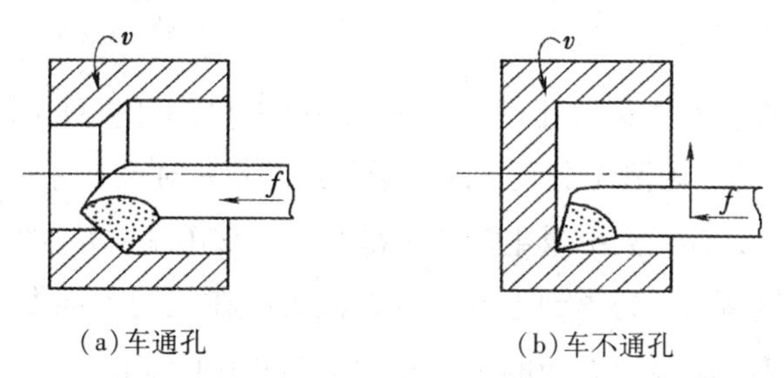

(a)车通孔　　(b)车不通孔

图4.2　内孔车刀车孔

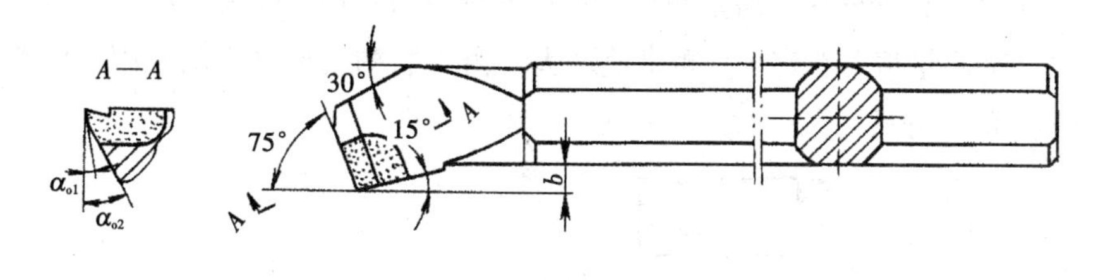

(a)通孔车刀

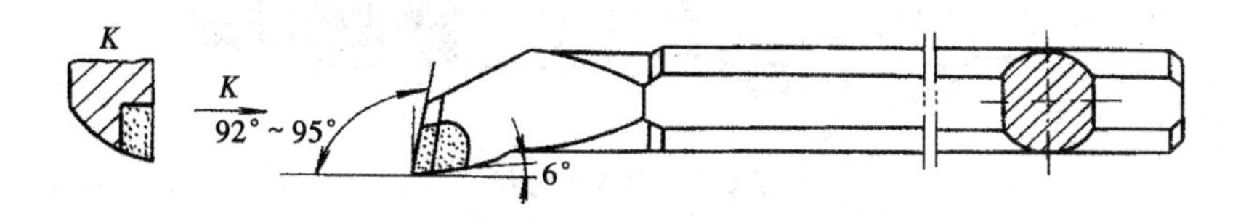

(b)不通孔车刀

图4.3　内孔车刀刀头几何角度

选用内孔车刀时应注意几点：刀柄选择要尽可能粗，工作长度在满足工作要求前提下应尽可能短，以增加刚度；内孔车刀刀头部分应留有足够的空间，以增加排屑的可靠性；加工精度较高的孔，可选用硬质合金刀具(如YG8)，以保证具有较高的强度、抗冲击和抗震性；加工中刀尖部如需充分冷却，则应选择有切削液送孔的刀柄；不通孔车刀的刀尖到刀杆外端的距离应小于孔半径，以车平孔底，如图 4.4 所示。

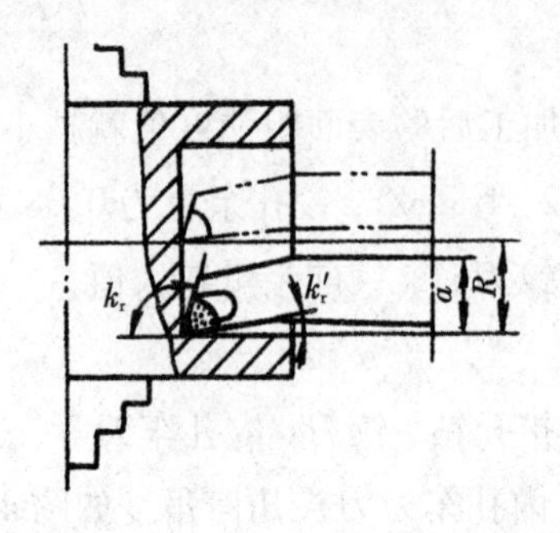

图 4.4　不通孔车刀的径向尺寸

4.1.2.2　内孔的检测

内孔检测主要是对孔径、孔深进行测量。

1) 孔径测量

对于尺寸精度要求不太高的孔径，一般用游标卡尺测量；对于尺寸精度要求较高的孔径，常用内径百分表、内测千分尺、内径千分尺测量；对于尺寸精度要求高的孔径，常用三坐标测量仪测量；对于大批量生产或标准孔径，常用塞规检验。

用内径百分表测量时，为得到准确尺寸，触头应在径向方向摆动找出最大值，在轴向方向摆动找出最小值，两个方向的重合尺寸就是孔径的实际尺寸。

内测千分尺结构如图 4.5 所示。该千分尺的刻线与外径千分尺相反。当顺时针旋转微分筒时，活动测量爪向右移动，测量值增大。由于结构设计方面的原因，其测量精度低于其他类型的千分尺。

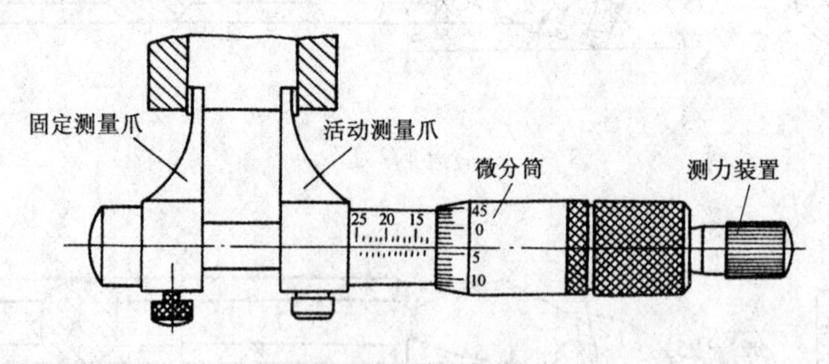

图 4.5　内测千分尺

内径千分尺结构如图 4.6 所示。测量时，将测量触头测量面支撑在被测表面上，调整微分筒，使微分筒一侧的测量面在孔的径向截面内摆动，找出最小尺寸。

图 4.7 所示为工程上经常使用的数显三爪内径千分尺。

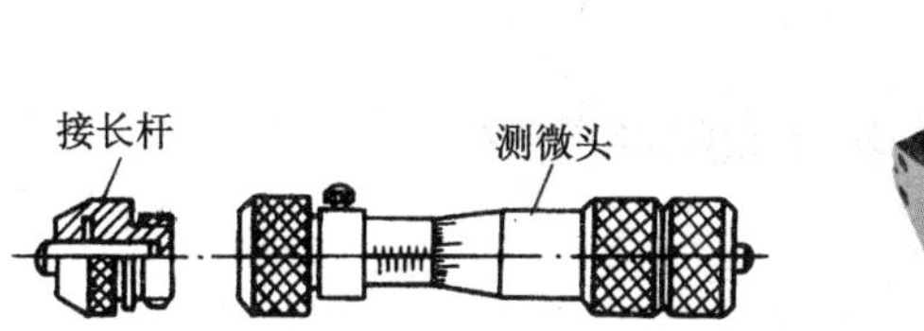

图 4.6　内径千分尺结构

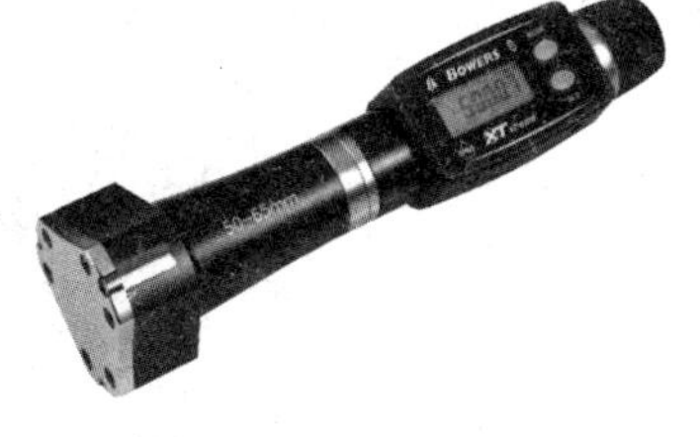

图 4.7　数显三爪内径千分尺

图 4.8 所示为工程上经常使用的三坐标测量仪。

塞规有通端和止端，如图 4.9 所示。通端尺寸等于孔的最小极限尺寸，止端尺寸等于孔的最大极限尺寸。测量时，通端通过，而止端通不过，说明尺寸合格。

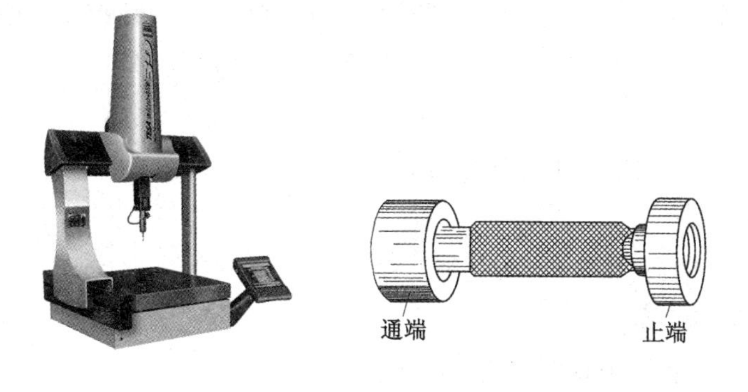

图 4.8　三坐标测量仪　　　　图 4.9　塞规

2) 孔深测量

孔深测量常用的量具有游标卡尺、深度游标卡尺、深度千分尺等，如图 4.10 和图 4.11所示。

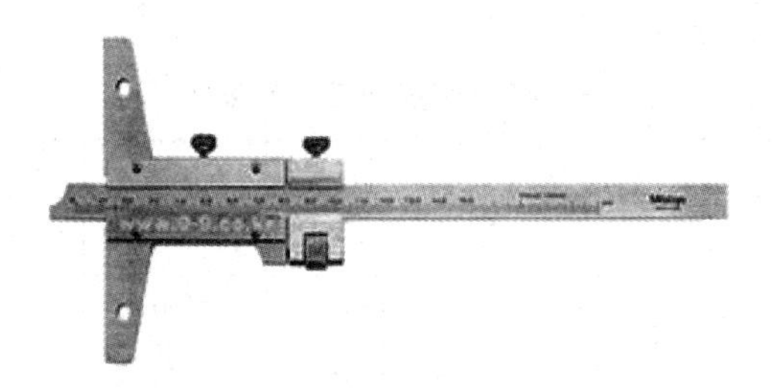

图 4.10　深度游标卡尺

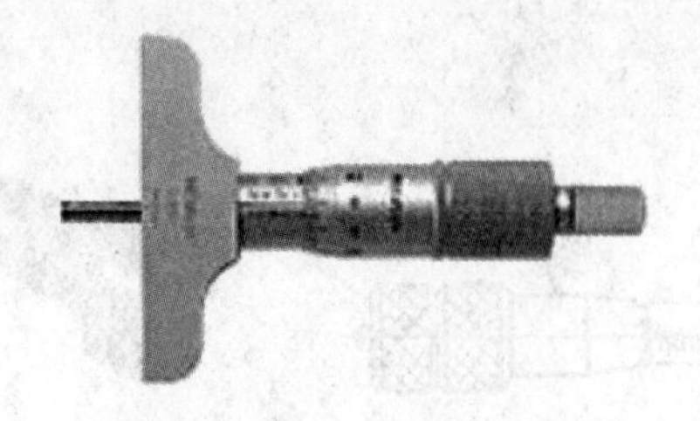

图 4.11　深度千分尺

4.1.3　任务实施

1) 制定工艺方案

(1) 零件加工分析。

该零件外圆、端面为非加工表面，需要完成内圆柱面、内圆锥面、倒角的加工。最小直径处 $\phi20$，需要先钻孔，再车孔。材料为 45 钢，加工性能好。

(2) 装夹方案。

该零件采用三爪自定心卡盘直接装夹。

(3) 刀具选择。

T1：$\phi16$ mm 钻头；T2：95°车孔刀。

(4) 确定加工顺序。

钻孔(手动)→粗车内轮廓→精车内轮廓。

(5) 切削用量选择。

钻孔(手动)：$n=500$ r/min；

粗车内外轮廓：$n=600$ r/min，$f=0.2$ mm/r，$a_p=2$ mm；

精车内外轮廓：$n=850$ r/min，$f=0.08$ mm/r，精车 X 方向余量 0.5 mm；

(6) 填写工艺卡片。

套筒加工数控加工工艺卡片见表 4.2。

表 4.2　数控加工工艺卡片

<table>
<tr><td>工步号</td><td colspan="2">工步内容</td><td>刀具号</td><td colspan="2">刀具规格</td><td>主轴转速
/(r·min⁻¹)</td><td colspan="2">进给速度
/(mm·r⁻¹)</td><td colspan="2">背吃刀量
/mm</td><td>备注</td></tr>
<tr><td>1</td><td colspan="2">钻孔</td><td>T1</td><td colspan="2">φ16 mm 钻头</td><td>500</td><td colspan="2"></td><td colspan="2"></td><td>手动</td></tr>
<tr><td>2</td><td colspan="2">粗车内轮廓</td><td>T2</td><td colspan="2">95°车孔刀</td><td>600</td><td colspan="2">0.2</td><td colspan="2">2</td><td></td></tr>
<tr><td>3</td><td colspan="2">精车内轮廓</td><td>T2</td><td colspan="2">95°车孔刀</td><td>850</td><td colspan="2">0.1</td><td colspan="2">0.25</td><td></td></tr>
<tr><td>编制</td><td></td><td>审核</td><td colspan="2"></td><td>批准</td><td colspan="2"></td><td>年　月　日</td><td colspan="2">共 1 页</td><td>第 1 页</td></tr>
</table>

2)加工程序

套筒加工程序见表4.3。

表4.3　套筒加工程序

程序	说明
O0010	程序名
G54 G97 G99 G40;	建立工件坐标系，取消恒线速，转进给，取消刀补
T0202;	调2号刀、2号刀补
M03 S600;	主轴正转，转速600 r/min
G00 X16.0 Z2.0;	快速定位至循环起点
G71 U2.0 R1.0;	粗车参数设置
G71 P10 Q20 U-0.5 W0.2 F0.2;	
N10 G41 G00 X30.0 S850;	精车路线描述
G01 Z0 F0.1;	
X26.0 Z-2.0;	
Z-20.0;	
X20.0 Z-30.0;	
N20 G40 G01 X16.0;	
G70 P10 Q20;	精车
G00 X100.0 Z100.0;	快速退刀
M05;	主轴停转
M30;	程序结束，并返回程序头

3)操作要点

(1)内孔车刀的安装。

安装内孔车刀时，刀柄要与孔轴线平行，否则当车削到一定深度时，刀杆后半部分容易碰到工件孔口；刀杆伸出长度不宜过长，一般比被加工孔长10 mm左右，避免刀杆弯曲变形，而使孔产生锥形误差；加工不通孔时，车刀刀尖要对准工件回转中心，高于或低于中心都不能将孔底车平。

(2)钻孔操作要点。

选择钻头长度，一般螺旋槽部分的长度大于钻孔深度20~30 mm；钻孔前，应将端面车平，以利于钻头定心；尾座套筒伸出长度尽可能短；钻头刚接触工件和将要钻透工件时，进给要慢些；钻削中钻头要经常退出。

4.1.4 训练与考核

4.1.4.1 训练任务

简单套类零件编程与加工训练任务见表4.4。

表4.4 简单套类零件编程与加工训练任务

任务描述	使用数控车床加工如图4.12所示轴套。要求制定工艺方案，绘制走刀路线，编写数控加工程序。已知，毛坯为$\phi50$ mm×30 mm，材料为45钢。 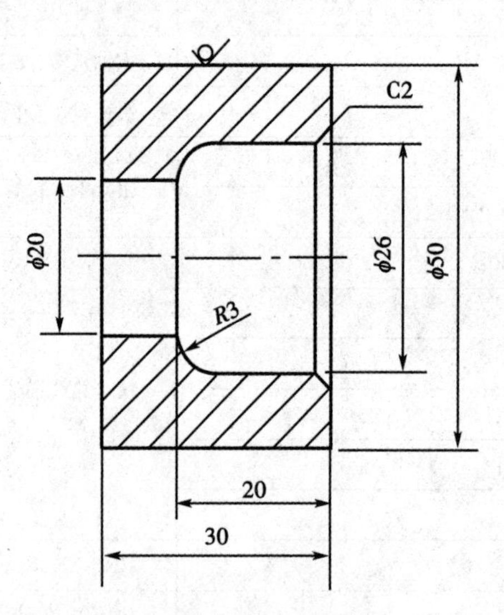 **图4.12 轴套零件图**
工艺条件	工艺条件参照“4.1.1工作任务”中提供的工艺条件配置
加工要求	严格遵守安全操作规程，零件加工质量达到图样要求

4.1.4.2 考核评价

加工结束后检测工件加工质量，填写加工质量考核评分表，见表F.15；工作结束后对工作过程进行总结评议，填写过程评价表，见表F.8。

复习题

1) **填空题**(将正确答案填写在画线处)

(1)车内孔时的切削速度应比钻孔时的切削速度________。

(2)内孔车刀车孔时，可通过控制切屑的流向来解决排屑问题，即通过改变刀具________角的值来改变切屑的流向。

(3)用硬质合金车刀精车时，为提高工件表面的光洁度，也应尽量提高________。

2)**选择题**(在若干个备选答案中选择一个正确答案，填写在括号内)

(1)在切断、加工深孔或用高速钢刀具加工时，宜选择(　　)的进给速度。

A. 较高　　B. 数控系统设定的最高

C. 较低　　D. 数控系统设定的最低

(2)车通孔时，内孔车刀刀尖应装得(　　)刀杆中心线。

A. 高于　　B. 低于

C. 等高于　　D. 都可以

(3)铰孔是(　　)加工孔的主要方法之一。

A. 粗　　B. 半精

C. 精　　D. 精细

(4)车孔精度可达(　　)。

A. IT4~IT5　　B. IT5~IT6

C. IT7~IT8　　D. IT8~IT9

(5)为减少径向切削力，防止振动，内孔车刀的主偏角应取(　　)较为合适。

A. 40°~50°　　B. 60°~75°

C. 80°~90°　　D. 90°~93°

3)**判断题**(判断下列叙述是否正确，在正确的叙述后面画“√”，在错误的叙述后面画“×”)

(1)套类工件因受刀体强度、排屑状况的影响，所以每次切削深度要少一点，进给量要慢一点。(　　)

(2)车削薄壁工件的内孔精车刀的副偏角应比外圆精车刀的副偏角大1倍。(　　)

(3)内孔车刀的刀柄，只要能适用，宜选用柄径较粗的。(　　)

(4)粗加工时，使用切削液的目的是降低切削温度，起冷却作用。(　　)

(5)单孔加工时一般遵循先中心钻领头后钻头钻孔，接着镗孔或铰孔的路线。

(　　)

任务 4.2　复杂套类零件的编程与加工

4.2.1　工作任务

复杂套类零件编程与加工工作任务见表 4.5。

表 4.5　复杂套类零件编程与加工工作任务

任务描述	加工如图 4.13 所示套筒。要求制定工艺方案，编写数控加工程序，并使用数控车床完成零件加工。已知，毛坯尺寸 ϕ50 mm×110 mm，材料为铝。 技术要求 1. 未注Ra6.3。 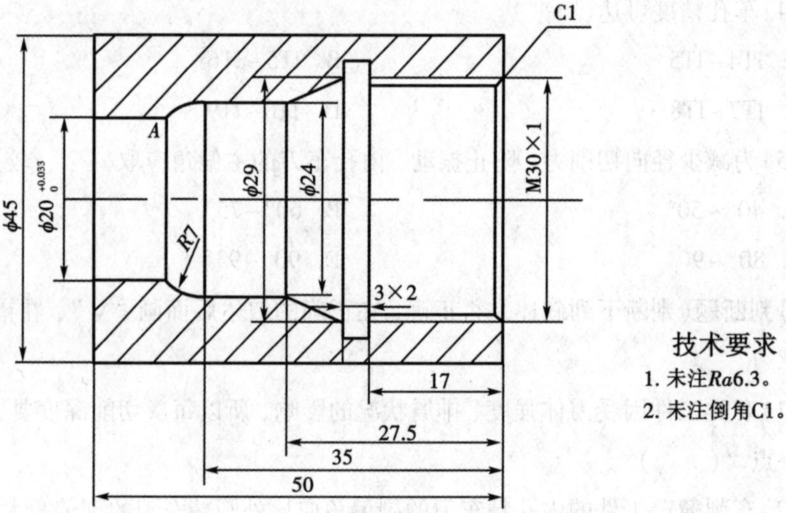 2. 未注倒角C1。 图 4.13　套筒零件图
知识点与技能点	知识点：◇车内沟槽、车内螺纹时的刀具选用及其安装 技能点：◇车孔、车内沟槽、车内螺纹操作 ◇孔、内沟槽、内螺纹车削编程

表4.5(续)

工艺条件

(1)车床：配置 FANUC 0*i* 系统的卧式数控车床。

(2)毛坯：ϕ50 mm×110 mm，材料为铝。

(3)刀具、量具及其他：

名称	规格	数量
外圆车刀	93°	1
切槽刀	3	1
内孔车刀	93°	1
内螺纹车刀	60°	1
游标卡尺	0~150，0.02	1
内径量表	18~35，0.01	1
外径千分尺	0~25，0.01	1
螺纹塞规	M30×1	1

4.2.2　相关知识

4.2.2.1　内沟槽加工工艺

1)内沟槽车刀及其选用

内沟槽车刀刀头几何角度与外沟槽车刀基本相似，不同之处在于为避免主后刀面与孔壁产生干涉，主后角应取大值，一般磨成双重后角或圆弧状后角，整体式内沟槽车刀几何角度如图4.14所示。刀头尺寸选择应保证主切削刃到刀杆外端的距离 m 小于内孔直径 D，刀头伸出长度 a 应大于槽深 H 约2 mm，如图4.15所示。

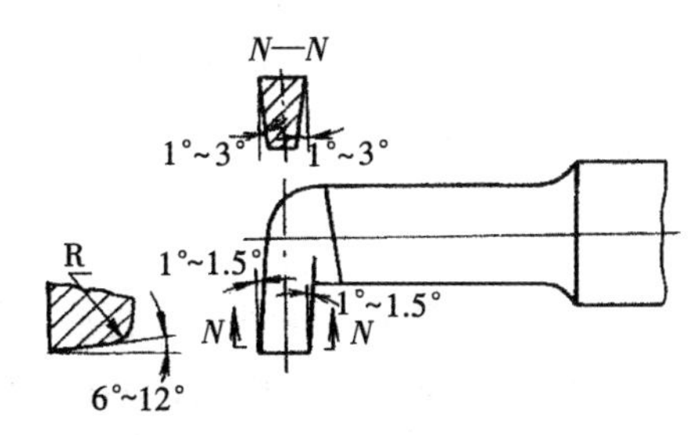

图4.14　整体式内沟槽车刀几何角度

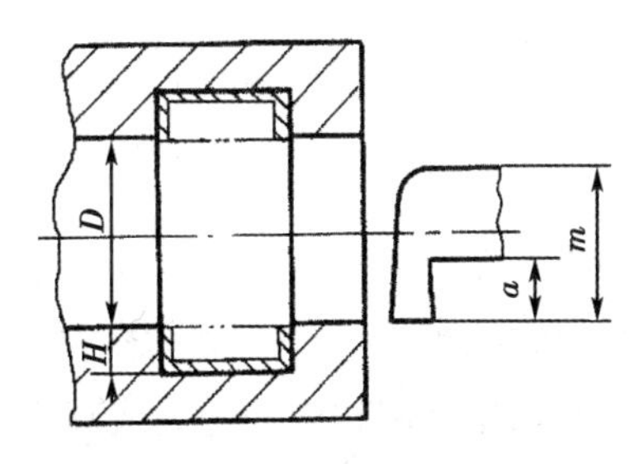

图4.15　内沟槽车刀的径向尺寸

2)内沟槽加工走刀路线

车内沟槽时，如槽宽小于5 mm(称为窄槽)，一般利用主切削刃宽度一次切出，如图4.16(a)所示；如槽宽大于5 mm(称为宽槽)，则分几次粗车，留0.5 mm精车余量，最后一刀车槽的一侧面，再精车全槽底，最后车槽宽至规定尺寸，如图4.16(b)所示。此外，对于宽而浅的槽，还可以先用弯头车刀车出凹槽，再用车槽刀两侧面接平，如图4.16(c)所示。

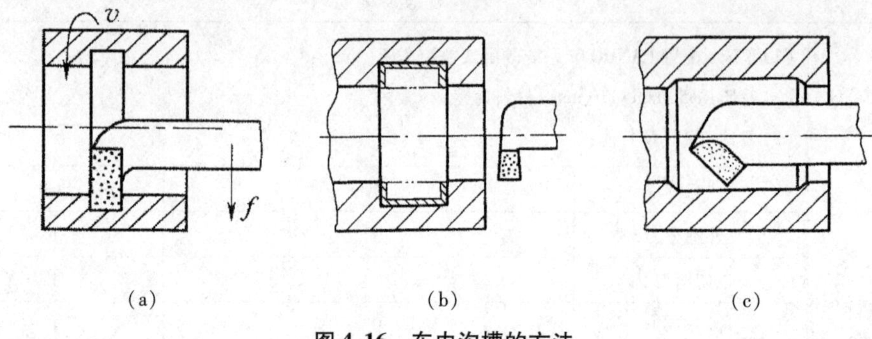

(a)　　(b)　　(c)

图 4.16　车内沟槽的方法

4.2.2.2　内螺纹加工工艺

1) 内螺纹车刀及其选用

内螺纹车刀刀头几何角度与外螺纹车刀基本相似，其几何角度如图 4.17 所示。其与内沟槽车刀相似，为避免后刀面与孔壁相碰，后刀面一般磨成双重后角或圆弧状。内螺纹车刀刀尖角中心线应与刀柄垂直。

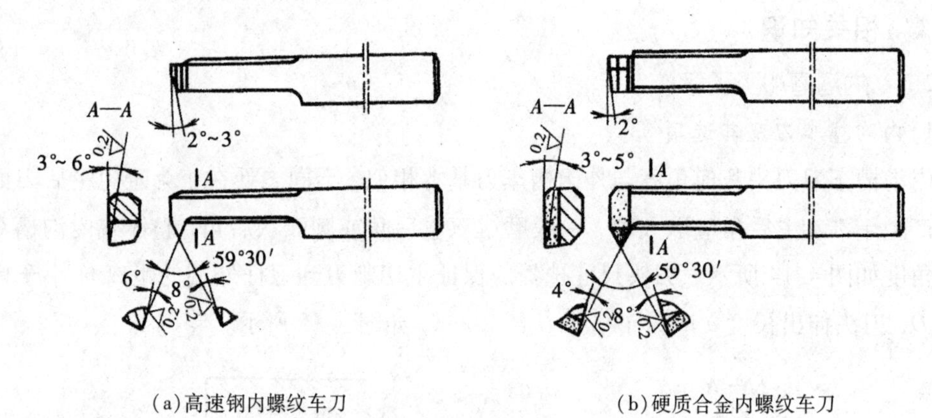

(a) 高速钢内螺纹车刀　　(b) 硬质合金内螺纹车刀

图 4.17　三角形内螺纹车刀几何角度

2) 内螺纹车刀的安装

安装内螺纹车刀时，一般采用目测法保证刀柄与车床纵向导轨平行，再使内螺纹车刀刀尖中心与工件回转中心等高或高出部分不超过 0.5 mm，并用螺纹样板检查刀尖角，如图 4.18 所示。安装好后，应在孔内试移动一次，检查刀杆与孔壁是否相碰。

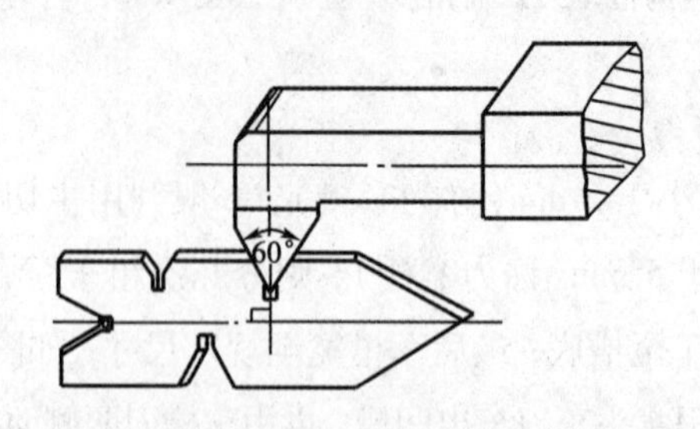

图 4.18　用螺纹样板检查刀尖角

3）车内螺纹前的内孔尺寸计算

车内螺纹时，由于车削时的挤压作用，使内孔直径变小，所以车内螺纹前的孔径应比螺纹小径略大，一般可按下式计算：

车塑性材料：$d=D-P$；

车脆性材料：$d=D-1.05P$。

式中，d——螺纹底孔直径，单位为 mm；

D——螺纹大径，单位为 mm；

P——螺纹螺距，单位为 mm。

4.2.2.3　尺寸检测

1）内沟槽的检测

内沟槽检测主要是对槽径、槽宽、槽深进行测量。

内沟槽槽径可用图 4.19（a）所示的内槽游标卡尺测量，也可用图 4.19（b）所示的弹簧内卡钳并配合游标卡尺测量；槽宽可用图 4.19（c）所示的数显槽宽游标卡尺测量，批量生产时可用图 4.19（d）所示的槽宽样板测量；槽深可用深度游标卡尺测量。

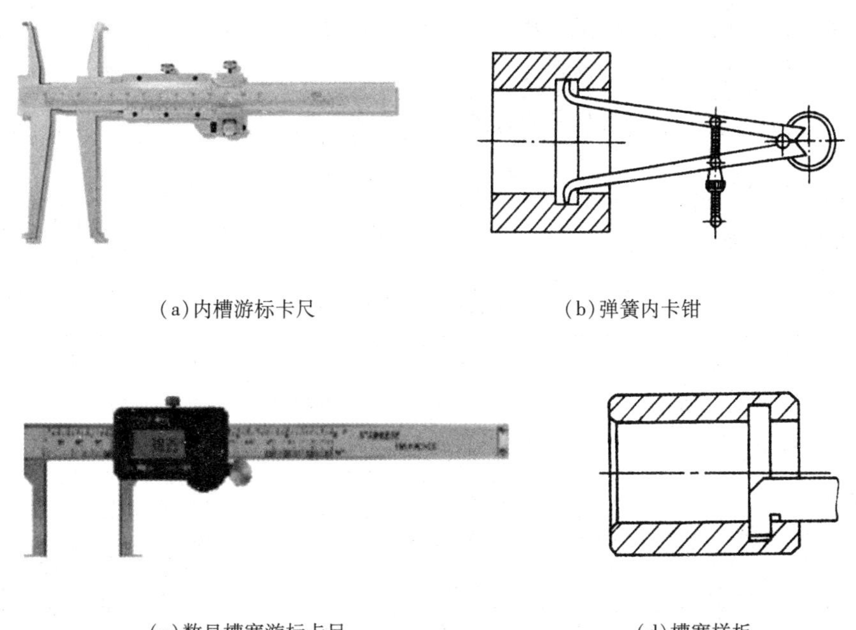

（a）内槽游标卡尺　（b）弹簧内卡钳

（c）数显槽宽游标卡尺　（d）槽宽样板

图 4.19　内沟槽测量工具

2）内螺纹的检测

内螺纹的检测通常采用螺纹塞规检验。对于精度要求不高的内螺纹，也可用标准螺杆来检验；对于精度要求较高的内螺纹，还可用专用的内螺纹测量仪进行检验。

4.2.3 任务实施

1) 制定工艺方案

(1) 零件加工工艺分析。

该零件由端面、外圆柱面、内螺纹、退刀槽、内圆锥面、圆柱面、圆弧面等加工部位组成。尺寸 $\phi 20_0^{+0.033}$，公差等级为 IT8。其他尺寸精度要求不高，表面粗糙度要求 6.3 μm。材料铝，易于加工。

(2) 确定装夹方案。

选用三爪自定心卡盘装夹。考虑工件刚度，应先夹左端加工右端，再夹右端加工左端。

(3) 选择刀具。

T1：93°外圆车刀；T2：主偏角 95°内孔车刀；T3：刀宽 3 mm 内槽车刀；T4：60°内螺纹车刀；ϕ3 mm 中心钻；ϕ18 mm 麻花钻。

(4) 确定加工顺序。

平端面(手动)→粗车外轮廓→精车外轮廓→车中心孔(手动)→钻孔(手动)→粗车内轮廓→精车内轮廓→车螺纹退刀槽→车内螺纹。

(5) 填写工艺卡片。

套筒加工数控加工工艺卡片见表 4.6。

表 4.6 数控加工工艺卡片

安装	工步号	工步内容	刀具号	刀具规格	主轴转速 /($r \cdot min^{-1}$)	进给速度 /($mm \cdot r^{-1}$)	背吃刀量 /mm	备注
夹左端	1	平端面	T1	93°外圆车刀	500	0.1		手动
	2	粗车外轮廓	T1	93°外圆车刀	800	0.2	2.0	
	3	精车外轮廓	T1	93°外圆车刀	1200	0.1	0.2	
	4	钻中心孔		ϕ3mm 中心钻	1200			手动
	5	钻孔		ϕ18mm 钻头	600			手动
	6	粗车内轮廓	T1	93°外圆车刀	600	0.2	2.0	
	7	精车内轮廓	T1	93°外圆车刀	800	0.1	0.25	
	8	切退刀槽	T3	4mm 内槽车刀	600	0.1		
	9	车内螺纹	T4	60°螺纹车刀	600	1.0		
编制		审核		批准		年 月 日	共 1 页	第 1 页

2) 数值计算

① $\phi 20_0^{+0.033}$ 按中值编程，即 20+0.033/2=20.017 mm。

② 图中 A 点坐标(20.017，-42.899)。

③ 内螺纹 M30×1.0 相关尺寸计算如下：

螺纹大径：$D_{大径}=D_{公称}=30\ \text{mm}$；

螺纹小径：$D_{孔}=D_{公称}-P=30-1=29\ \text{mm}$；

导入量：$\delta_1=3\ \text{mm}$；导出量：$\delta_2=1.5\ \text{mm}$；

进刀直径值分别为：X29.5，X29.8，X30.0。

3）加工程序

轴套内腔加工程序见表4.7，外轮廓加工程序略。

表4.7　轴套加工程序

程序	说明
O0013	程序名
G54 G97 G99 G40；	建立工件坐标系，取消恒线速，转进给，取消刀补
T0202；	调2号刀、2号刀补
M03 S600；	主轴正转，转速600 r/min
G00 X18.0 Z2.0；	快速定位至循环起点
G71 U2.0 R0.5；	粗车参数设置
G71 P10 Q20 U-0.5 W0.2 F0.2；	
N10 G41 G00 X35.0 S800；	精车路线描述
G01 X29.0 Z-1.0 F0.1；	
Z-20.0；	
X24.0 Z-27.5；	
Z-35.0；	
G03 X20.017 Z-42.899 R7.0；	
G01 Z-53.0；	
N20 G40 X18.0；	
G70 P10 Q20；	精车
G00 X100.0 Z100.0；	快速退刀
T0303；	调3号刀、3号刀补
M03 S600；	主轴正转，转速600 r/min
G00 X24.0	快速定位至槽加工起点
Z-20.0；	车内槽
G01 X34.0 F0.1；	
G04 X2.0；	
G01 X24.0；	
G00 Z100.0；	快速退刀
X80.0	
T0404；	调4号刀、4号刀补

续表4.7

程序	说明
M03 S600；	主轴正转，转速 600 r/min
G00 X26.0 Z3.0；	快速定位至内螺纹加工起点
G92 X29.5 Z-18.5 F1.0；	
X29.8；	车内螺纹
X30.0；	
G00 X100.0 Z100.0；	快速退刀
M05；	主轴停转
M30；	程序结束，并返回程序头

4.2.4 训练与考核

4.2.4.1 训练任务

复杂套类零件编程与加工训练任务见表 4.8。

表 4.8 复杂套类零件编程与加工训练任务

任务描述	使用数控车床加工如图 4.20 所示短套。已知，毛坯尺寸 ϕ45 mm，材料为铝。 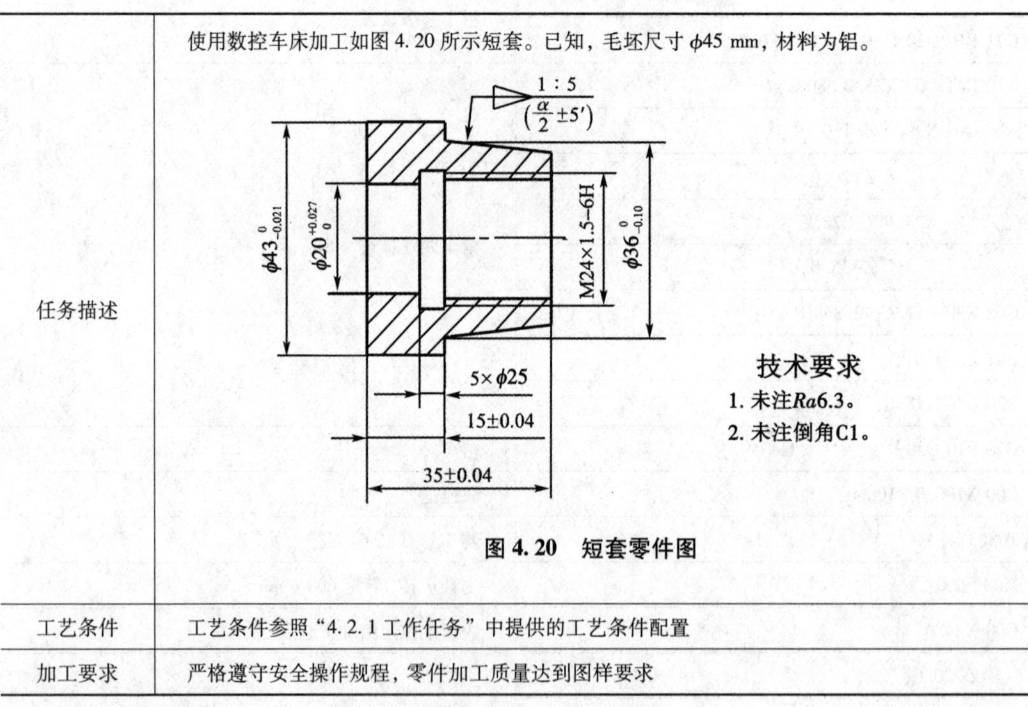 **图 4.20 短套零件图**
工艺条件	工艺条件参照“4.2.1 工作任务”中提供的工艺条件配置
加工要求	严格遵守安全操作规程，零件加工质量达到图样要求

4.2.4.2 考核评价

加工结束后检测工件加工质量，填写加工质量考核评分表，见表 F.16；工作结束后对工作过程进行总结评议，填写过程评价表，见表 F.8。

复习题

编制如图 4.21 所示零件数控加工程序，并用数控仿真系统进行校验。毛坯尺寸

ϕ50 mm×60 mm，材料为 45 钢。

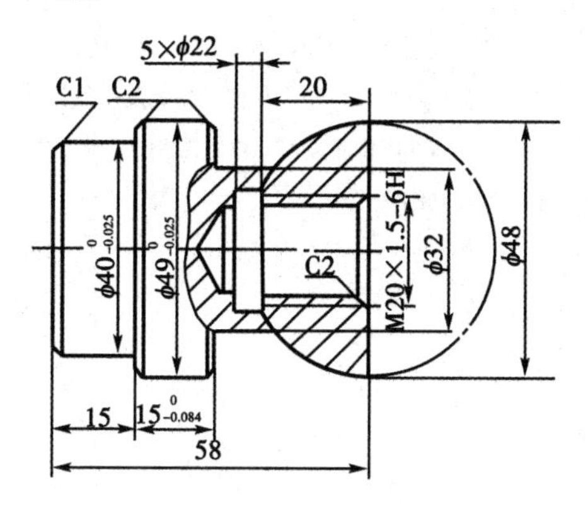

图 4.21　零件图

任务 4.3　盘类零件的编程与加工

4.3.1　工作任务

盘类零件编程与加工工作任务见表 4.9。

表 4.9　盘类零件编程与加工工作任务

任务描述	使用数控车床加工如图 4.22 所示带轮，毛坯为半成品(孔及槽已粗加工，后经调质处理)，材料 45 钢，单件生产。 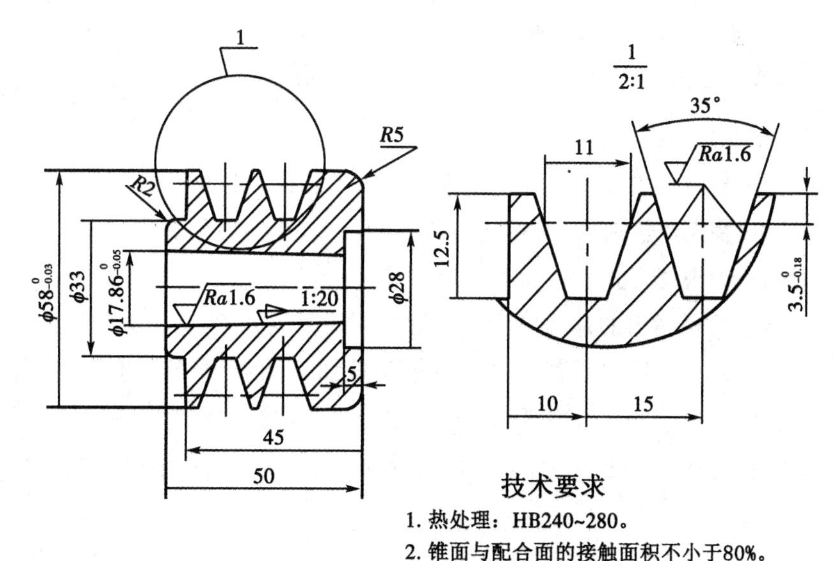 **图 4.22　带轮零件图**

表4.9(续)

<table>
<tr><td>知识点与
技能点</td><td colspan="3">知识点：◇端面切削单一固定循环(G94)指令功能、格式及用法
◇端面粗车复合循环(G72)指令功能、格式及用法
◇端面切槽循环(G74)指令功能、格式及用法
◇子程序概念及其结构
◇M98，M99 指令格式及用法
技能点：◇端面零件编程
◇用子程序编程</td></tr>
<tr><td rowspan="10">工艺条件</td><td colspan="3">(1)车床：配置 FANUC 0i 系统的卧式数控车床。
(2)毛坯：半成品。
(3)刀具、量具及其他：</td></tr>
<tr><td>名称</td><td>规格</td><td>数量</td></tr>
<tr><td>外圆车刀</td><td>93°外圆车刀</td><td>1</td></tr>
<tr><td>切槽刀</td><td>5</td><td>1</td></tr>
<tr><td>内孔车刀</td><td>φ12 盲孔、通孔车刀</td><td>各 1</td></tr>
<tr><td>游标卡尺</td><td>0~150，0.02</td><td>1</td></tr>
<tr><td>外径千分尺</td><td>25~50，0.01</td><td>1</td></tr>
<tr><td>内径千分尺</td><td>0~25，0.01</td><td>1</td></tr>
<tr><td>万能角度尺</td><td>0~320°，2′</td><td>1</td></tr>
<tr><td>百分表及磁性表架</td><td>10~20，0.01</td><td>各 1</td></tr>
</table>

4.3.2 相关知识

4.3.2.1 盘零件加工工艺

1)盘零件加工的特点

与一般轴类零件相比，盘零件端面加工量较大，端面的精度高，且由于轴向尺寸较小，使得其装夹比较困难。

2)端面切槽工艺

端面上切槽切出的是圆形直槽，如图 4.23 所示。为避免刀具副后刀面与工件端面槽壁干涉，刀具副后刀面圆弧半径应小于被加工圆弧半径。切槽时要保持低的进给速度，以避免切屑堵塞。当端面槽较宽需要分多步进行切削时，一般从最大直径开始向内切削，以获得较好的切屑控制。安装端面直槽刀时，其主切削刃垂直于工件轴线。

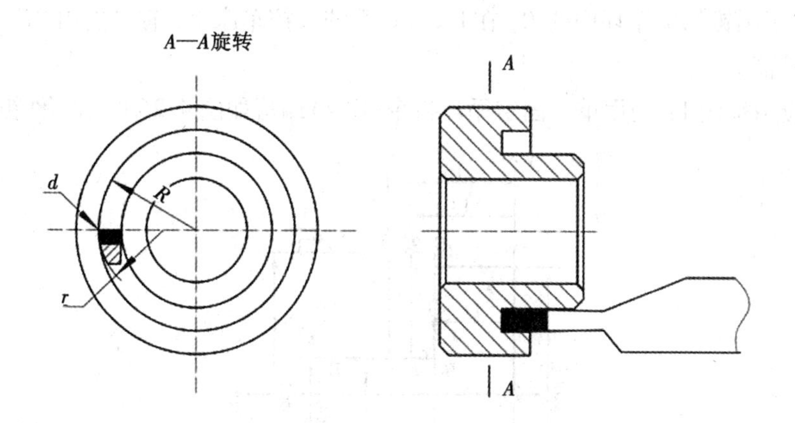

图 4.23　端面上切槽示意图

4.3.2.2　编程指令

1）端面切削单一固定循环（G94）

G94 与轴向单一固定循环指令 G90 类似，可实现端面切削的单一固定循环。

指令格式：

“G94 X(U)＿ Z(W)＿ F＿；”（平端面切削单一固定循环）；

“G94 X(U)＿ Z(W)＿ R＿ F＿；”（锥端面切削单一固定循环）

其中，X(U)，Z(W)后的数值为目标点坐标值；F 后的数值为进给速度；R 后的数值为锥端面切削起始点的 Z 坐标减去切削终点的 Z 坐标，其值有正负之分。

指令说明如下：

（1）平端面切削单一固定循环的切削过程如图 4.24 所示，锥端面切削单一固定循环的切削过程如图 4.25 所示。图中，R 表示快速移动，F 表示进给运动，切削顺序按 1→2→3→4 进行。

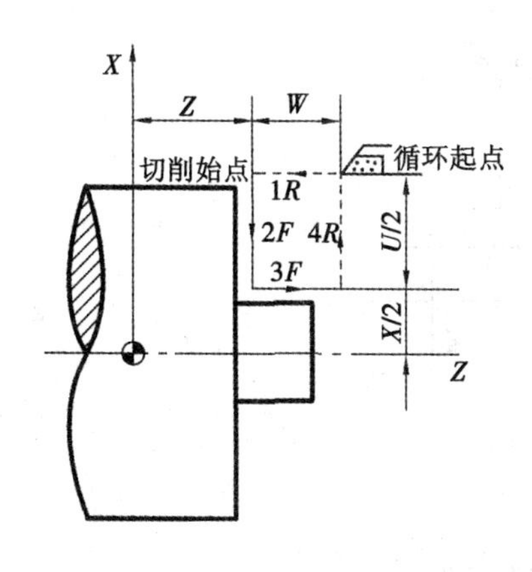

图 4.24　平端面切削单一固定循环切削过程　　图 4.25　锥端面切削单一固定循环切削过程

（2）R 值的正、负可按下列方法判断：当顺序动作 2 的进给方向在 Z 轴的投影方向和 Z 轴方向一致，R 取负值；反之，取正值。在图 4.23 中，R 取负值。

(3)对于圆锥切削循环中的 R，在 FANUC 系统数控车床上，有时也用“I”或“K”来执行 R 的功能。

指令应用举例 1：利用单一固定循环指令(G94)编写如图 4.26 所示零件粗车程序。

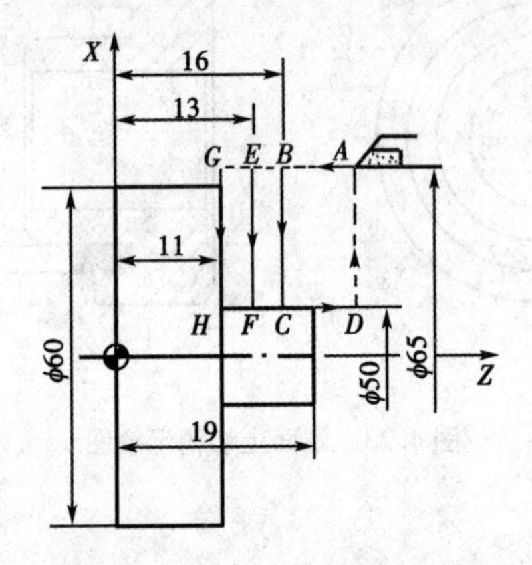

图 4.26　G94 指令应用示例

程序如下：

……

G94 X50.0 Z16.0 F80;　　$A \to B \to C \to D \to A$

　　　　　Z13.0;　　$A \to E \to F \to D \to A$

　　　　　Z11.0;　　$A \to G \to H \to D \to A$

……

指令应用举例 2：利用单一固定循环指令(G94)编写图 4.27 所示零件粗车程序。

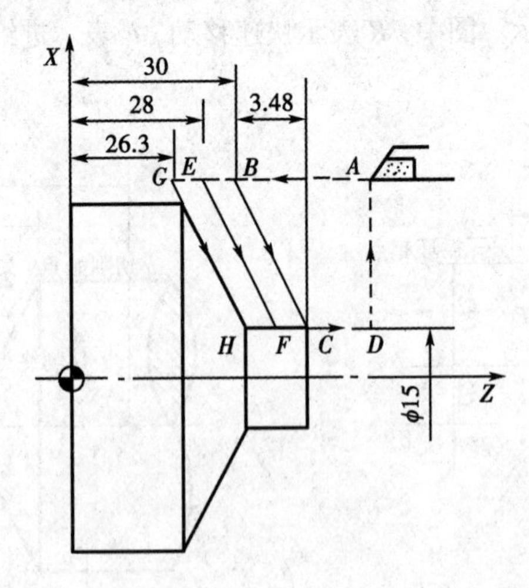

图 4.27　G94 指令应用示例

程序如下：

……

G94 X15.0 Z33.48 R-3.48 F80;　　$A \to B \to C \to D \to A$

　　　　　Z31.48 R-3.48;　　$A \to E \to F \to D \to A$

　　　　　Z29.78 R-3.48;　　$A \to G \to H \to D \to A$

……

2)端面粗车多重复合循环(G72)

端面粗车多重复合循环指令(G72)一般用于端面尺寸较大、轮廓较复杂的盘类零件编程。加工时刀具沿 Z 轴方向进刀，平行于 X 轴方向切削。

指令格式：

“G72 W(Δd) R(e);

G72 P(ns) Q(nf) U(Δu) W(Δw) F(Δf) S(Δs) T(t);

N(ns)……F(f) S(s);

……

N(nf)……;”

指令中各项含义与G71相同。

指令说明如下：

端面粗车多重复合循环切削过程如图4.28所示。图中 C 点为粗加工循环起点，R 表示快速移动，F 表示进给运动，A 点为精加工轮廓的起点，B 点为精加工轮廓的终点，AA' 和 BB' 分别为 Z 轴方向、X 轴方向精加工余量，$CA'B'$ 构成粗加工区域。编程时，只要给出 $A \to B$ 的精加工轮廓，并在G72指令中给出精车余量 Δu，Δw，背吃刀量 Δd 及退刀量 e，则CNC装置就会自动计算出粗车加工路径，并控制车刀完成粗车，且最后一刀会沿着粗车轮廓 $A' \to B'$ 车削，再退回至循环起点完成粗车循环。

注意：G72指令粗车循环后，需用G70指令完成精加工。

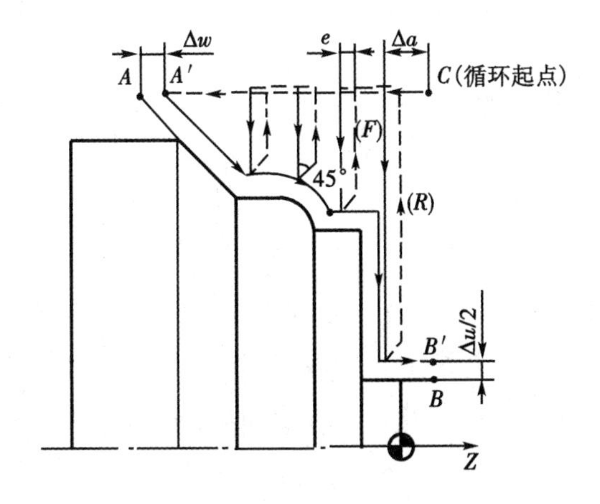

图4.28　端面粗车多重复合循环切削过程

指令应用举例 1：应用端面粗车多重复合循环指令(G72)、精加工指令(G70)编写如图 4.29 所示工件加工程序。

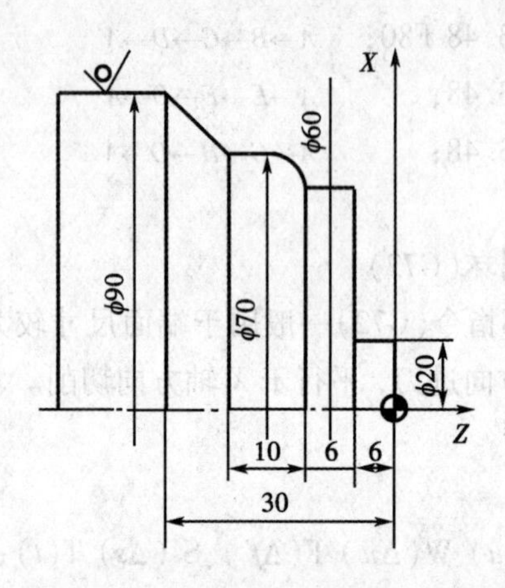

图 4.29 用 G72 和 G70 编程示例 1

程序如下：

……

T0101；

M03 S500；

G00 X95.0 Z2.0；　快速定位至粗车循环起始点

G72 W2.0 R1.0；　粗车循环

G72 P10 Q20 U1.0 W0.3 F0.2；

N10 G00 Z-30.0；　轮廓轨迹描述

G01 X90.0 F0.1 S800；

X70.0 Z-22.0；

Z-17.0；

G02 X60.0 Z-12.0 R5.0；

G01 W6.0；

X20.0；

N20 G01 Z2.0；

G00 X200.0 Z50.0；　退刀

T0202；　换精车刀

G00 G41 X95.0 Z2.0；　定位到粗加工循环起点

G70 P10 Q20；　实施轮廓精加工

G00 G40 X200.0 Z50.0；　退刀

……

指令应用举例2：应用端面粗车多重复合循环指令（G72）、精加工指令（G70）编写如图4.30所示工件加工程序。已知 ϕ20 mm内孔已完成。

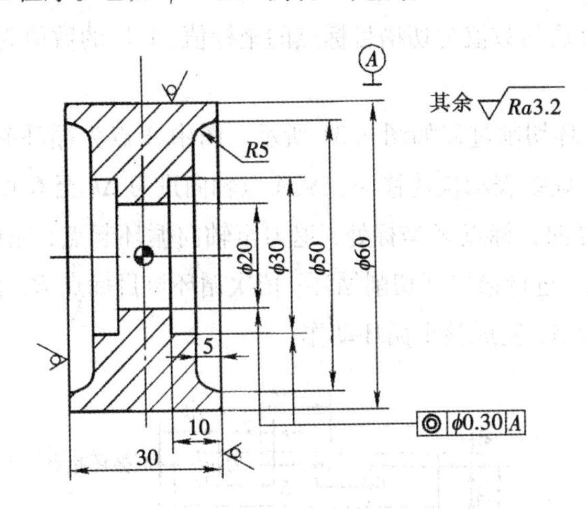

图4.30 用G72和G70编程示例2

程序如下：

……

```
G00 X19.0 Z2.0;                       快速定位至粗车循环起始点
G72 W1.5 R1.0;                        粗车循环
G72 P100 Q200 U-0.2 W0.1 F0.2;
N100 G42 G00 Z-10.0 S1000;            轮廓轨迹描述
G01 X30.0 F0.07;
Z-5.0;
X40.0;
G02 X50.0 Z0.0 R5.0;
N200 G40 G01 Z2.0;
G70 P100 Q200;                        实施轮廓精加工
```

……

3）端面切槽循环（G74）

端面切槽循环（G74）可用于端面槽循环加工，也可以用于啄式钻孔。

指令格式：

“G74 R(e)；

G74 X(U)__ Z(W)__ P(Δi) Q(Δk) R(Δd) F(f)；”

其中，e——每次进给后的退刀量，无符号；

Δi——刀具完成一次轴向切削后在 X 轴方向的偏移量，半径值，无符号；当啄式钻孔时，该值为0；

Δk——Z 轴方向每次切深量，无符号；

Δd——刀具在切削底部的退刀量，无要求时可省略。

其中，X(U)，Z(W)后的数值为切槽目标点的坐标值；F 后的数值为进给量。

指令说明如下：

(1)端面切槽循环切削过程如图 4.31 所示。图中 A 点为循环起点，B 点为目标点，实线表示进给运动，虚线表示快速移动。从 A 点轴向进刀 Δk 至 C 点，退刀 e 至 D 点，继续循环递进切削至径向目标点 Z 坐标处，退刀至轴向循环起点，完成一次切削循环；沿轴向偏移 Δi 至 F 点，进行第二层切削循环；依次循环至目标点 B，轴向退刀至 G 点，再径向退刀至循环起点 A，完成整个循环动作。

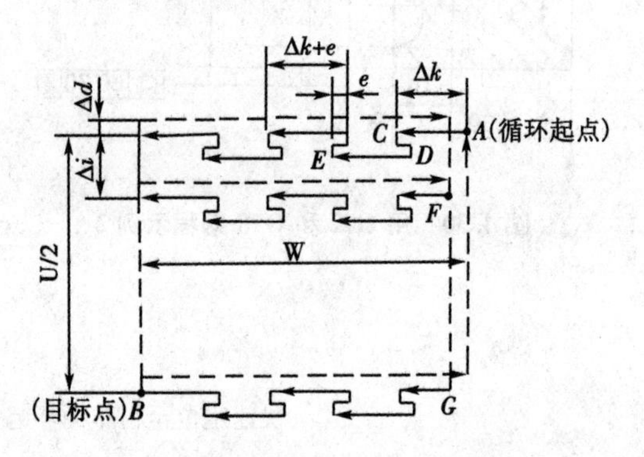

图 4.31　G74 端面切槽循环过程

(2)指令格式中的 Δi，Δk 值，不能输入小数点，要输入最小编程单位，如“P3000”表示刀具完成一次轴向切削后，沿径向偏移 3 mm。

(3)由于 Δi，Δk 为无符号值，故刀具切深完成后的偏移方向由系统根据循环起点及切槽目标点(终点)的坐标值自动判断。

(4)切槽过程中，刀具、工件受到较大的单方向切削力作用，在切削过程中易产生振动，故切槽时的进给速度取值应略小，一般取 50~100 mm/min。

(5)啄式钻孔时的指令格式可简化为

“G74 R(e)；

G74 Z(W)__ Q(Δk) F(f)；”。

(6)如果指令中 e 值为 0，则整个钻孔过程将一次进刀完成，这种加工方式可以应用于扩孔和铰孔。

指令应用举例：用端面切槽循环指令(G74)编写如图 4.32 所示端面槽加工程序。

加工参数选择：刃口宽 4 mm，设定 Z 向每次切深 3 mm，退刀量为 1 mm，径向切削后 X 向偏移量 3.5 mm，进给量 0.1 mm/r。设工件坐标原定为工件右端面与回转轴交点，刀具定位点坐标(16.0，2.0)。则程序段如下：

……

```
G00 X16.0 Z2.0;
G74 R1.0;
G74 X62.0 Z-10.0 P3500 Q3000 F0.1;
……
```

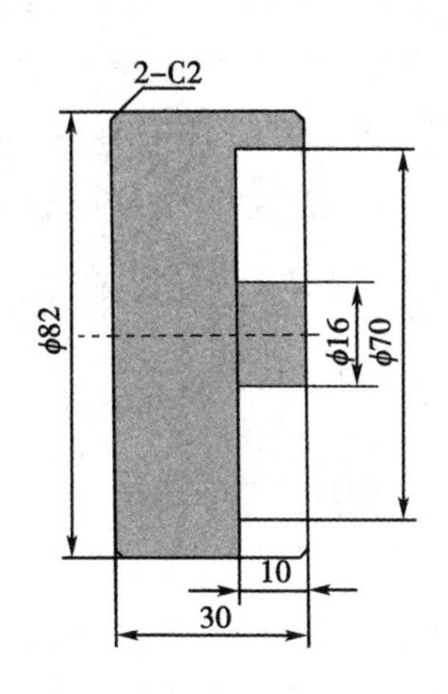

图 4.32　G74 指令应用示例

4.3.2.3　子程序

零件结构有时会有形状相同的部分，如图 4.33 中的槽。在编写加工程序时，对于形状相同部分的程序段将在同一个程序中多次重复出现的情况，重复出现的这部分程序段可制成典型的固定程序，使用时用一个主程序去调用该固定程序，这样不仅可简化编程，而且可节省 CNC 系统的内存空间。这部分固定程序，称之为子程序；而与之相关的程序主体，称之为主程序。

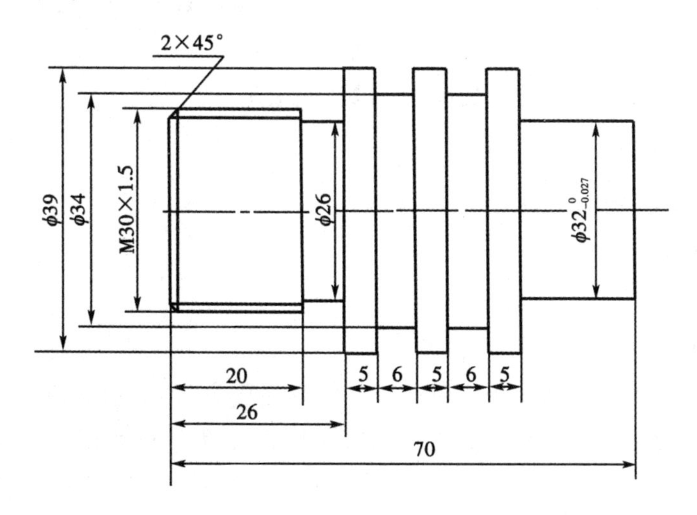

图 4.33　子程序应用示例

1)子程序结构

主程序是一个完整的零件加工程序，或是零件加工程序的主体部分；子程序不是独立的加工程序，在加工中一般不可以独立使用。子程序通过主程序调用，实现加工中的局部动作，子程序执行结束后，能自动返回到调用它的主程序中。

主程序调用子程序有以下几种方式，如图 4. 34 所示。图 4. 34(a)是主程序通过子程序调用指令分别调用同一子程序“O1000”，图 4. 34(b)是主程序通过子程序调用指令连续多次调用同一子程序。子程序运行结束后，用 M99 返回主程序。

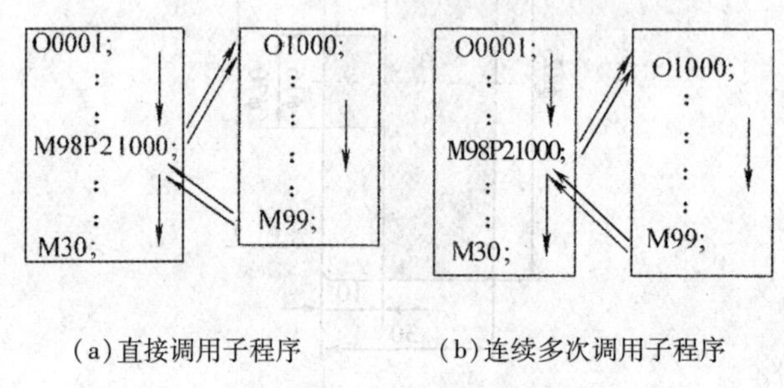

(a)直接调用子程序　(b)连续多次调用子程序

图 4. 34　子程序的调用

主程序可以调用子程序，子程序也可以调用下一级子程序，这个过程称为子程序的嵌套，如图 4. 35 所示。FANUC 0*i* 系统中，子程序允许有 4 级嵌套。

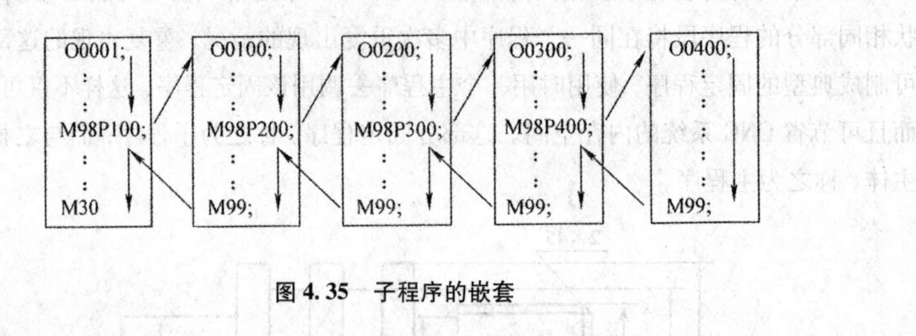

图 4. 35　子程序的嵌套

2)子程序调用指令

(1)调用子程序(M98)。

指令格式有两种：

“M98 P　L　;”　第一种格式

“M98 P××××××××;”　第二种格式

第一种格式中，P 后的数字为准备调用的子程序程序名，L 后的数字为子程序调用次数，若只调用一次，L 可省略。如“M98 P0001 L2”，表示连续调用子程序“O0001”两次。

第二种格式中，P 后的八位数字，前四位为要调用的子程序的次数，后四位为要调用的子程序程序名。前四位无意义的“0”可省略，后四位中的“0”不可省略。如 M98P21000，表示连续调用子程序“O1000”两次。

(2)子程序结束并返回主程序(M99)。

指令格式:“M99;”

该指令位于子程序的最后,若执行该指令,子程序结束并返回主程序 M98 所在程序段的下一程序段,并继续执行主程序。

3)子程序调用的特殊用法

(1)子程序返回到主程序的某一段。如果在子程序返回主程序指令 M99 后加 Pn 指令,则子程序在返回主程序时将返回到主程序中有程序段段号为“Nn”的那个程序段,而不直接返回主程序。如“M99P200”,则返回到主程序中“N200”程序段。

(2)自动返回到程序开始段。如果在主程序中执行 M99,则程序返回到主程序的开始程序段,并继续执行主程序;也可在主程序中写入“M99Pn”,则程序返回到指定的程序段。通常在 M99 前加“/”,以便在不需要反复执行时,跳过该程序段,执行后续程序,或按“RESET”键中断执行。该用法常用于数控车床开机后的热机程序。

(3)强制改变。如果在子程序中写入“M99L××”,则将强制改变主程序中写入的“M98P××L××”的循环次数,即“M99L××”中指定的循环次数有效。

指令应用举例:应用 M98, M99 指令,编写如图 4.36 所示零件切槽程序。

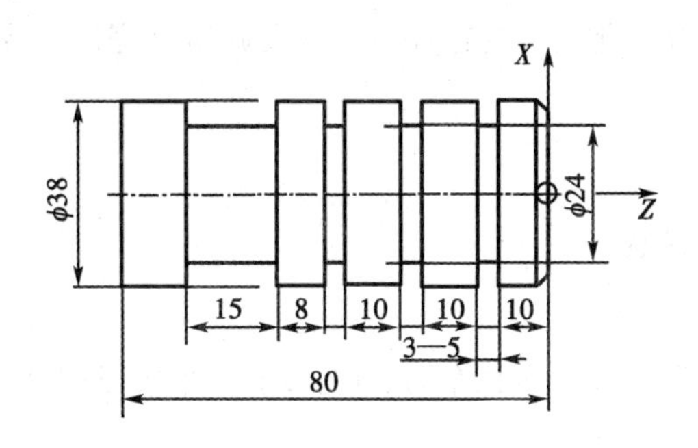

图 4.36　M98, M99 编程实例

主程序:

……

T0202;(5mm 切槽刀加工 3 个等距槽及 1 个宽槽)

M03 S500;

G00 X48.0 Z0.;

M98 P30002;

G00 Z-58.2;

G75 R0.2;

G75 X24.4 Z-67.8. P1500 Q4000 F0.1;

G00 Z-58.0;

G01 X24.0;

```
W-10.0;
X50.0;
……
子程序:
O0002
G00 W-15.0;
G01 U-24.0 F0.05;
G04 X2.0;
G01 U24.0;
M99;
```

4.3.3 任务实施

1)制定工艺方案

(1)零件加工工艺分析。

分析零件图样，该带轮最高尺寸精度等级为IT7，*Ra* 要求为1.6，因此可用车削加工方法完成。毛坯为半成品，孔及槽的粗加工，以及调质已完成。先在数控车床上完成零件半精车、精车。

(2)装夹方案。

选用三爪自定心卡盘装夹。

(3)选择刀具。

T1：93°外圆车刀；T2：ϕ14通孔车刀；T3：5 mm车槽刀；T4：ϕ14盲孔车刀。

(4)切削用量选择。

车槽时，主轴转速取300 r/min，进给量取0.1 mm/r。

半精车外轮廓时，主轴转速取600 r/min，进给量取0.2 mm/r。

精车外轮廓时，主轴转速取800 r/min，进给量取0.1 mm/r。

半精车、精车内轮廓时，主轴转速取800 r/min，进给量取0.1 mm/r。

(5)编制工艺文件。

填写数控加工工艺卡片，见表4.10。

表 4.10　数控加工工艺卡片

安装	工步号	工步内容	刀具号	刀具规格	主轴转速 /(r·min^{-1})	进给速度 /(mm·r^{-1})	背吃刀量 /mm	备注
夹右端	1	粗车台阶面	T2	5 mm 车槽刀	300	0.1		
	2	精车外轮廓	T1	93°外圆车刀	800	0.1	0.4	
	3	半精车内轮廓	T3	ϕ14 通孔车刀	800	0.1		
	4	精车内轮廓	T3	ϕ14 通孔车刀	800	0.1	0.4	
	5	精车槽	T2	5 mm 车槽刀	300	0.1		
夹左端	6	粗车外轮廓	T1	93°外圆车刀	600	0.2		
	7	精车外轮廓	T1	93°外圆车刀	800	0.1		
	8	半精车内轮廓	T1	ϕ14 盲孔车刀	800	0.1		
	9	精车内轮廓	T1	ϕ14 盲孔车刀	800	0.1		
编制		审核		批准		年　月　日	共 1 页	第 1 页

2)编写加工程序

带轮左端加工程序见表 4.11。

表 4.11　带轮左端加工程序

	O0010	程序名
N010	G97 G99 G40;	程序初始化
N020	T0202;	选 2 号刀，调 2 号刀补
N030	M03 S300;	主轴正转，转速 300 r/min
N040	G00 X65.0 Z-4.8;	快速定位
N050	G01 X33.4 F0.1;	粗车台阶面
N060	G00 Z100.0;	快速退刀
N070	X100.0;	
N080	T0101;	选 1 号刀，调 1 号刀补
N090	M03 S800;	主轴正转，转速 800 r/min
N100	G00 X10.0 Z3.0;	精车外轮廓
N110	G01 Z0 F0.1;	
N120	G01 X29.0;	
N130	G03 X33.0 Z-2.0 R2.0;	
N140	G01 Z-5.0;	
N150	X57.985;	
N160	Z-40.0;	
N170	X65.0;	

表4.11(续)

N180	G00 X100.0;	快速退刀
N190	Z100.0;	
N200	M00;	程序暂停
N210	T0303;	选3号刀，调3号刀补
N220	M03 S800;	主轴正转，转速800 r/min
N230	G41 G00 X17.433 Z3.0;	半精车内轮廓
N240	G01 Z0 F0.1;	
N250	X14.935 Z-50.0;	
N260	G40 G00 X13.0;	
N270	Z3.0;	
N280	G41 G00 X17.835 Z3.0;	精车内轮廓
N290	G01 Z0 F0.1;	
N300	X15.335 Z-50.0;	
N310	G40 G00 X13.0;	
N320	G00 Z100.0;	快速退刀
N330	X100.0;	
N340	T0202;	选2号刀，调2号刀补
N350	M03 S300;	主轴变速，转速300 r/min
N360	G00 X62.0 Z2.0;	快速定位
N370	Z-2.5;	至切削起点
N380	M98 P20111	调用子程序“O0111”
N390	G00 X62.0 Z-17.5;	刀具定位
N400	G94 X33.0 Z-17.5 R-2.4 F0.1;	切第一个槽角
N410	R-4.6;	
N420	R2.4;	
N430	R4.6;	
N440	G00 X62.0 Z-32.5;	刀具定位
N450	G94 X33.0 Z-32.5 R-2.4;	切第二个槽角
N460	R-4.6;	
N470	R2.4;	
N480	R4.6;	
N490	G00 X100.0;	快退
N500	Z100.0;	

表4.11(续)

N510	M05 M09;	结束程序
N520	M30;	

刀具定位子程序见表4.12。

表4.12　刀具定位子程序

	O0111	子程序名
N010	G00 W-15.0;	Z 向进给
N020	M98 P50222	调用切槽子程序 O0222
N030	U25.0	X 向退刀
N040	M99;	子程序结束

切槽子程序见表4.13。

表4.13　切槽程序

	O0222	子程序名
N010	G01 U-9.0 F0.1;	X 向进给
N020	U4.0	X 向退刀
N030	M99;	子程序结束

4.3.4　训练与考核

4.3.4.1　训练任务

盘类零件编程与加工训练任务见表4.14。

表4.14　盘类零件编程与加工训练任务

任务描述	使用数控车床加工如图4.37所示法兰盘，要求毛坯尺寸 ϕ90 mm×40 mm，材料为45钢。 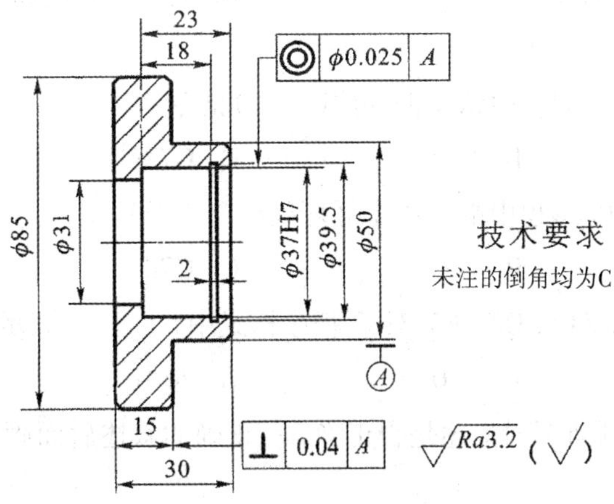 技术要求 未注的倒角均为C1.5。 图4.37　法兰盘零件图

表4.14(续)

工艺条件	工艺条件参照“4.3.1 工作任务”中提供的工艺条件配置
加工要求	严格遵守安全操作规程，零件加工质量达到图样要求

4.3.4.2 考核评价

加工结束后检测工件加工质量，填写加工质量考核评分表，见表F.17；工作结束后对工作过程进行总结评议，并填写过程评价表，见表F.8。

复习题

1)**填空题**(将正确答案填写在画线处)

(1)一个子程序可被________多次调用。

(2)在FANUC 0i系统中，“M98P20002”表示调用子程序________、________次。

(3)M99的功能是________。如果子程序的返回程序段为“M99P200”，则表示________。

(4)用于端面粗车多重复合循环的指令“G72 W(Δd) R(e)；G72 P(ns) Q(nf) U(Δu) W(Δw) F(Δf) S(Δs) T(t)；”中，W(Δd)表示________，R(e)表示________。

(5)用端面切槽循环指令啄式钻孔时，在程序段“G74 R(e)；G74 X(U)__Z(W)__P(Δi) Q(Δk) R(Δd) F(f)；”中，________参数值应为零。

2)**选择题**(在若干个备选答案中选择一个正确答案，填写在括号内)

(1)车不锈钢选择切削用量时，应选择(　　)。

A. 较大的v_c，f　　B. 较小的v_c，f

C. 较大的v_c，较小的f　　D. 较小的v_c，较大的f

(2)在数控机床上使用的夹具最重要的是(　　)。

A. 夹具的刚性好　　B. 夹具的精度高

C. 夹具上有对刀基准

(3)FANUC 0i编程中精车循环用(　　)指令。

A. G70　　B. G71　　C. G72　　D. G73

(4)FANUC 0i编程中端面粗车循环用(　　)指令。

A. G70　　B. G71　　C. G72　　D. G73

(5)在“G74 Z120 Q20 F0.3；”程序格式中，(　　)表示钻孔深度。

A. 0.3　　B. 120　　C. 20　　D. 74

3)**判断题**(判断下列叙述是否正确，在正确的叙述后面画“√”，在错误的叙述后面画“×”)

(1)在数控车削加工时，如果若干加工要素完全相同，可以使用子程序。(　　)

(2)子程序的编写方式必须是增量方式。(　　)

(3)加工偏心工件时，应保证偏心的中心与机床主轴的回转中心重合。(　　)

(4)在轮廓加工拐角处应注意进给速度太高时会出现“超程”，进给速度太低时会出现“欠程”。(　　)

(5)RS232 主要用于程序的自动输入。(　　)

项目 5　组合件的编程与加工

【项目导学】

轴、套、盘以一定形式相配合，构成组合件的基本形式，广泛应用于生产生活中。本项目安排了“一般组合件的编程与加工”和“含椭圆的组合件的编程与加工”2 个任务，通过对这 2 个任务的实施，使学生掌握 SIEMENS 系统编程及操作，学会宏程序的变量功能与循环跳转功能的运用，学习组合件加工技巧，最终能使用 FANUC，SIEMENS 系统数控车床独立完成较高难度组合零件的编程与加工。

任务 5.1　一般组合件的编程与加工

5.1.1　工作任务

一般组合件编程与加工工作任务见表 5.1。

表 5.1　一般组合件编程与加工工作任务

任务描述	使用数控车床加工如图 5.1 所示组合件。已知，毛坯尺寸 ϕ50 mm×60 mm，ϕ50 mm×95 mm，材料为 45 钢，单件生产。 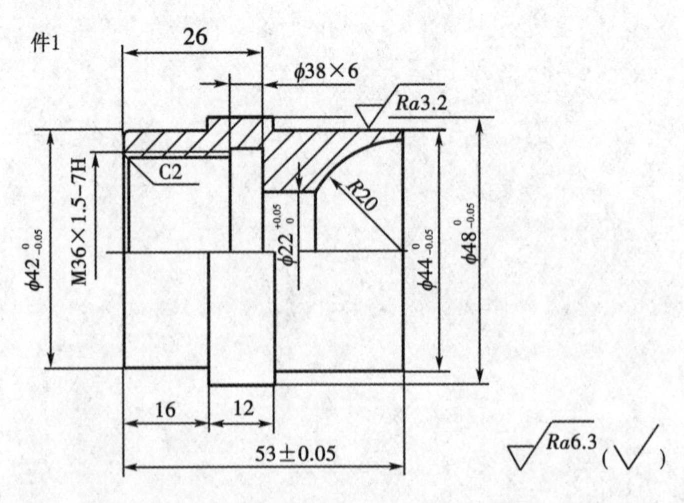

表5.1(续)

<table>
<tr><td></td><td>

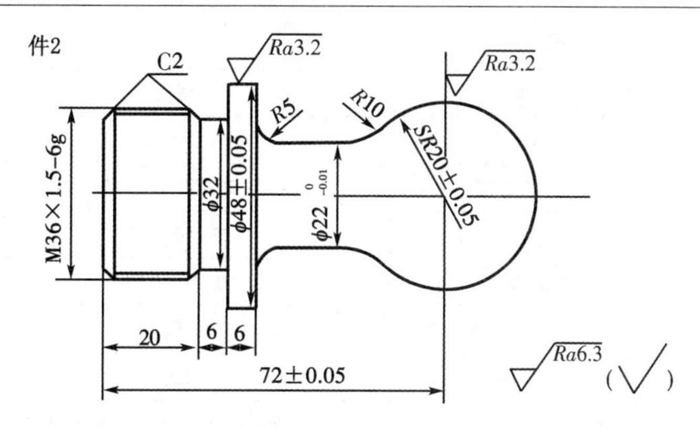

技术要求
1. 球面配合涂色检查，接触面积大于60%。
2. 不允许用锉刀或砂布修光。

图5.1　简单组合件零件图

</td></tr>
<tr><td>知识点
技能点</td><td>
知识点：◇SIEMENS 802S 系统程序结构
◇SIEMENS 802S 系统基本编程指令格式及用法
◇SIEMENS 802S 系统循环指令功能、格式及用法
◇SIEMENS 802S 系统面板操作、对刀操作、程序输入及程序运行
技能点：◇会用 SIEMENS 802S 系统编写加工程序
◇会操作 SIEMENS 802S 系统数控车床加工组合件
◇配合件加工工艺安排
</td></tr>
<tr><td>工艺条件</td><td>
(1)车床：FANUC 0i 系列或 SIEMENS 802S 系列卧式数控车床。
(2)毛坯：φ50 mm×60 mm，φ50 mm×95 mm，材料为 45 钢。
(3)刀具：
<table>
<tr><th>名称</th><th>规格</th><th>数量</th></tr>
<tr><td>外圆车刀</td><td>93°</td><td>1</td></tr>
<tr><td>不重磨外圆车刀</td><td>R 型、V 型、T 型、S 型刀片</td><td>各 1</td></tr>
<tr><td>内、外切槽刀</td><td>4 mm</td><td>各 1</td></tr>
<tr><td>内孔车刀</td><td>93°(φ14~φ20)</td><td>各 1</td></tr>
<tr><td>内、外螺纹车刀</td><td>60°</td><td>各 1</td></tr>
<tr><td>麻花钻</td><td>φ10，φ20</td><td>各 1</td></tr>
<tr><td rowspan="2">辅具</td><td>莫氏变径套</td><td>1 套</td></tr>
<tr><td>钻夹头、鸡心夹头、活顶尖、活扳手</td><td>各 1</td></tr>
</table>
</td></tr>
</table>

表5.1(续)

(4)量具:

名称	规格	数量
游标卡尺	0~150, 0.02	1
千分尺	0~25; 25~50; 50~75, 0.01	各1
螺纹千分尺	25~50, 0.01	1
百分表及磁性表座	0~10, 0.01	各1
内径量表	18~35, 0.01	1
螺距规	米制	1
半径样板	*R*1~*R*6.5, *R*7~*R*14.5, *R*15~*R*25	各1副
塞尺	0.02~1	1副

(5)其他

名称	规格	备 注
薄铜皮		若干
系列刀垫	各种尺寸规格	若干

5.1.2 相关知识

5.1.2.1 SIEMENS 802S 系统数控车床功能及程序结构

1) SIEMENS 802S 系统数控车床功能

该数控机床有五大功能，包括准备功能、辅助功能、进给功能、主轴功能、刀具功能等。

(1)准备功能。

SIEMENS 802S 系统 G 指令及其功能见表 5.2。

表 5.2 SIEMENS 系统 G 指令及其功能

代码	组号	功能	代码	组号	功能
G00	01	快速定位	* G500	08	取消可设定零点设置
* G01		直线插补	* G54		第一工件坐标系设置
G02		顺时针圆弧插补	G55		第二工件坐标系设置
G03		逆时针圆弧插补	G56		第三工件坐标系设置
G05		中间点圆弧插补	G57		第四工件坐标系设置
G33		恒螺距螺纹切削	* G60	10	准确定位
G04	02	暂停延时	G64		连续路径方式
G17	06	XY 平面选择，加工中心孔时要求	G70	13	英制尺寸编程
* G18		ZX 平面选择	* G71		米制尺寸编程

表5.2(续)

代码	组号	功能	代码	组号	功能
G22	29	半径尺寸编程	G74	02	回参考点
* G23		直径尺寸编程	G75		回固定点
G25	03	主轴转速下限	* G90	14	绝对尺寸编程
G26		主轴转速上限	G91		增量尺寸编程
* G40	07	取消刀尖圆弧半径补偿	G94	15	每分钟进给方式
G41		刀尖圆弧半径左补偿	* G95		每转进给方式
G42		刀尖圆弧半径右补偿	G96	05	主轴恒线速度控制
G09	10	准确定位，单程序段有效	* G97		取消主轴恒线速度控制
G158	03	可编程零点偏移	* G450	18	圆弧过渡
G53	03	程序段方式取消可设定零点偏移	G451		等距线的交点

注：① 表内 02，03 组为非模态指令，其他组为模态指令；

② 标有“ * ”的 G 代码为数控系统通电启动后的默认状态；对于 G70，G71，则是电源切断前保留的 G 代码。

(2)辅助功能。

SIEMENS 802S 系统 M 指令及其功能见表 5.3。

表 5.3　SIEMENS 系统 M 指令及其功能

代码	功能	附注	代码	功能	附注
M00	程序停止	非模态	M08	切削液开	模态
M01	程序选择性停止	非模态	M09	切削液关	模态
M02	主程序结束	非模态	M17	子程序结束并返回主程序	模态
M03	主轴顺时针旋转	模态	M40	自动变换齿轮级	模态
M04	主轴逆时针旋转	模态	M41 ~ M49	齿轮级 1 到齿轮级 5	模态
M05	主轴旋转停止	模态			

(3)进给功能。

对于车床，进给方式有每分钟进给和每转进给两种。SIEMENS 系统分别用 G94，G95 规定。

① 每分钟进给(G94)：在含有 G94 的程序段中，*F* 指定的进给速度单位为 mm/min。

② 每转进给(G95)：在含有 G95 的程序段中，*F* 指定的进给速度单位为 mm/r。

系统开机后默认状态为 G95，只有输入 G94 指令后，G95 才会被取消。

(4)主轴转速功能。

主轴转速功能主要用来指定主轴的转速，单位有 m/min，r/min 两种。SIEMENS 系统分别用 G96，G97 规定。系统开机后默认为 G97 状态。

① 恒线速度控制(G96)：系统执行 G96 指令后，S 后面的数值表示切削线速度。当采用恒线速度控制车削直径尺寸变化较大的工件轮廓时，在工件回转中心处，主轴转速会变得很高，工件有可能从卡盘中飞出来。为防止事故发生，必须限制主轴转速，SIEMENS 系统用 LIMS 限制主轴转速(FANUC 系统用 G50 指令)。例如："G96S150 LIMS=2200" 表示切削速度是 150 m/min，主轴转速限制在 2200 r/min 以内。

② 主轴转速控制(G97)：系统执行 G97 指令后，S 后面的数值表示主轴每分钟的转数。例如："G97S600" 表示主轴转速为 600 r/min。

(5)刀具功能。

SIEMENS 系统由代码 T 及其后的两位数表示所选择的刀具号，由代码 D 及其后的两位数表示所选择的刀补号。如"T3D1" 表示选用 3 号刀具和 1 号刀补。SIEMENS 系统每把刀具对应可设置 9 个刀补号。

2)SIEMENS 802S 系统程序结构

一个完整的数控加工程序是由程序名、程序内容和程序结束符三部分组成。SIEMENS 802S 系统的程序名必须由两个字母开始，其后的符号可以是字母、数字或下划线，但不能使用分隔符，且最多不能超过 8 个字符，如程序名"SK01"。

子程序的结构与主程序的结构一样，SIEMENS 802S 系统子程序结束除了用 M17 指令外，还可以用 RET 指令结束子程序。

在一个程序中，可以通过程序名直接调用子程序，子程序调用要求占用一个独立的程序段。例如"N100 KK100"，表示调用子程序"KK100"。

如果连续多次执行某一子程序，必须在所调用子程序的程序名后，用地址字 P 写下调用次数，最大次数可以为 9999。例如"N100 KK100 P2"，表示连续调用子程序"KK100" 共 2 次。SIEMENS 系统可以实现子程序的嵌套，802S 系统子程序允许有 3 级嵌套。

SIEMENS 802S 系统程序传输格式为：

"%_N_SK10_MPF;

; $ PATH=/_N_MPF_DIR;"

其中，"SK10" 为传输的程序名。

5.1.2.2　SIEMENS 802S 系统数控车床基本编程指令

1)编程方式及编程单位设定指令

(1)直径/半径编程(G23/G22)。

数控车床的工件外形通常是旋转体，其径向尺寸可以用两种方式加以指定：直径方式和半径方式。SIEMENS 系统 G23 为直径编程，G22 为半径编程，G23 为缺省状态。数控车床出厂一般设置为直径编程。

(2)绝对尺寸/增量尺寸编程(G90/G91)。

SIEMENS 系统用 G90 表示绝对坐标编程，用 G91 表示增量坐标编程。G90 和 G91 是两个互相取代的模态指令，系统缺省状态为 G90。

(3)公制尺寸/英制尺寸输入(G71/G70)。

SIEMENS 系统 G71 为米制单位编程，G70 为英寸制单位编程。G71 和 G70 是两个互相取代的模态指令，数控机床出厂时一般设置为 G71 状态，其各项参数均以米制单位设定。

2)与工件坐标系设定相关的指令

(1)可编程零点偏移(G158)。

如果工件上在不同的位置有重复出现的形状和结构，或者选用了一个新的参考点，在这种情况下就需要使用可编程零点偏移指令，由此产生一个当前工件坐标系，新输入的尺寸均是在该坐标系中的数据尺寸。用 G158 指令可以对所有坐标轴编程零点偏移，使后面的 G158 指令取代先前的可编程零点偏置。

指令格式："G158 X__ Z__;"

其中，X，Z 后面的数值为偏移后的编程零点在偏移前的工件坐标系中的坐标值。

指令说明如下：

① G158 要求独立的程序段；

② 在程序段中仅输入 G158 指令，而后不跟坐标尺寸时，表示取消当前的可编程零点偏移。

指令应用举例：

……

N10 G158 X3 Z5;　　　可编程零点偏移

N20 L10;　　　调用子程序

……

N70 G158;　　　取消可编程零点偏移

……

(2)工件装夹——可设置零点偏置(G54～G57/G500/G53)。

SIEMENS 802S 系统数控车床中允许编程人员使用 4 个特殊的工件坐标系。操作者将工件装夹到机床上后，测量出工件原点相对机床原点的偏移量，并通过操作面板输入到工件坐标偏移存储器中。其后，系统在执行程序时，可在程序中用 G54～G57 指令来选择它们。

G500 和 G53 都是用来取消可设定零点偏置的指令，但 G500 是模态指令，一旦指定后，就一直有效，直到被同组的 G54～G57 指令取代；而 G53 是非模态指令，仅在它所在的程序段中有效。

指令应用举例：

N10 G54　　　　　　　调用第一可编程零点偏置

……　　　　　　　　　加工工件

N90 G500　　　　　　取消可编程零点偏置

……

3) 快速点定位(G00)

指令格式："G00X__ Z__;"

指令说明如下：

绝对尺寸编程时，X，Z 后的数值表示绝对坐标值；增量尺寸编程时，G00 后的数值表示增量坐标值。G00 是模态指令。

以下与 FANUC 系统相同部分，不再详述。

4) 直线插补(G01)

指令格式："G01X__ Z__ F__;"

指令说明如下：

G0l 指令刀具以直线插补运算联动方式，由当前点移动到程序中指令的目标点，移动速度由进给功能指令 F 来指定。G01 是模态指令。

5) 倒角、倒圆角指令

在一个轮廓拐角处可以通过指令"CHF=……"或者"RND=……"直接进行倒角或倒圆。

(1)倒角。

指令格式："G01 X__ Z__ CHF=__;"

指令说明如下：

该指令用于直线轮廓之间、圆弧轮廓之间及直线轮廓和圆弧轮廓之间切入一直线并倒去棱角。程序中 X，Z 后的值为两素线的交点 *A* 的坐标，如图 5.2 所示。

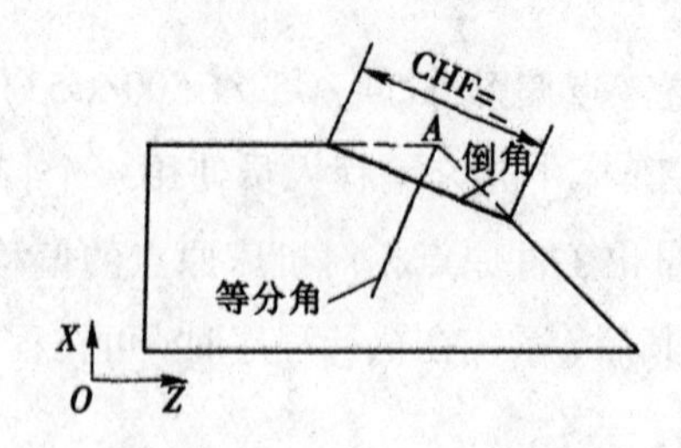

图 5.2　两段直线之间倒角

指令应用举例：

N10 G01 X__ Z__ CHF=3;　　　倒角 3 mm

(2)倒圆角指令。

指令格式："G01 X__ Z__ RND=__;"

指令说明如下：

该指令用于直线轮廓之间，圆弧轮廓之间及直线轮廓和圆弧轮廓之间切入一圆弧，圆弧与轮廓之间切线过渡。例如，直线与直线之间倒圆角，如图 5.3(a)所示；直线与圆弧之间倒圆角，如图 5.3(b)所示。

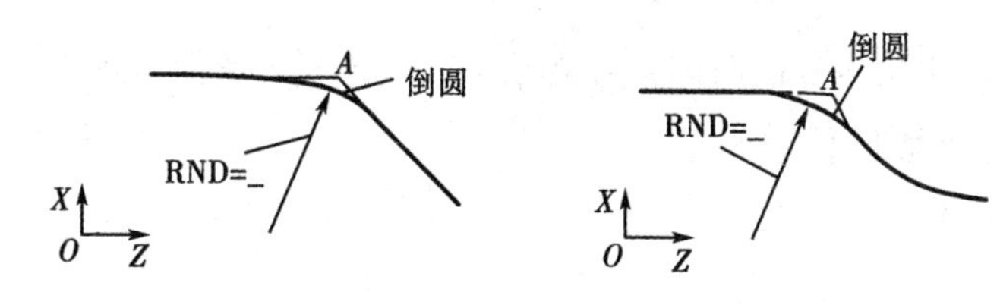

(a)两直线之间倒圆角　　(b)直线与圆弧之间倒圆角

图 5.3 倒圆角

指令应用举例：

N10 G01 X__ Z__ RND=5;　　倒圆角，圆角半径 5 mm

注意：程序中 X，Z 后的值为图示轮廓线切线的交点 A 的坐标，如果其中一个程序段轮廓长度不够，则会在倒圆或倒角时自动削减编程值。如果几个连续编程的程序段中有不含坐标轴移动指令的程序段，则不可以进行倒角或倒圆角。

6)圆弧插补(G02/G03)

SIEMENS 802S 系统的圆弧插补编程有以下四种格式。

(1)用圆弧终点坐标和圆弧半径尺寸进行圆弧插补，指令格式：

"G02/G03 X__ Z__ CR=__ F__;"

(2)用圆弧终点坐标和圆心坐标进行圆弧插补，指令格式：

"G02/G03 X__ Z__ I__ K__ F__;"

(3)用圆弧终点坐标和圆弧张角进行圆弧插补，指令格式：

"G02/G03 X__ Z__ AR=__ F__;"

(4)用圆心坐标和圆弧张角进行圆弧插补，指令格式：

"G02/G03 I__ K__ AR=__ F__;"

指令说明如下：

(1)用绝对尺寸编程时，X，Z 后的数值为圆弧终点坐标；用增量尺寸编程时，X，Z 后的数值为圆弧终点相对起点的增量尺寸。

(2)不论是用绝对尺寸编程还是用增量尺寸编程，I，K 后的数值始终是圆心在 X，Z 轴方向上相对圆弧起点的增量尺寸；当 I，K 后的数值为零时可以省略。

(3)CR 是圆弧半径，当圆弧所对的圆心角小于等于 180°时，CR 取正值；当圆心角大于 180°时，CR 取负值。AR 为圆弧张角，单位为度。

(4)圆弧的顺逆方向同 FANUC 系统。

7)暂停指令(G04)

在两个程序段之间插入一个 G04 程序段，可以使进给暂停在 G04 程序段所给定的时间。

指令格式："G04 F__；"或"G04 S__；"

其中，F 后的数值为进给暂停的时间，单位为秒(s)；S 后的数值为进给暂停的主轴转数，只有在主轴受控的情况下才有效。

指令应用举例：

……

N10 S300 M03；	主轴正转，转速 300 r/min
N20 G01 X30 F0.1；	刀具以 0.1 mm/r 的速度进给
N30 G04 F3；	暂停进给 3 s
……	
N80 G04 S30；	暂停进给，暂停时间为主轴 30 转
……	

8)恒螺距螺纹车削(G33)

用 G33 指令可以加工多种恒螺距螺纹，如圆柱螺纹、圆锥螺纹、内螺纹、外螺纹、单线螺纹、多线螺纹、左螺纹、右螺纹等，但前提条件是主轴上有位移测量系统。

指令格式：

"G33 Z__ K__ SF=__；"	圆柱螺纹
"G33 X__ I__ SF=__；"	端面螺纹
"G33 Z__ X__ K__；"	圆锥螺纹，锥角小于 45°
"G33 Z__ X__ I__；"	圆锥螺纹，锥角大于 45°

其中，Z，X 后数值为螺纹终点坐标，如图 5.4 所示；K，I 为导程；SF 为起始点偏移量，单线螺纹可设为零，多线螺纹必须设置起始点偏移量，即车刀加工第二条螺纹时，在加工第一条螺纹的起始点的基础上偏转一定的角度，也可使车刀的起始点偏移一个螺距值。

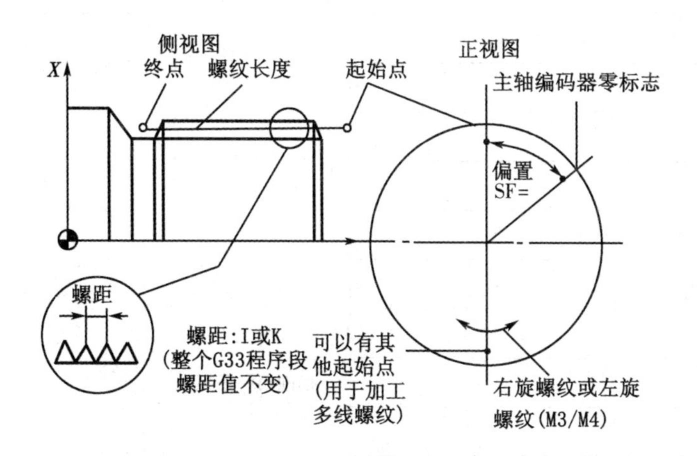

图 5.4　G33 螺纹切削

指令应用举例：编制图 5.5 所示双头螺纹 M24×3(P1.5)的加工程序。已知，空刀导入量 $\delta_1=5$ mm，空刀导出量 $\delta_2=2.5$ mm。

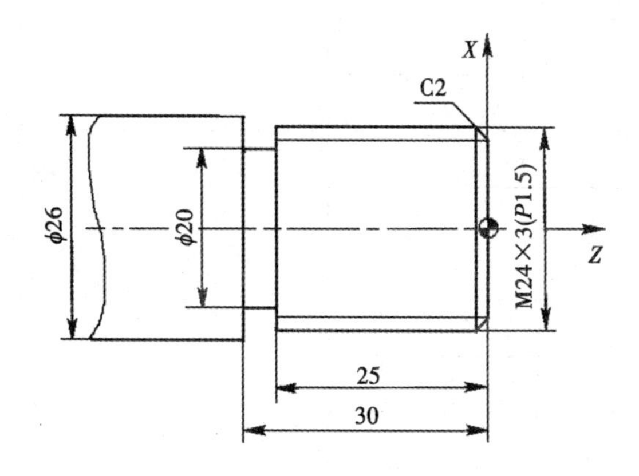

图 5.5　G33 螺纹切削指令应用举例

计算螺纹小径 d_1：$d_1=d-2\times0.6495P=(24-2\times0.6495\times1.5)$ mm $=22.05$ mm

确定背吃刀量分布：0.8，0.6，0.4，0.15 mm。

参考程序如下：

SK01	程序名
G54 G90 G40 G97 G95;	工件坐标系设定，初始值设定
S300 M03;	主轴正转
T3D3;	换3号螺纹刀

G00 X23. 2 Z5；	切削第一条螺纹
G33 Z-24. 5 K3 SF=0；	
G00 X30；	
Z5；	
X22. 6；	
G33 Z-24. 5 K3 SF=0；	
G00 X30；	
Z5；	
X22. 2；	
G33 Z-24. 5 K3 SF=0；	
G00 X30；	
Z5；	
X22. 05；	
G33 Z-24. 5 K3 SF=0；	
G00 X30；	
Z5；	切削第二条螺纹
X23. 2；	
G33 Z-24. 5 K3 SF=180；	
G00 X30；	
Z5；	
X22. 6；	
G33 Z-24. 5 K3 SF=180；	
G00 X30；	
Z5；	
X22. 2；	
G33 Z-24. 5 K3 SF=180；	
G00 X30；	
Z5；	
X22. 05；	
G33 Z-24. 5 K3 SF=180；	

G00 X100;	退刀
Z100;	
M05;	主轴停转
M02;	程序结束

9)刀尖圆角半径补偿(G41/G42/G40)

SIEMENS 系统刀尖圆角半径补偿的实施，以“T×D×”表示，其中前两位为刀具号，后两位为刀补号。如 T1D3 表示选用 1 号刀具、采用 3 号补偿值。每一把刀具可以匹配 1~9不同补偿值的补偿号。

此外，G41 为刀尖圆角半径左补偿，G42 为刀尖圆角半径右补偿，G40 为取消刀尖圆角半径补偿。

5.1.2.3 SIEMENS 802S 系统数控车床循环

在使用加工循环时，编程人员必须事先保留参数 R100~R249，保证这些参数只用于加工循环而没有被程序中的其他地方使用。在调用循环之前，直径尺寸指令 G23 必须有效，否则系统会报警。如果在循环中没有设定 S 指令、F 指令等，则在加工程序中必须先设定这些指令。

1)切槽循环(LCYC93)

利用切槽循环(LCYC93)可以在圆柱表面上加工出纵向或横向的对称槽，包括外部槽和内部槽。

在调用 LCYC93 之前必须激活用于加工的刀具补偿参数，且切槽刀完成对刀过程。LCYC93 的参数如图 5.6 所示，其含义见表 5.4。

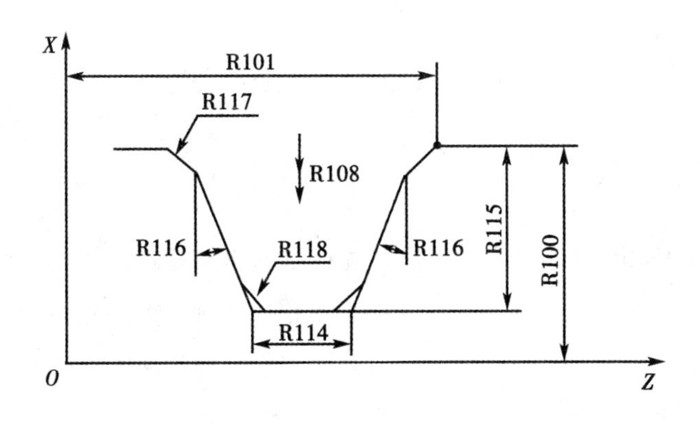

图 5.6 纵向加工时切槽循环参数

表 5.4　切槽循环(LCYC93)参数

参数	含义及数值范围	说明
R100	横向(*X* 向)坐标轴切槽起始点直径	
R101	纵向(*Z* 向)坐标轴切槽起始点	
R105	加工方式，数值 1~8(含义见表 5.4)	
R106	切槽粗加工时预留的精加工余量，无符号	
R107	刀具宽度	实际刀具宽度必须与该参数相符
R108	每次切入深度，无符号	每次切深之后，刀具上提 1 mm，以便断屑
R114	槽底宽度(不考虑倒角)	
R115	切槽深度，无符号	
R116	切槽斜度，无符号，范围：0°~89.999°	值为 0 时，表明与轴平行切槽(矩形槽)
R117	槽沿倒角长度	
R118	槽底倒角长度	
R119	槽底停留时间	

指令应用举例：利用切槽循环(LCYC93)编写图 5.7 所示槽。已知，槽的起始点坐标(60, 30)，槽深 25 mm，槽底宽 20 mm，槽底倒角的编程长度 2 mm，精加工余量 0.5 mm，槽刀宽 4 mm。

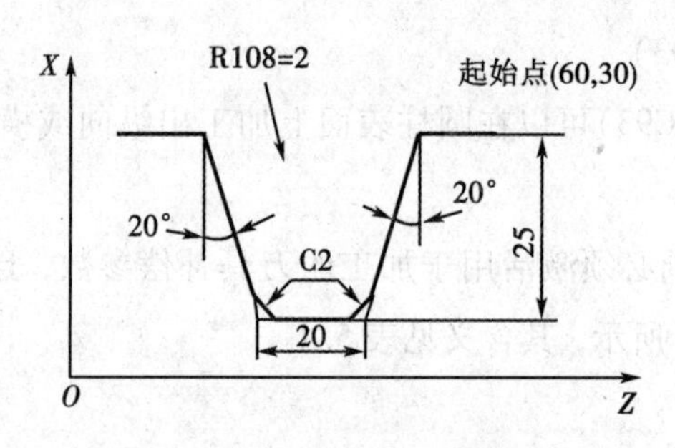

图 5.7　LCYC93 指令应用示例

程序如下：

……

N10 G00 X100 Z100 T2D1；	至换刀点，调 2 号刀
N20 S400 M03；	主轴正转，转速 400 r/min
N30 G95 F0.2；	采用转进给，进给量 0.2 mm/r
R100＝60；	切槽起始点直径 60 mm
R101＝30；	切槽起始点 *Z* 坐标 30 mm
R105＝5；	纵向、外部、从右至左
R106＝0.5；	精加工余量 0.5 mm(半径值)

```
R107=4;              切槽刀宽4 mm
R108=2;              每次切入深度2 mm
Rl14=20;             槽底宽20 mm
R115=25;             槽深25 mm(半径值)
R116=20;             切槽斜角20°
R117=0;              槽沿倒角0
R118=2;              槽底倒角2 mm
R119=1;              槽底停留时间：主轴转1转
N40 LCYC93;          切槽循环
N50 G00 X100 Z100;   退回至起始位置
……
```

2)毛坯切削循环(LCYC95)

毛坯切削循环(LCYC95)是一种非常实用的循环指令，可以沿坐标轴平行方向加工由子程序编程的轮廓循环。通过调用子程序，可进行纵向或横向加工，内轮廓或外轮廓加工，粗加工、精加工或综合加工。使用该循环可以大大减少编程工作量，并且在循环过程中没有空切削。

毛坯切削循环(LCYC95)的参数见表5.5。

表5.5 毛坯切削循环(LCYC95)参数

参数	含义及数值范围	参数	含义及数值范围
R105	加工方式：数值1~12	R110	粗加工退刀量
R106	精加工余量，无符号	R111	粗加工进给速度
R108	背吃刀量	R112	精加工进给速度
R109	粗加工切入角，端面加工时该值为零		

R105为加工方式参数，纵向加工时，进刀方向总是沿着Z轴方向进行；横向加工时，进刀方向则沿着X轴方向进行，见表5.6和表5.7。

表5.6 切槽加工方式参数R105

数值	纵向/横向	外部/内部	起始点位置
1	纵向	外部	左边
2	横向	外部	左边
3	纵向	内部	左边
4	横向	内部	左边
5	纵向	外部	右边
6	横向	外部	右边
7	纵向	内部	右边
8	横向	内部	右边

表 5.7　切削加工方式

数值	纵向/横向	外部/内部	粗加工/精加工/综合加工
1	纵向	外部	粗加工
2	横向	外部	粗加工
3	纵向	内部	粗加工
4	横向	内部	粗加工
5	纵向	外部	精加工
6	横向	外部	精加工
7	纵向	内部	精加工
8	横向	内部	精加工
9	纵向	外部	综合加工
10	横向	外部	综合加工
11	纵向	内部	综合加工
12	横向	内部	综合加工

工件外形轮廓，可通过变量“_CNAME”名下的子程序来调用。轮廓由直线或圆弧组成，并可以插入圆角和倒角。编程的圆弧段最大可以为四分之一圆。加工轮廓不能有凹处，否则系统将报警。循环开始之前，刀具所达到的位置必须保证从该位置回轮廓起始点时不发生刀具碰撞。轮廓的编程方向必须与精加工时所选择的加工方向一致。

指令应用举例：利用毛坯循环(LCYC95)编制如图 5.8 所示轮廓加工程序。已知，加工方式为“纵向、外部综合加工”，粗加工背吃刀量为 1.5 mm(半径值)，精加工余量为 0.3 mm(半径值)，进刀角度为 7°，循环加工起始点坐标为(130，105)，P_0点为轮廓起点，P_8点为轮廓终点。

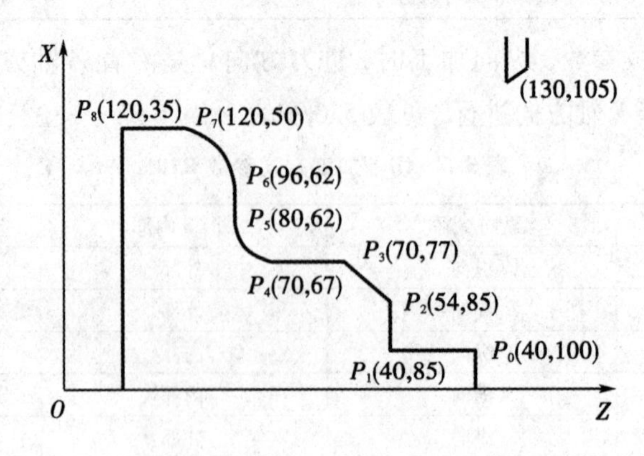

图 5.8　LCYC95 指令应用示例

参考程序如下。

主程序：

程序	说明
N10 G54 G90 G40 G97 G95；	初始值设定
N20 TlD1；	调 1 号刀
N30 S400 M03；	主轴正转，转速 400 m/min
N40 G00 X130 Z105；	调用循环之前无碰撞快速至循环起始点
_CNAME＝“LKJG”；	调轮廓循环子程序“LKJG.SPF”
R105＝9；	纵向，外部，综合加工
R106＝0.3；	精加工余量 0.3 mm
R108＝1.5；	粗加工背吃刀量 1.5 mm
R109＝7；	粗加工切入角 7°
R110＝2；	粗加工退刀量 2 mm
R111＝0.2；	粗加工进给率 0.2 mm/r
R112＝0.1；	精加工进给率 0.1 mm/r
LCYC95；	调用轮廓循环
N50 G00 X130 Z105；	到循环起点
N60 G00 X200；	快退至换刀点
N70 Z200；	
N80 M02；	主程序结束

子程序：

程序	说明
LKJG.SPF	子程序名
N10 G42 G00 X40 Z105；	建立刀补，至起始点 P_0
N20 G01 Z85；	→P_1
N30 X54；	→P_2
N40 X70 Z77；	→P_3
N50 Z67；	→P_4
N60 G02 X80 Z62 CR＝5；	→P_3
N70 G01 X96；	→P_6
N80 G03 X120 Z50 CR＝12；	→P_7
N90 G01 Z35；	→P_8
N100 X125；	切出工件
N100 G40 G01 X125；	取消刀补
M17；	子程序结束

综合加工的缺点是粗车、精车主轴的转速相同。

对于加工方式为“横向、外部轮廓加工”，即 R105=2，则必须按照从 P_8(120, 35)到 P_0(40, 100)的方向编程。

3)螺纹切削循环(LCYC97)

螺纹切削循环(LCYC97)是一种非常实用的编程指令，可以按纵向或横向加工圆柱螺纹、圆锥螺纹、外螺纹和内螺纹。它既可以加工单线螺纹，又可以加工多线螺纹。

用螺纹切削循环加工螺纹时，背吃刀量自动设定。在螺纹加工期间，进给修调开关和主轴修调开关均无效。

螺纹切削循环(LCYC97)的参数如图 5.9 所示，其含义见表 5.8。

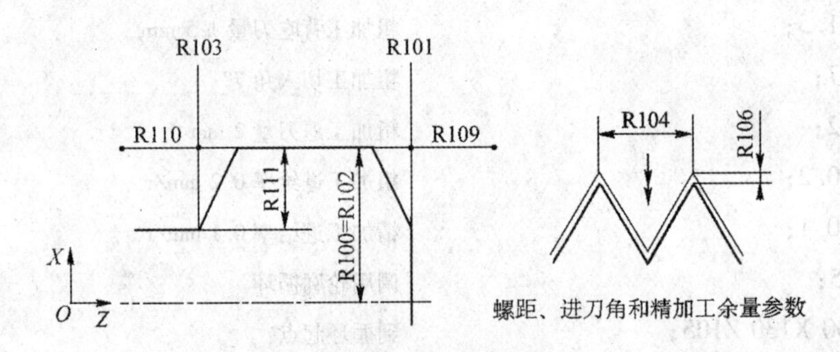

图 5.9　螺纹切削循环参数

表 5.8　螺纹切削循环(LCYC97)参数

参数	含义及数值范围	参数	含义及数值范围
R100	螺纹起始点直径	R106	精加工余量(单边值)，无符号
R101	螺纹纵向起始点坐标	R109	空刀导入量，无符号
R102	螺纹终点直径	R110	空刀退出量，无符号
R103	螺纹纵向终点坐标	R111	螺纹深度(单边值)，无符号
R104	螺纹导程值，无符号	R112	起始点偏移，无符号
R105	加工类型： 外螺纹数值 1，内螺纹数值 2	R113	粗切削次数，无符号
		R114	螺纹线数，无符号

指令说明如下：

循环自动判别纵向螺纹或横向螺纹。如果圆锥角小于或等于 45°，则按纵向螺纹加工，否则按横向螺纹加工。调用循环之前，刀具可在任意位置，但必须保证刀具无碰撞地到达编程确定的位置，即螺纹起始点加上空刀导入量。

指令应用举例：利用螺纹循环(LCYC97)编制如图 5.10 所示双头螺纹 M24×3 (P1.5)的加工程序。已知，空刀导入量 δ_1=5 mm，空刀导出量 δ_2=2.5 mm，螺纹牙型深度为 0.974 mm。

参考程序如下：

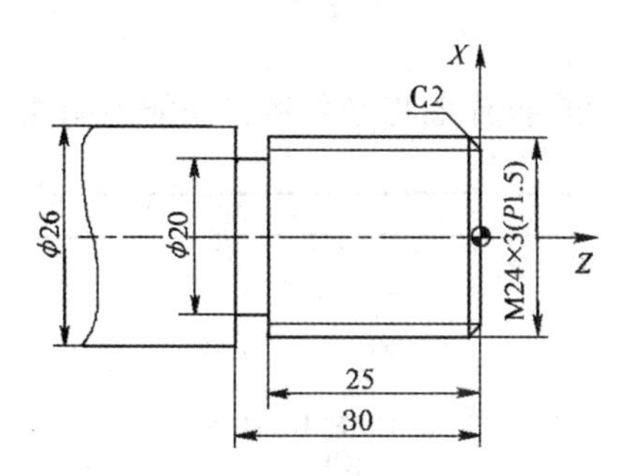

图 5.10　LCYC97 指令应用示例

N10 G54 G90 G97 G95；	工件坐标系设定，初始值设定
N20 T3D1；	调 3 号螺纹刀
N30 S500 M03；	主轴正转
N40 G00 X100 Z100；	至循环起始点
R100=24；	螺纹起始点直径
R101=0；	螺纹起始点轴向坐标
R102=24；	螺纹终点直径
R103=-25；	螺纹终点轴向坐标
R104=3；	螺纹导程 3 mm
R105=1；	螺纹加工类型，外螺纹
R106=0.1；	螺纹精加工余量 0.1 mm
R109=5；	空刀导入量
R110=2.5；	空刀导出量
R111=0.974；	螺纹牙深度 0.974 mm
R112=0；	螺纹起始点偏移
R113=8；	粗切削次数 8 次
R114=2；	螺纹线数
LCYC97；	调用螺纹切削循环
N50 G00 X100 Z100；	循环结束后返回循环起始点
N60 M05；	主轴停转
N70 M02；	程序结束

5.1.2.4　SIEMENS 802S 系统数控车床操作面板和操作界面

SIEMENS 802S 系统的操作面板由两部分组成：一是 CNC 操作面板；二是机床控制面板。

1) CNC 操作面板

SIEMENS 802S 系统的 CNC 操作面板及各按键功能说明如图 5.11 所示。

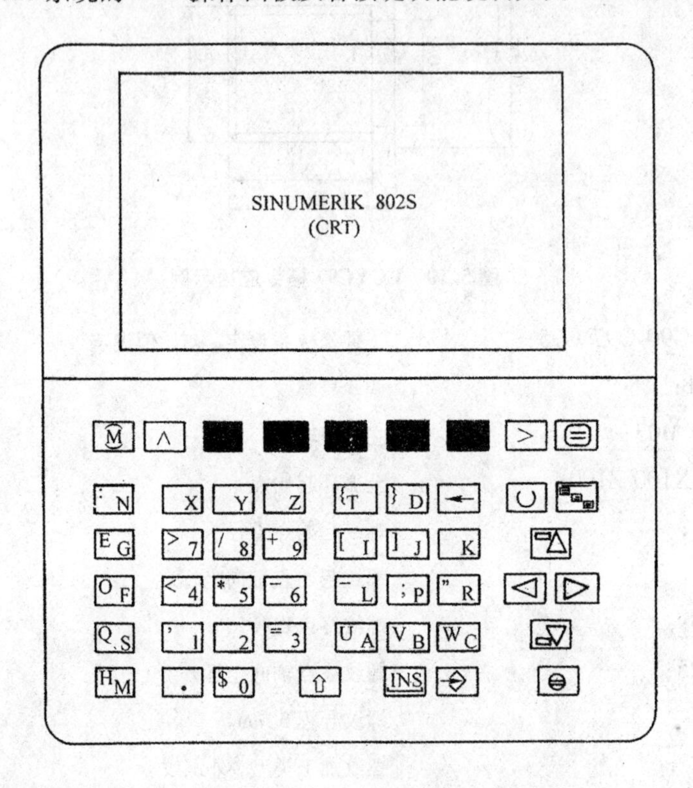

按键	功能	按键	功能
■	软菜单键	▷	光标向右键
M	加工显示	←	删除键(退格键)
∧	返回键		垂直菜单键
>	菜单扩展键	⊖	报警应答键
	区域转换键	◡	选择/转换键
△	光标向上键 上挡：向上翻页		回车/输入键
◁	光标向左键	INS	空格键(插入键)
⇧	上挡键	$ 0 … + 9	数字键 上挡键转换对应字符
▽	光标向下键 上挡：向下翻页	U A … Z	字母键 上挡键转换对应字符

图 5.11　SIEMENS 802S 系统的 CNC 操作面板及各按键功能

2)机床控制面板

SIEMENS 802S 系统数控车床控制面板及各按键功能说明如图 5.12 所示。

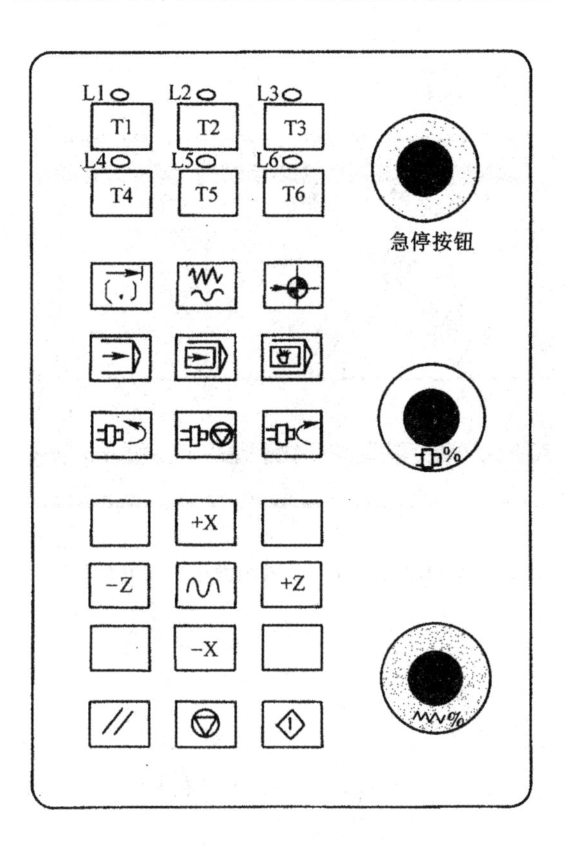

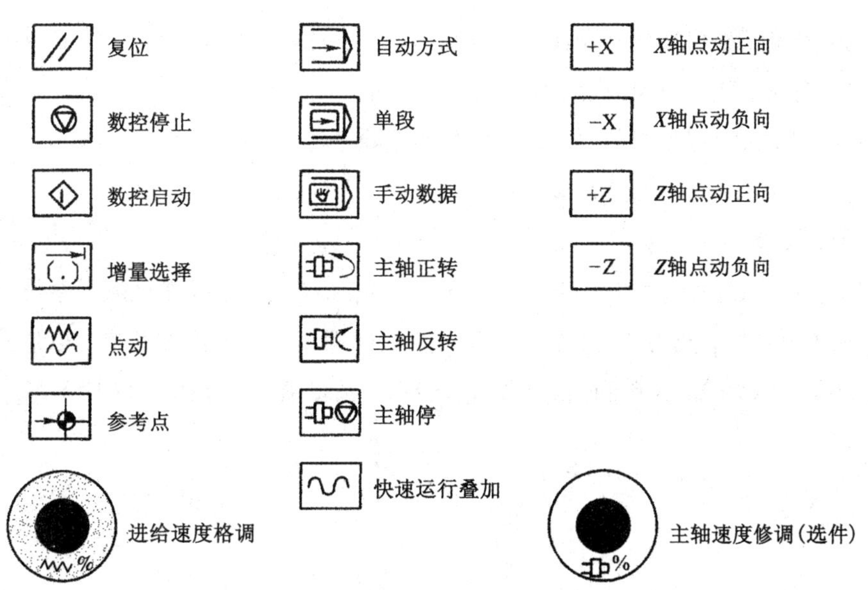

图 5.12 SIEMENS 802S 系统数控车床控制面板及各按键功能

3)屏幕划分

SIEMENS 802S 系统数控车床屏幕画面如图 5.13 所示。

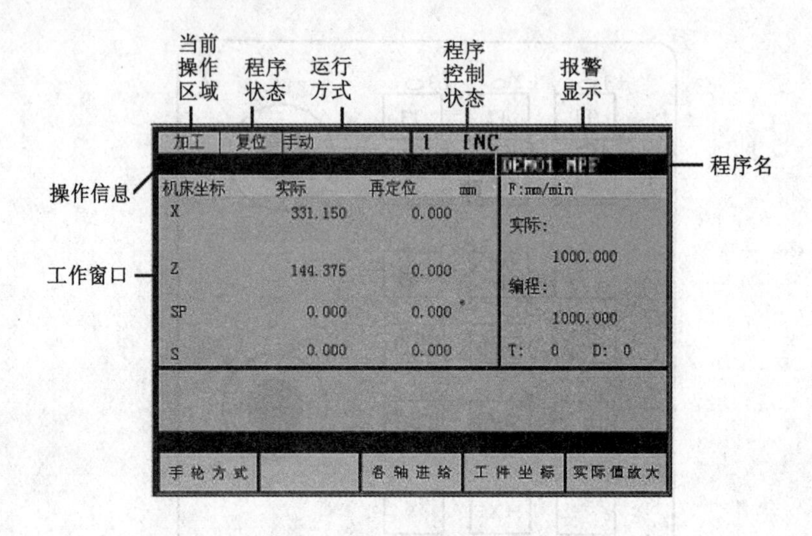

图 5.13 SIEMENS 802S 系统数控车床屏幕画面

(1)当前操作区域显示：加工；参数；程序；通信；诊断。

(2)程序状态显示：程序停止；程序运行；程序复位。

(3)运行方式显示：点动方式；MDA 方式；自动方式。

(4)程序控制状态显示：程序段跳跃；空运行；快进修调；单段运行；程序停止；程序测试；步进增量。

(5)操作信息：机床各种操作状态分别用 1~23 缩略符来表示。

(6)程序名：当前编辑或运行的程序名。

(7)报警显示：显示当前报警的报警号及删除条件。

(8)工作窗口：显示数控系统数据。

4)操作区域

控制器中可以划分为加工、参数、编程、通信和诊断五个操作区域。系统开机后首先进入加工操作区，使用“区域转换”键可从任何操作区域返回主菜单。以主菜单为基础，可找到其他所需的菜单画面。SIEMENS 802S 系统菜单树如图 5.14 所示。

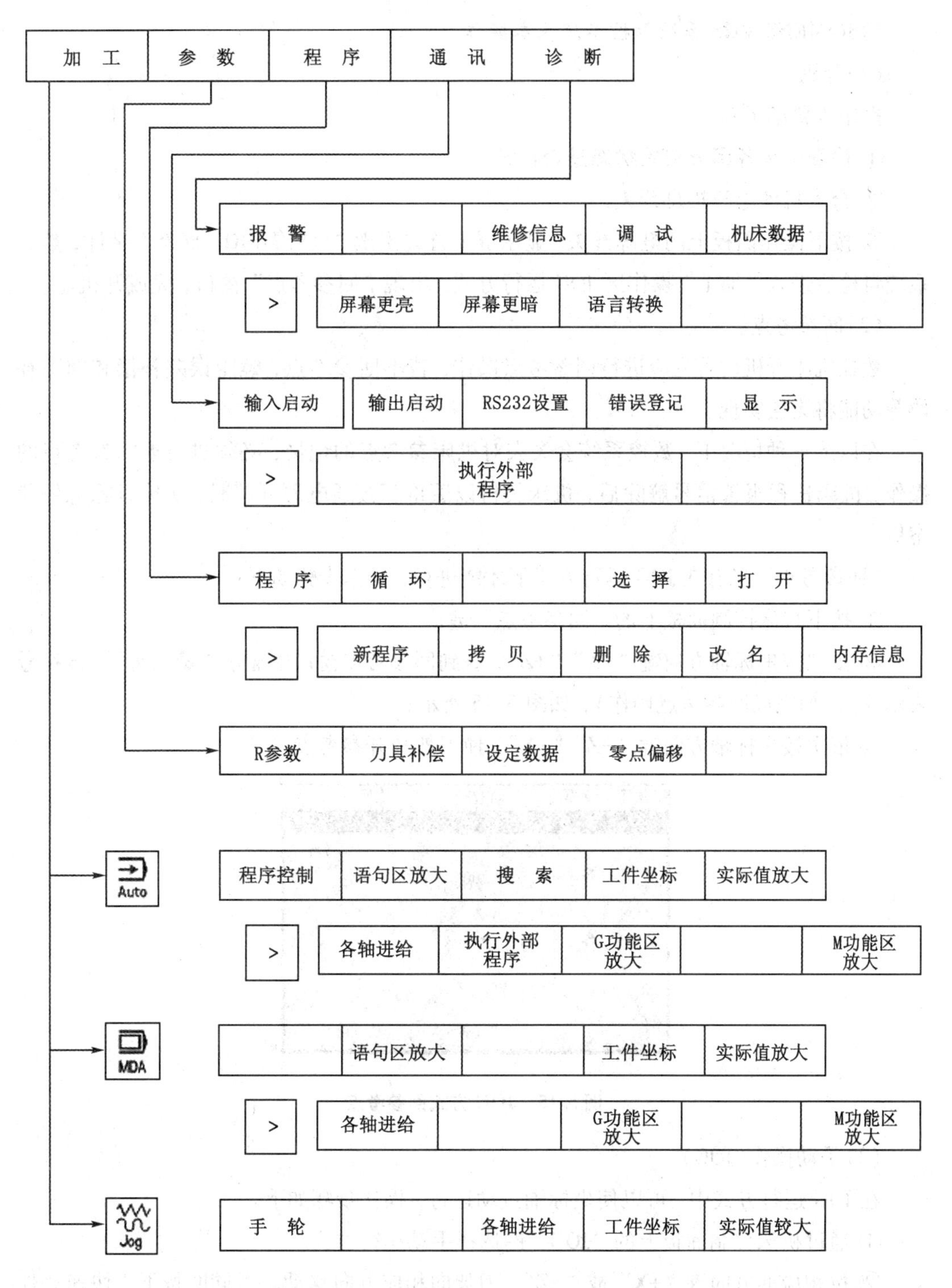

图 5.14 SIEMENS 802S 系统主菜单及菜单树

5) SIEMENS 802S 系统数控车床基本操作

(1) 开机。

操作步骤如下:

① 检查机床各部分初始状态是否正常;

② 合上机床电气柜总开关;

③ 按下操作面板上的电源开关，显示屏上首先出现“SINUMERIK 802S”字样，然后系统自检后进入“加工”操作区 JOG 运行方式，出现“回参考点”窗口，完成开机。

(2) 回参考点。

数控机床开机后首先应进行回参考点操作，若不回参考点，螺距误差补偿和间隙补偿等功能将无法实现。

在以下三种情况下，数控系统会失去对机床参考点的记忆，必须进行返回参考点的操作：机床超程报警信号解除后；机床关机以后重新接通电源开关时；机床解除急停状态后。

“回参考点”只有在 JOG 运行方式下才能进行，操作步骤如下:

① 按下机床控制面板上的“回参考点”键;

② 依次按坐标轴方向键“+X”“+Z”，直到回参考点窗口中显示“◐”符号(该符号表示 X, Z 轴完成回参考点操作)，如图 5.15 所示;

③ 依次按坐标轴方向键“-Z”“-X”，使刀架离开参考点。

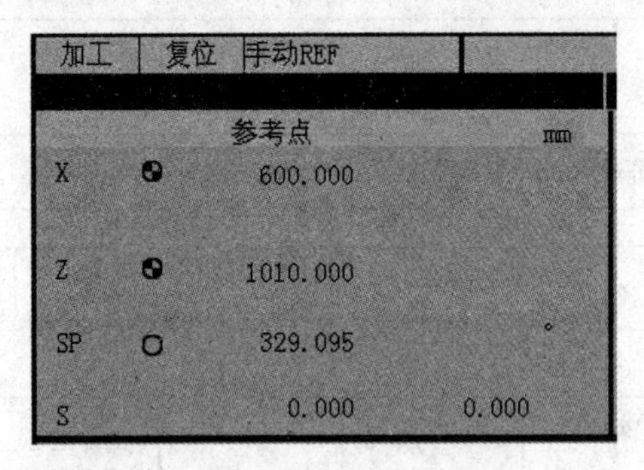

图 5.15　JOG 方式回参考点

(3) 手动操作(JOG)。

在 JOG 运行方式中，可以使坐标轴点动运行，操作步骤如下。

① 通过机床控制面板上的“JOG”键选择手动运行方式。

② 按相应的方向键“+X”或“-Z”，刀架向相应方向移动。若同时按下“快速叠加键”，则刀架加快移动。以上运动速度可以通过进给速度修调按钮调节。

③ 在 JOG 运行方式下，按“增量”键，可以使刀架以步进增量方式运行。连续按键可以选择 1, 10, 100, 1000 四种不同的增量(单位为 0.001)；步进量的大小也依次在屏

幕上显示，此时每按一次方向键，刀架相应运动一个步进增量。按点动键，可以结束步进增量运行方式，恢复手动状态。

(4) MDA 运行方式。

操作步骤如下：

① 通过控制面板上的手动数据键选择 MDA 运行方式；

② 通过操作面板输入程序段，如“S600M03”；

③ 按“程序启动”键，则主轴以 600 r/min 的速度正转。

(5) 自动运行方式。

在自动方式下零件加工程序可以自动执行，操作步骤如下：

① 按机床控制面板上的“自动方式”键，选择自动运行方式；再在一级菜单下，按“程序”键，屏幕上显示系统中所有程序目录；将光标移动到所选的程序上，按“选择”软键选择待加工的程序。

② 按“程序启动”键，程序将自动执行。若观察工件当前加工状态，可按 CNC 操作面板上的“加工显示”键，显示加工过程中的有关参数。如显示主轴转速、进给率，机床坐标系(MCS)或工件坐标系(WCS)中坐标轴的当前位置及剩余行程等。

③ 按机床控制面板上的“单段执行”键，则程序进入单段运行方式，此时每按一次“程序启动”键，机床执行一个程序段。当按“自动方式选择”键时，系统立即恢复自动运行。

④ 在程序自动运行过程中，按“程序停止”键，则暂停程序的运行；按“程序启动”键，可恢复程序继续运行。

⑤ 在程序自动运行过程中，如按“复位”键，则中断整个程序的运行，光标返回到程序开头；按“程序启动”键，程序从头开始重新自动执行。

(6) 对刀及刀具补偿参数的设置。

刀具参数包括刀具几何参数、磨损量参数和刀具型号参数。不同类型的刀具均有一个确定的刀补参数。

SIEMENS 802S 系统数控车床对刀前要先建立新刀具，操作步骤如下：

① 按 CNC 操作面板“区域转换”键，进入主菜单，在主菜单中按“参数”软键，弹出 R 参数窗口，依次按“刀具补偿”软键、“新刀具”软键，进入图 5.16 所示的新刀具窗口，在此窗口中输入刀具号和刀具类型号(钻头、扩孔钻、铰刀刀具类型号为“200”，其余为“500”)，按“确认”软键，进入刀具补偿参数窗口，如图 5.17 所示。

② 在刀具补偿参数窗口中，调整刀沿位置码，并输入刀尖圆角半径值。

③ 如此建立其他新刀具。

对刀操作步骤如下：

① 按机床操作面板上的“MDA”键，进入 MDA 方式。在 MDA 方式窗口的程序输入

区内输入程序段“S600M03”，按 CNC 控制面板上的“输入确认”键，再按机床操作面板上的“程序启动”键，则主轴以 600 r/min 的速度正转。

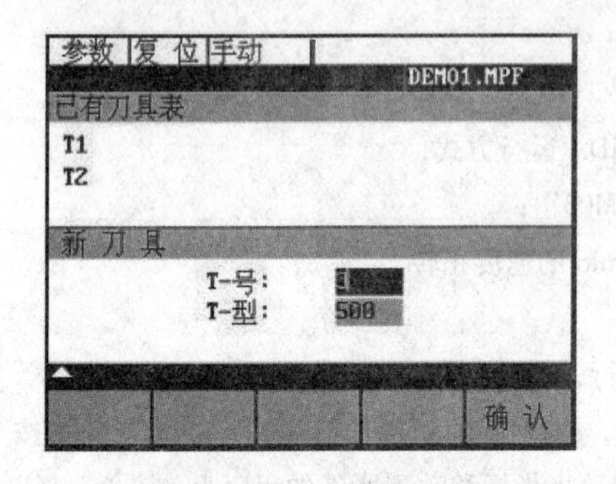

图 5.16　新刀具窗口

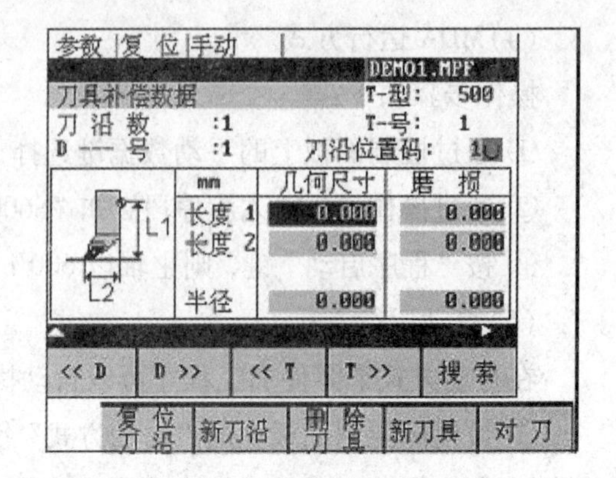

图 5.17　刀具补偿参数窗口

② 在程序输入区输入“T1Dl”，按“输入确认”键，再按“程序启动”键，则 1 号外圆刀转到当前刀具位置。

③ 按“JOG”键，用 1 号外圆刀车削工件右端面，沿 *X* 方向退刀(车削工件外圆，沿 *Z* 方向退刀)。

④ 在 CNC 操作面板上按“区域转换”键返回主菜单，在主菜单中按“参数”软键，弹出 R 参数窗口，按“刀具补偿”软键，进入刀具补偿参数窗口。

⑤ 在刀具补偿参数窗口中按“扩展键”后，再按“对刀”软键，进入对刀窗口，如图 5.18 所示。

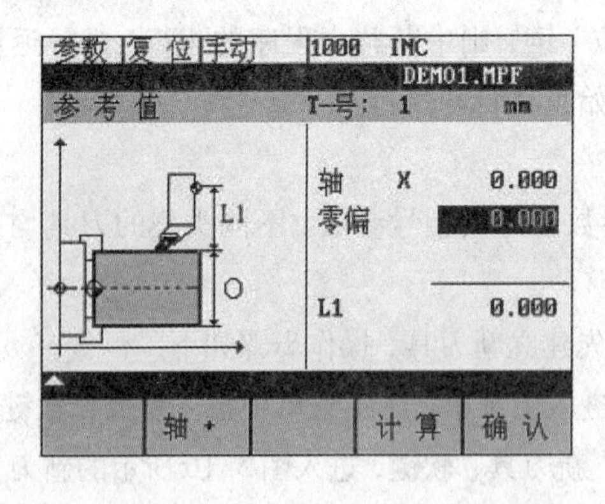

(a) *X* 轴对刀窗口

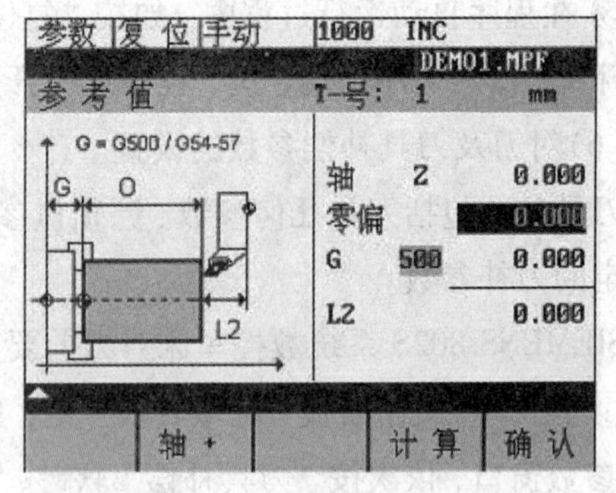

(b) *Z* 轴对刀窗口

图 5.18　对刀窗口

⑥ 主轴停转，在图 5.18(b)“零偏”中输入“0”，按“计算”“确认”软键，系统自动计算出 1 号外圆刀的 *Z* 轴刀补，并自动输入到刀具补偿参数窗口中(*X* 方向对刀时，应输入车削后的直径值)。

⑦ 移动刀架，安全位置换刀，同理进行其他刀具的对刀操作。

(7)G54~G57零点偏移的设置。

在回参考点后，实际值存储器及实际值的显示均以机床零点为基准，而工件的加工程序则以工件零点为基准，这之间的值就是可设定零点偏移。

零点偏移的设置步骤如下：

① 在CNC操作面板上按“区域转换”键，再按“参数”软键，在弹出R参数窗口中，按“零点偏移”软键，进入如图5.19所示的零点偏移窗口，选择G54~G57中的一个设置零点偏移。

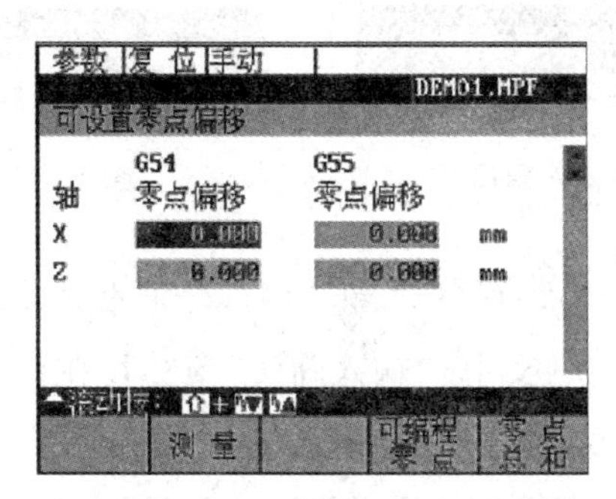

图5.19 G54~G57零点偏移的设置窗口

② 将光标移到G54的*X*轴零点偏移编辑区，输入“0.000”，然后下移光标至G54的*Z*轴零点偏移编辑区，输入卡爪右端面距工件右端面的距离，则建立了以工件右端面中心为工件原点的工件(编程)坐标系，程序中可直接调用G54指令。如用可编程零点偏移G158指令设置工件坐标系，不需要进行上述零点偏移设置，只需在程序中书写“G158 X0 Z__”程序段，地址Z后面的数值即为卡爪右端面距工件右端面的距离。

(8)程序的管理。

① 新程序的输入。操作步骤如下：

• 在CNC操作面板上按“区域转换”键进入主菜单，在主菜单中按“程序”软键，打开程序目录窗口。

• 按“扩展键”，在扩展软键菜单中按“新程序”软键，打开如图5.20所示的新程序输入窗口，在新程序名输入区中输入新的程序名。如输入的是主程序，只需输入程序名，系统自动生成扩展名“.MPF”；如输入的是子程序，则在输入程序名的同时，需输入扩展名“.SPF”。

• 输入新程序名后，按“确认”软键，系统生成新程序文件，并自动进入如图5.21所示的程序编辑窗口，通过CNC操作面板上的字母和数字键，就可以将新程序输入系统。

② 程序的打开、编辑和关闭。

• 打开程序目录窗口，将光标移到要打开的程序上，按“选择”软键，窗口右上角立即显示所选择的程序名，再按“打开”软键，即可打开该程序并进入该程序的编辑窗口，并对该程序进行删除、拷贝、粘贴等编辑修改。

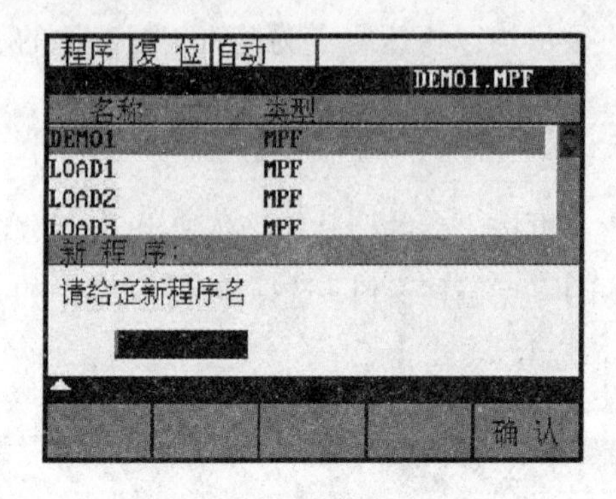

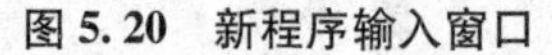

图 5.20 新程序输入窗口

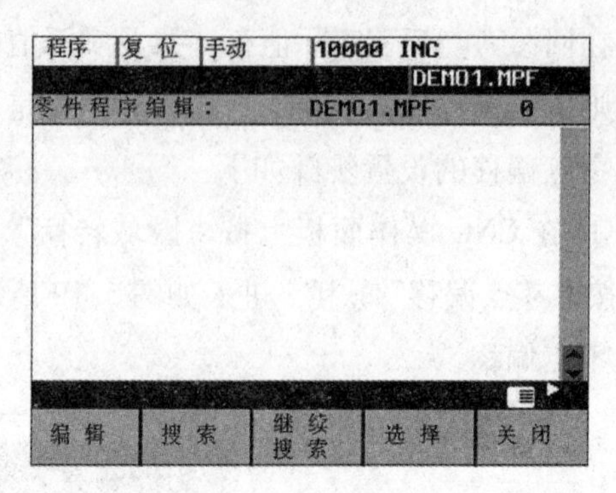

图 5.21 程序编辑窗口

• 在程序编辑状态，按“垂直菜单”键，可打开垂直菜单，移动光标到显示的菜单列表中选择所需插入的 NC 指令处，按“输入确认”键，可在程序中方便地直接插入 NC 指令。

• 也可在程序编辑窗口直接按“LCYC93”“LCYC95”等循环指令软键，打开如图 5.22 所示循环参数输入窗口，在窗口中直接输入循环参数 R。

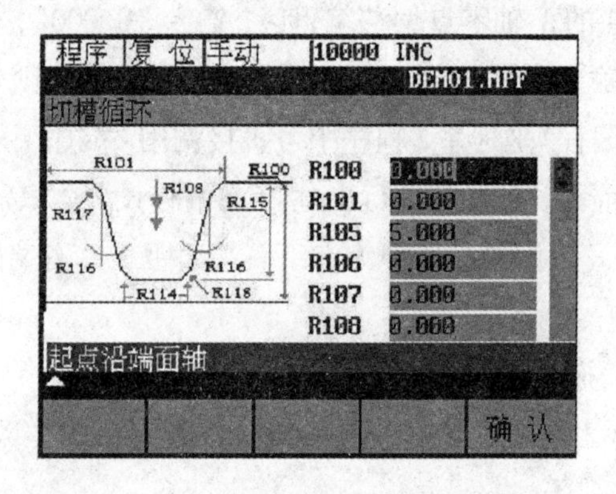

图 5.22 循环参数输入窗口

• 如需关闭已打开的程序，可按“扩展键”，在扩展软键菜单中按“关闭”软键，即可关闭该程序，返回主菜单窗口。

③ 程序的拷贝与删除。

• 打开程序目录窗口，将光标移到要拷贝的程序上，按扩展软键菜单中“拷贝”软键，打开程序拷贝窗口。

• 在程序拷贝窗口新程序名输入区内输入新程序名，按“确认”软键，则系统完成程序拷贝，生成新的程序，并返回程序目录窗口。

• 若要删除某个程序，可将光标移到要删除的程序上，按扩展软键菜单中“删除”软键，系统会显示删除窗口，并提示要删除的程序名。如按“确认”软键，则程序被删除。

5.1.3 任务实施

1)制定工艺方案

(1)零件加工分析。

该组合件由两件组成，分析零件结构特点可知件1为轴件、件2为套件；根据毛坯尺寸，两件均需调头加工。分析零件尺寸、表面粗糙度要求后，确定各表面通过粗加工、精加工即可。该组合件的加工难点是件1调头后的装夹，为此应合理安排加工顺序。此外，为保证圆弧面的配合要求，内、外圆弧面的精加工应采用刀尖圆弧半径补偿进行编程与加工。

(2)装夹方案。

选用三爪自定心卡盘装夹。

(3)刀具选择。

T1：93°外圆车刀，车外轮廓；T2：93°内孔车刀，车内轮廓；T3：4 mm内切槽刀，车内槽；T4：60°内螺纹车刀，加工内螺纹；T5：4 mm外车槽刀，车外轮廓凹槽面；T6：60°外螺纹车刀，加工外螺纹；此外，用$\phi10$，$\phi20$钻头钻孔。以上刀具材料除钻头为高速钢外，其余均采用硬质合金。

注意：加工时应根据刀架工位数、工艺路线等合理装夹刀具。

(4)工艺路线。

① 加工件2左端：手动平左端面，用LCYC95(FANUC系统G71)粗车、精车外轮廓，车外槽；用LCYC97(FANUC系统G76)车外螺纹。

② 加工件1右端：手动钻孔、平右端面，用G01(FANUC系统G90)粗车、精车外轮廓，用LCYC95(FANUC系统G71)粗车、精车内轮廓。

③ 加工件1左端：用LCYC95(FANUC系统G71)粗车、精车内轮廓，用G01车内槽，用LCYC97(FANUC系统G76)车内螺纹。

④ 加工件2右端：件2旋入件1，夹件1加工件2右端。用LCYC95(FANUC系统G71)粗车右半球外轮廓，用G01(FANUC系统G90)粗车凹槽，用LCYC95(FANUC系统G72)粗车凹槽及背圆弧，用LCYC95粗车R5圆弧(FANUC系统用单步指令粗车R5圆弧)精车外轮廓。

(5)编写工艺文件。

填写数控加工工序卡片，见表5.9和表5.10。

表 5.9 数控加工工序卡片(件 1)

单位名称	数控加工工序卡片	产品名称或代号	零件名称	零件图号
			件 1	10

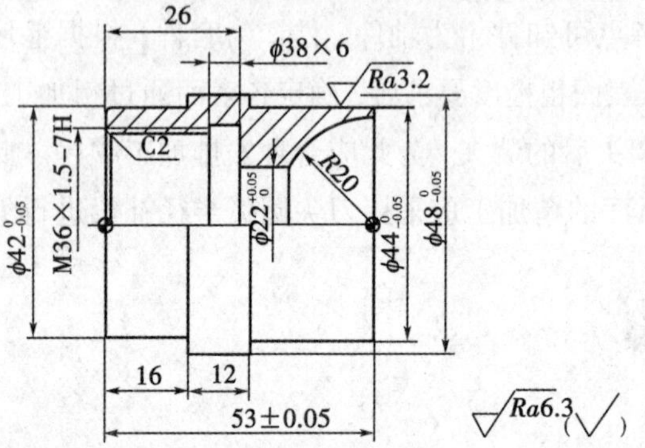

零件图		
26；$\phi38\times6$；$Ra3.2$；C2；R20；$\phi42_{-0.05}^{0}$；M36×1.5–7H；$\phi22_{0}^{+0.05}$；$\phi44_{-0.05}^{0}$；$\phi48_{-0.05}^{0}$；16；12；53±0.05；$Ra6.3$(√)	毛坯材料	毛坯规格
	45	$\phi50\times60$
	工艺序号	程序编号
	01	SK11/SK12
	夹具名称	夹具编号
	三爪自定心卡盘	
	设备名称	设备型号
	数控车床	SIEMENS 802S 系统
	冷却液	车间
	乳化液	数控车间

安装	工步号	工步内容	刀具号	刀具规格	主轴转速/$(r\cdot min^{-1})$	进给速度/$(mm\cdot r^{-1})$	背吃刀量/mm	备注
夹左端	1	钻 $\phi22_{0}^{+0.05}$ 底孔		$\phi10$ mm 钻头	600			手动
	2			$\phi20$ mm 钻头	400			手动
	3	车右端面	T1	93°外圆车刀	800			手动
	4	粗车右端外轮廓	T1	93°外圆车刀	800	0. 2	2. 0	
	5	精车右端外轮廓	T1	93°外圆车刀	1200	0. 08	0. 2	
	6	粗车右端内轮廓	T2	盲孔车刀	800	0. 2	1. 5	
	7	精车右端内轮廓	T2	盲孔车刀	1200	0. 08	0. 2	
调头装夹	8	车左端面	T1	93°外圆车刀				手动
	9	粗车左端外轮廓	T1	93°外圆车刀	800	0. 2	1. 5	
	10	精车左端外轮廓	T1	93°外圆车刀	1200	0. 08	0. 2	
	11	粗车左端内轮廓	T2	盲孔车刀	800	0. 2	1. 5	
	12	精车左端内轮廓	T2	盲孔车刀	1200	0. 08	0. 2	
	13	车内槽	T3	4 mm 车内槽刀	500	0. 1		
	14	车内螺纹	T4	60°内螺纹刀	500	1. 5		

编制		审核		批准		年 月 日	共 1 页	第 1 页

表5.10　数控加工工序卡片(件2)

单位名称	数控加工工序卡片	产品名称或代号	零件名称	零件图号
			件2	11
		毛坯材料	毛坯规格	
		45	ϕ50×95	
		工艺序号	程序编号	
		01	SK13/SK14	
		夹具名称	夹具编号	
		三爪自定心卡盘		
		设备名称	设备型号	
		数控车床	SIEMENS 802S系统	
		冷却液	车间	
		乳化液	数控车间	

安装	工步号	工步内容	刀具号	刀具规格	主轴转速 $/(r\cdot min^{-1})$	进给速度 $/(mm\cdot r^{-1})$	背吃刀量 /mm	备注
夹右端	1	车左端面	T1	90°外圆车刀	800			手动
	2	粗车左端外轮廓	T1	93°外圆车刀	800	0.2	1.5	
	3	精车左端外轮廓	T1	93°外圆车刀	1200	0.08	0.2	
	4	车左端退刀槽	T5	4 mm外槽刀	400	0.1		左刀尖对刀
	5	车外螺纹	T6	60°外螺纹刀	600	1.5		
夹件1右端	6	车右端面	T1	93°外圆车刀	800			手动
	7	粗车右半球	T1	93°外圆车刀	800	0.2	1.5	
	8	粗车凹槽及背圆弧	T5	4 mm外槽刀	400	0.1	2.0	右刀尖对刀
	9	粗车凹槽R5.0	T1	93°外圆车刀	800	0.2	2.0, 0.8	
	10	精车右端外轮廓	T1	93°外圆车刀	1200	0.08	0.2	
编制		审核		批准		年　月　日	共1页	第1页

2)数值计算

该组合件的数值计算，主要是计算件1的R20内圆弧与$\phi 22_{0}^{0.05}$柱面的交点，以及件2三段外圆弧的切点，即图5.23中的A，B，C，D的坐标。

设工件原点于工件右端面与回转中心交点。经计算基点坐标如下：A(22.025，-16.695)，B(21.995，-35.0)，C(21.995，-41.426)，D(27.997，-34.284)。

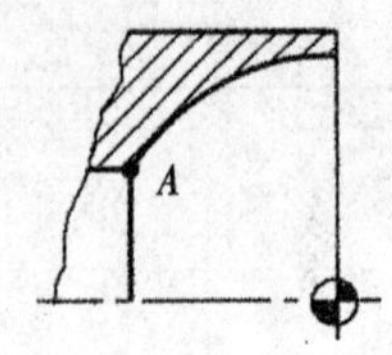

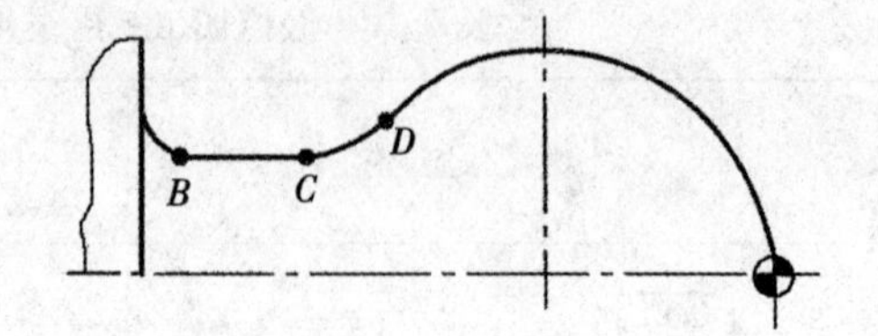

图 5.23　组合件基点

3)编写加工程序

件1右端加工程序，见表5.11。

表 5.11　数控加工程序单

SIEMENS 802S 系统程序	FANUC 0*i* 系统程序	FANUC 程序说明
SK12	O0012	件1右端程序
G97 G95 G40 G90;	G97 G99 G40;	
T1D1;	T0101;	调1号外圆车刀
M03 S800;	M03 S800;	
G00 X48.4 Z3.0 M08;	G00 X52.0 Z3.0 M08;	至循环起点
G01 Z-40.0 F0.2;	G90 X48.4 Z-40.0 F0.2;	粗车外轮廓
X52.0;	X44.4 Z-24.8;	
G00 Z3.0;	S1200;	精车外轮廓
X44.4;	G00 X43.975 Z3.0;	
G01 Z-24.0;	G01 Z-25.0 F0.08;	
X52.0;	X47.975;	
G00 Z3.0;	Z-40.0;	
S1200;	X52.0;	
G00 X43.975 Z3.0;	G00 X200.0;	退刀，换2号内孔车刀
G01 Z-25.0 F0.08;	Z200.0;	
X47.975;	T0202;	
Z-40.0;	S800;	粗车内轮廓
X52.0;	G00 X18.0 Z3.0;	
G00 X200.0;	G71 U1.5 R1.0;	
Z200.0;	G71 P10 Q20 U-0.4 W0.2 F0.2;	
T0202;	N10 G42 G01 X40.0 S1200 F0.08;	
S800;	Z0;	
G00 X18.0 Z3.0;	G03 X22.025 Z-16.695 R20.0;	
_CNAME=“YNLKJG”;	G01 Z-30.0;	
R105=11	N20 G40 G01 X18.0;	

表5.11(续)

SIEMENS 802S 系统程序	FANUC 0*i* 系统程序	FANUC 程序说明
R106=0.2;	G70 P10 Q20;	精车内轮廓
R108=1.5;	G00 X200.0;	退刀，结束程序
R109=7;	Z200.0;	
R110=1.0;	M05 M09;	
R111=0.2;	M30;	
R112=0.08;	YNLKJG.SPF	SIEMENS 802S 子程序
LCYC95;	G42 G01 X40.0;	
G00 X18.0 Z3.0;	Z0;	
G00 X200.0;	G03 X22.025 Z-16.695 CR=20.0;	
Z200.0;	G01 Z-30.0;	
M05 M09;	G40 G01 X18.0;	
M02;	M17;	

件2右端加工程序，见表5.12。

表 5.12　数控加工程序单

SIEMENS 802S 系统程序	FANUC 0*i* 系统程序	FANUC 程序说明
SK14	O0014	件2右端程序
G97 G95 G40 G90;	G97 G99 G40;	
T1D1;	T0101;	调1号外圆车刀
M03 S800;	M03 S800;	
G00 X52.0 Z3.0 M08;	G00 X52.0 Z3.0 M08;	至循环起点
_CNAME=“YWLKJG1”;	G71 U1.5 R1.0;	粗车外轮廓
R105=1;	G71 P10 Q20 U0.3 W0 F0.2;	
R106=0.2;	N10 G42 G01 X0;	
R108=1.5;	G01 Z0;	
R109=7;	G03 X40.0 Z-20.0 R20.0;	
R110=1.0;	G01 Z-22.0;	
R111=0.2;	X50.0;	
LCYC95;	N20 G40 G01 X52.0;	
G00 X200.0;	G00 X200.0;	退刀，换5号外槽刀(右刀尖对刀)
Z200.0;	Z200.0;	
T0505;	T0505;	

表5.12(续)

SIEMENS 802S 系统程序	FANUC 0*i* 系统程序	FANUC 程序说明
S400;	S400;	
G00 Z-51.0;	G00 Z-51.0;	
X52.0;	X52.0;	
G01 X22.395 F0.1;	G94 X22.195 Z-48.0 F0.1;	
G01 X52.0;	X22.195 Z-51.0;	
_CNAME="YWLKJG2";	X32.195 Z-54.0;	
R105=2;	X32.195 Z-55.9;	粗车 *SR*20 背圆弧及凹槽
R106=0.2;	G72 W2.0 R1.0;	
R108=2.0;	G72 P30 Q40 U0.2 W0 F0.1;	
R109=0;	N30 G42 G00 Z-20.0;	
R110=1.0;	G01 X40.0;	
R111=0.1;	G03 X27.997 Z-34.284 R20.0;	
LCYC95;	G02 X21.995 Z-41.426 R10.0;	
G00 X200.0;	G01 Z-50.0;	
Z200.0;	N40 G40 G01 Z-51.0;	
T0101;	G00 X200.0;	
S800;	Z200.0;	退刀，换 1 号外圆车刀
G00 Z-48.0;	T0101;	
X52.0;	S800;	
_CNAME="YWLKJG3";	G00 Z-55.0;	
R105=1;	X35.0;	
R106=0.2;	G01 X27.995 F0.2;	
R108=2.0;	G02 X31.995 Z-57.0 R2.0;	
R109=7;	G00 Z-55.0;	粗车 *R*5.0 凹槽
R110=1.0;	G01 X23.995 F0.2;	
R111=0.2;	G02 X31.995 Z-59.0 R2.0;	
LCYC95;	G00 Z-55.0;	
G00 X200.0;	G01 X22.395;	
Z3.0;	G02 X31.995 Z-59.8 R0.8;	
S1200;	G00 X100.0;	退刀
G00 X0;	Z3.0;	

表5.12(续)

SIEMENS 802S 系统程序	FANUC 0*i* 系统程序	FANUC 程序说明
G42 G01 Z0 F0.2;	S1200;	精加工右端外轮廓
G03 X27.997 Z-34.284 R20.0;	G00 X0;	
G02 X21.995 Z-41.426 R10.0;	G42 G01 Z0 F0.08;	
G01 Z-55.0;	G03 X27.997 Z-34.284 R20.0;	
G02 X31.995 Z-60.0 R5.0;	G02 X21.995 Z-41.426 R10.0;	
G01 X52.0;	G01 Z-55.0;	
G40 G00 X200.0;	G02 X31.995 Z-60.0 R5.0;	
Z200.0;	G01 X52.0;	
M05 M09;	G40 G00 X200.0;	
RET;	Z200.0;	退刀，结束程序
YWLKJG1.SPF	M05 M09;	
G42 G00 X0;	M30;	
G01 Z0;		SIEMENS 802S 子程序
G03 X40.0 Z-20.0 R20.0;		
G01 Z-22.0;		
X50.0;		
G40 G01 X52.0;		
M17;	YWLKJG2.SPF	
YWLKJG3.SPF	G42 G00 Z-20.0;	
G42 G01 X21.995;	G01 X40.0;	
G01 Z-55.0;	G03 X27.997 Z-34.284 R20.0;	
G03 X31.995 Z-60.0 CR=5.0;	G02 X21.995 Z-41.426 R10.0;	
G01 X50.0;	G01 Z-50.0;	
G40 G01 X52.0;	G40 G01 Z-51.0;	
M17;	M17;	

5.1.4 训练与考核

5.1.4.1 训练任务

组合件编程与加工训练任务见表5.13。

表 5.13　组合件编程与加工训练任务

任务描述	加工如图 5.24 所示组合件。已知，毛坯尺寸 ϕ40 mm×140 mm，材料为 45 钢，单件生产。 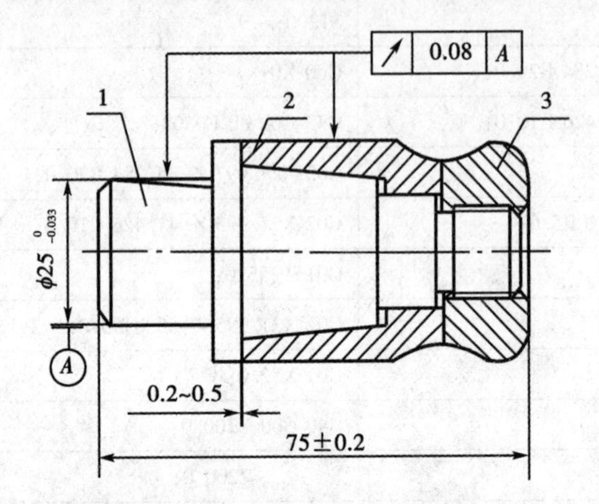 1—轴；2—锥套；3—弧形螺母 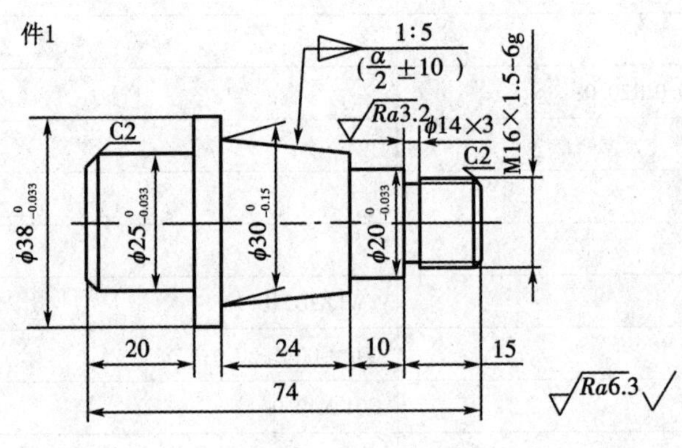 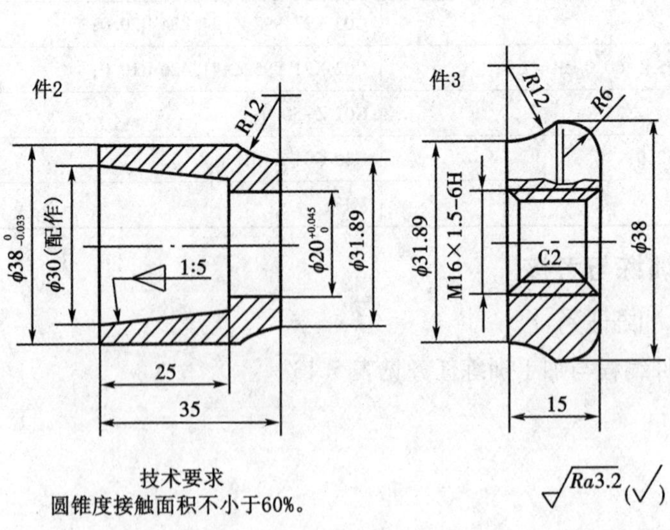 技术要求 圆锥度接触面积不小于60%。 **图 5.24　三组合件零件图**

表5.13(续)

工艺条件	工艺条件参照“5.1.1工作任务”中提供的工艺条件配置
加工要求	严格遵守安全操作规程，零件加工质量达到图样要求

5.1.4.2 考核评价

加工结束后检测工件加工质量，填写加工质量考核评分表，见表F.18；工作结束后对工作过程进行总结评议，填写过程评价表，见表F.8。

复习题

1) **填空题**(将正确答案填写在画线处)

(1)在SIEMENS 802S数控系统中，编制轮廓加工程序时，可以调用________循环；编制螺纹加工程序时，可以调用________循环；编制对称槽加工程序时，可以调用________循环。

(2)在SIEMENS 802S数控系统中，使用LCYC95毛坯切削循环指令进行综合加工时，粗加工、精加工的切削速度________，粗加工、精加工的进给速度________。

(3)在SIEMENS 802S数控系统中，子程序的命名，必须写扩展名________。

2) **选择题**(在若干个备选答案中选择一个正确答案，填写在括号内)

(1)影响数控车床加工精度的因素很多，要提高加工工件的质量，有很多措施，但(   )不能提高加工精度。

A. 将绝对编程改为增量编程　　B. 正确选择车刀类型

C. 减少刀尖圆弧半径对加工的影响　　D. 控制刀尖中心高误差

(2)数控机床加工零件的程序编制不仅包括零件工艺过程，而且还包括切削用量、走刀路线和(   )。

A. 机床工作台尺寸　　B. 机床行程尺寸

C. 刀具尺寸

(3)数控加工在轮廓拐角处产生“欠程”现象，应采用(   )方法控制。

A. 提高进给速度　　B. 修改坐标点

C. 减速或暂停

(4)数控机床加工调试中遇到问题想停机应先停止(   )。

A. 冷却液　　B. 主运动　　C. 进给运动　　D. 辅助运动

(5)下列选项中违反安全操作规程的是(   )。

A. 严格遵守生产纪律　　B. 遵守安全操作规程

C. 执行国家劳动保护政策　　D. 可使用不熟悉的机床和工具

3)**判断题**(判断下列叙述是否正确，在正确的叙述后面画“√”，在错误的叙述后面画“×”)

(1)在圆弧插补的同时，指令垂直于插补平面的轴移动一个距离，即螺旋线插补。( )

(2)在批量生产的情况下，用直接找正装夹工件比较合适。( )

(3)数控机床中 MDI 是机床诊断智能化的英文缩写。( )

(4)数控机床操作使用最关键的问题是编程序，编程技术掌握好就可成为一个高级数控机床操作工。( )

(5)数控机床为了避免运动件运动时出现爬行现象，可以通过减少运动件的摩擦来实现。( )

任务 5.2 含椭圆的组合件的编程与加工

5.2.1 工作任务

含椭圆的组合件编程与加工工作任务见表 5.14。

表 5.14 含椭圆的组合件编程与加工工作任务

任务描述	使用数控车床完成图 5.25 所示组合零件的加工。已知，毛坯尺寸 $\phi50$ mm×98 mm，$\phi50$ mm×47 mm，材料 45 为钢，单件生产。 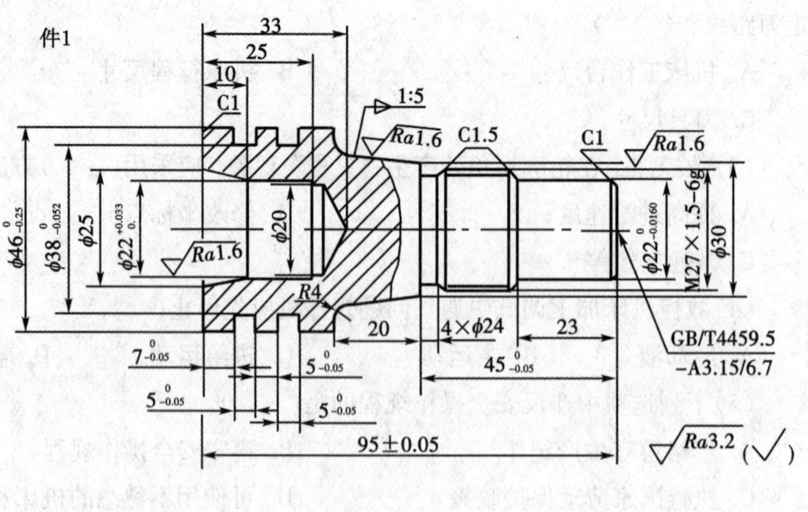

表5.14(续)

<table>
<tr><td></td><td>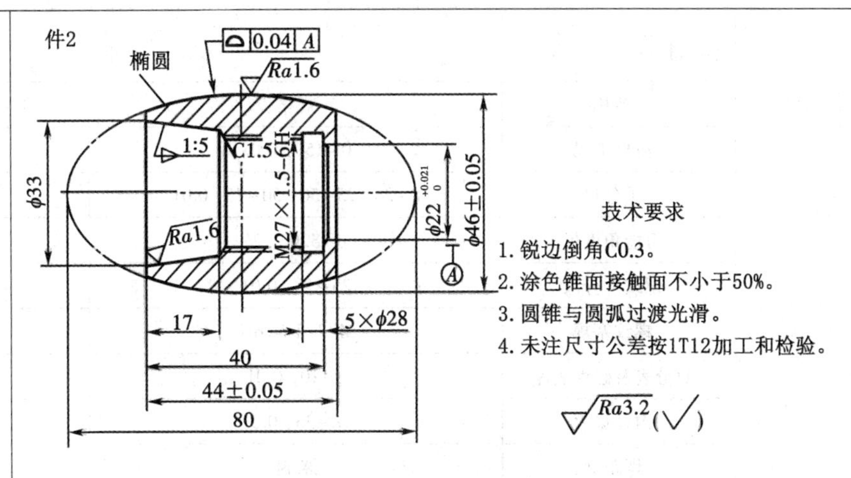

图5.25　椭圆组合零件图</td></tr>
<tr><td>知识点与技能点</td><td>知识点:◇宏程序的概念(用户宏程序)
◇变量的类型、赋值方法、变量的运算
◇宏程序控制指令及其运用
◇宏程序调用方法
◇公式曲线的拟合方法
◇变量编程规则和方法
技能点:◇对含公式曲线的零件编程</td></tr>
<tr><td>工艺条件</td><td>(1)车床:FANUC 0i 系列或 SIEMENS 802S 系列卧式数控车床。
(2)毛坯:φ50 mm×98 mm,φ50 mm×47 mm,材料 45 为钢。
(3)刀具:
<table>
<tr><td>名称</td><td>规格</td><td>数量</td></tr>
<tr><td>外圆车刀</td><td>93°</td><td>1</td></tr>
<tr><td>不重磨外圆车刀</td><td>R 型、V 型、T 型、S 型刀片</td><td>各 1</td></tr>
<tr><td>内、外切槽刀</td><td>4 mm</td><td>各 1</td></tr>
<tr><td>内孔车刀</td><td>93°(φ14~φ20)</td><td>各 1</td></tr>
<tr><td>内、外螺纹车刀</td><td>60°</td><td>各 1</td></tr>
<tr><td>麻花钻</td><td>φ10,φ20</td><td>各 1</td></tr>
<tr><td>中心钻</td><td>φ3.15</td><td>1</td></tr>
<tr><td colspan="2">辅具:莫氏变径套</td><td>1 套</td></tr>
<tr><td colspan="2">钻夹头、活络顶尖</td><td>各 1</td></tr>
</table></td></tr>
</table>

表5.14(续)

(4)量具:

名称	规格	数量
游标卡尺	0~150, 0.02	1
千分尺	0~25; 25~50; 50~75, 0.01	各1
万能角度尺	0~320°, 2′	1
螺纹千分尺	25~50, 0.01	1
螺纹塞规	M27×1.5-6H	1
百分表及磁性表座	0~10, 0.01	各1
内径量表	18~35, 0.01	1
螺距规	米制	1
椭圆样板	长轴 80 mm、短轴 46 mm	1
塞尺	0.02~1	1副

(5)其他:

名称	备注
铜棒、薄铜皮	选用
系列刀垫	

5.2.2 相关知识

5.2.2.1 FANUC系统宏程序编程

用户宏程序是以变量的组合通过各种算术和逻辑运算、转移和循环等命令，编制而成的一种可以灵活运用的程序，且只要改变变量的值即可完成不同的加工或操作。我们把一组以子程序的形式存储并带有变量的程序称为用户宏程序(简称宏程序)。调用宏程序的指令称为宏程序调用指令(简称宏指令)。

用户宏程序分A，B两类。通常情况下，FANUC 0TD系统采用A类宏程序，FANUC 0*i* 系统采用B类宏程序。这里仅介绍B类宏程序。

1)变量

编写程序时通常地址后是数值，而在宏程序中地址后可以是数值，还可以是变量，而且变量随设定值的变化而变化。如“#1=#2+50”，就是将变量#2的值与50相加后再赋值给#1。变量的使用是宏程序最主要的特征，按性质和用途，变量分为系统变量、公共变量和局部变量。

(1)系统变量。

系统变量是固定用途的变量，用于读和写CNC运行时的各种数据，如接口的输入/

输出、刀具补偿、各轴当前位置、报警等。FANUC 0*i* 系统中#1000 及以上的变量均为系统变量。

(2)公共变量。

公共变量在各宏程序中是可以共用的。FANUC 系统中共有 60 个公共变量，其中的#100～#149 在断电后，变量值全部被清空，#500～#509 即使在关掉电源后，变量值仍被保存。

(3)局部变量。

局部变量是只能在一个用户宏程序中用来表示运算结果的变量，当机床断电后，局部变量的值被清除。同一个局部变量在不同的宏程序中其值可不同。FANUC 系统有 33 个局部变量，分别为#1～#33。

2)变量的运算

(1)算术和逻辑运算。

在变量之间、变量与常数之间，可以进行各种运算。常用的运算见表 5.15。

表 5.15　算术和逻辑运算

运算	格式	运算	格式
加	#i=#j+#k	平方根	#i=SQRT[#j]
减	#i=#j-#k	绝对值	#i=ABS[#j]
乘	#i=#j×#k	四舍五入圆整	#i=ROUND[#j]
除	#i=#j÷#k	小数点以下舍去	#i=FIX[#j]
正弦	#i=SIN[#j]	小数点以上进位	#i=FUP[#j]
反正弦	#i=ASIN[#j]	自然对数	#i=LN[#j]
余弦	#i=COS[#j]	指数对数	#i=EXP[#j]
反余弦	#i=ACOS[#j]	或	#i=#jOR#k
正切	#i=TAN[#j]	异或	#i=#jXOR#k
反正切	#i=ATAN[#j]	与	#i=#jAND#k

注：函数的角度单位应是(°)。

(2)运算次序。

运算的次序首先是“函数”，其次是“乘”“除”“逻辑与”，最后是“加”“减”“逻辑或”“逻辑异或”，括号则可以用来改变运算的次序。

3)变量赋值

宏程序变量赋值包括变量直接赋值和变量引数赋值。

(1)变量直接赋值。

变量可以在操作面板上用 MDI 方式直接赋值，也可以在程序中以等式方式赋值。格式为：变量=常数或表达式。

如图 5.26 中，曲线为一椭圆，其数学方程式为 $\frac{X^2}{a^2}+\frac{Z^2}{b^2}=1$。该椭圆长半轴为 70，短

半轴为40，分别用变量#1，#2表示。椭圆上任意一点C，该点的Z坐标、X坐标分别用变量#3，#4表示，则变量表达式为：

#1=70，#2=40

#4=#2×SQRT[#1×#1-#3×#3]/#1

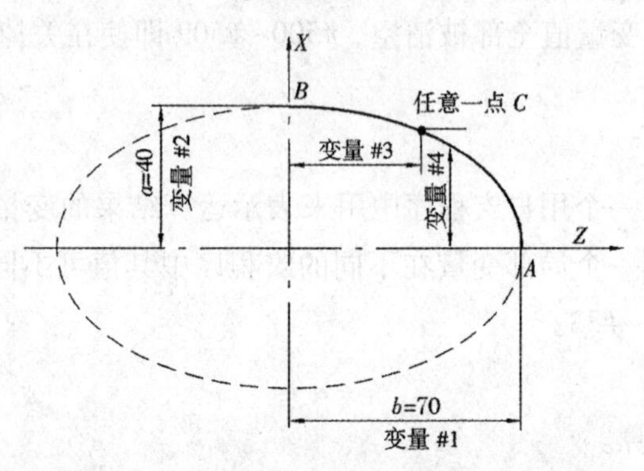

图5.26　椭圆轮廓及变量

(2)变量引数赋值。

宏程序以子程序方式出现，所用的变量可在宏程序调用时由引数赋值。变量引数赋值有两种类型，两种类型的引数地址与变量号码之间的对应关系见表5.16和5.17。

表5.16　变量引数赋值Ⅰ的引数地址与变量号码之间的对应关系

地址	变量	地址	变量	地址	变量	地址	变量
A	#1	I_3	#10	I_6	#19	I_9	#128
B	#2	J_3	#11	J_6	#20	J_9	#29
C	#3	K_3	#12	K_6	#21	K_9	#30
I_1	#4	I_4	#13	I_7	#22	I_{10}	#31
J_1	#5	J_4	#14	J_7	#23	J_{10}	#32
K_1	#6	K_4	#15	K_7	#24	K_{10}	#33
I_2	#7	I_5	#16	I_8	#25		
J_2	#8	J_5	#17	J_8	#26		
K_2	#9	K_5	#18	K_8	#27		

表5.17　变量引数赋值Ⅱ的地址与变量号码之间的对应关系

地址	变量	地址	变量	地址	变量	地址	变量
A	#1	H	#11	R	#18	X	#24
B	#2	I	#4	S	#19	Y	#25
C	#3	J	#5	T	#20	Z	#26
D	#7	K	#6	U	#21		
E	#8	M	#13	V	#22		
F	#9	Q	#17	W	#23		

4)控制指令

控制指令起到控制程序流向的作用。

(1)无条件转移(GOTO 语句)。

语句格式:“GOTON;”

其中,N——程序段号。

如运行“GOTO100;”程序段,表示无条件转移到 N100 程序段并执行。

(2)条件转移(IF 语句)。

语句格式:“IF[条件表达式]GOTOm;”

表示如果条件表达式成立,那么转移到 Nm 程序段并执行;否则执行下一程序段。

条件表达式的种类有以下几种,见表 5.18。

表 5.18　条件表达式的种类

条件	意义	条件	意义
#iEQ#j	等于(=)	#iGE#j	大于等于(≥)
#iNE#j	不等于(≠)	#iLT#j	小于(<)
#iGT#j	大于(>)	#iLE#j	小于等于(≤)

指令应用举例:用 IF 语句完成如图 5.26 所示椭圆段的任意点 C 的 X 坐标随 Z 坐标变化而赋值的程序。

程序如下:

```
……
N10 #1=70;
N20 #2=40;
N30 #3=70;
N40 #4=0;
N50 IF[#3LTO]GOTO90;
N60 #4=#2×SQRT[#1×#1-#3×#3]/#1;
N70 #3=#3-0.1;
N80 GOTO50;
N90 ……
```

(3)循环(WHILE 语句)。

语句格式:

“WHILE[条件表达式]DOm(m=1,2,3);

……

ENDm；”

表示如果条件表达式成立，那么循环执行从 DO 到 END 之间的程序段 m 次；否则转到 END 后的下一个程序段。

指令应用举例：用 WHILE 语句完成如图 5.28 所示椭圆段的任意点 C 的 X 坐标随 Z 坐标变化而赋值的程序。

程序如下：

```
……
N10 #1=70;
N20 #2=40;
N30 #3=70;
N40 #4=0;
N50 WHILE[#3GE0]DOl;
N60 #4=#2×SQRT[#1×#1-#3×#3]/#1;
N70 #3=#3-0.1;
N80 END1;
N90 ……
```

5）宏程序的调用

宏程序的调用有非模态调用（G65）和模态调用（G66）两种方式。

当指定 G65 时，以地址 P 指定的用户宏程序被调用，数据（自变量）能传递到用户宏程序体中。

G65 调用的指令格式：“G65P__ L__ <自变量赋值>；”

其中，P 后的数字为准备调用的宏程序程序名，L 后的数字为调用次数，自变量赋值是由地址及数字构成，用以对宏程序中的局部变量赋值。

指令应用举例：

主程序：

```
……
N80 G65 P1111 L2 A1.0 B1.0
……
```

宏程序：

```
O1111
#3=#1+#2;
G01 Z#3;
```

M99;

上面程序为用 G65 调用宏程序“O1111”，同时将“A1.0”“B1.0”数据分别传递给宏程序中的变量#1 和变量#2，并且执行两次。

G66 调用宏程序的方法与 G65 类似，但其具有模态的特性。G67 取消模态调用。

6)非圆曲线的拟合

当采用不具备非圆曲线插补功能的数控系统编制非圆曲线零件轮廓的程序时，往往采取拟合处理。所谓拟合处理，是指用若干直线段或圆弧段去近似代替非圆曲线的方法。手工编程中常用的拟合处理有等间距法、等插补段法及三点定圆法，其中使用比较普遍的是等间距法。等间距法可根据需要对角度或不同的坐标轴进行等分，如图 5.27 所示。

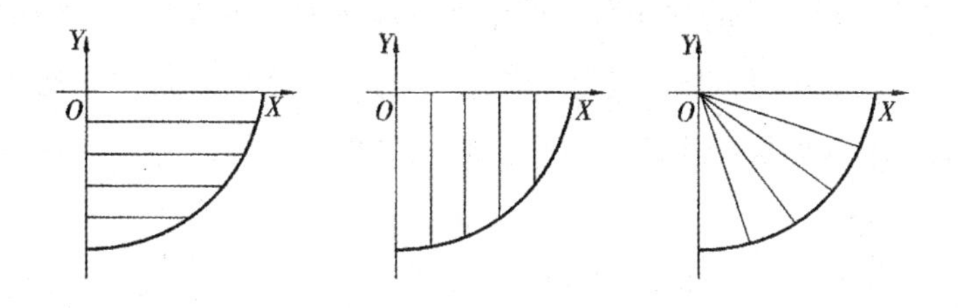

图 5.27 等间距法示意图

拟合曲线不能与理想曲线完全重合，存在一定的拟合误差，拟合误差的大小取决于拟合的方法和拟合线段的数目。拟合计算时，在保证拟合精度的前提下，尽量选较少的拟合段数。

5.2.2.2 SIEMENS 802S 系统宏程序编程

1)计算参数 R

在 SIEMENS 802S 系统中共有 250 个计算参数可供使用。其中，R0~R99 可以自由使用；R100~R249 为加工循环传递参数，如果在程序中没有使用加工循环，则这部分计算参数也同样可以自由使用。

计算参数的赋值范围为±(0.000 0001~99 999 999)。如“R1=20”，表示将数值 20 赋值给参数 R1。如在程序中出现“G91 G01 Z=R1”，就表示沿 Z 轴进给 20 mm。

通过给其他的 NC 地址分配计算参数或参数表达式，可以增加 NC 程序的通用性，除地址 N、G 和 L 外，可以用数值、算术表达式或 R 参数对任意 NC 地址赋值。

一个程序段中可以有多个赋值语句，也可以用计算表达式赋值。赋值时在地址符之后写入符号“=”，给坐标轴地址(运行指令)赋值时，要求有一独立的程序段。

在计算参数时也遵循通常的数学运算规则，圆括号的运算优先进行，乘法和除法运算优先于加法和减法运算，此外角度计算单位为度。如：

N10 R1=R1+10;　　由原来的 R1 加上 10 后赋值给 R1

N20 R1=R2+R3 R4=R5-R6　R7=R8×R9　R10=R11/R12;

N30 R13=SIN(25.3);　　25.3 度取正弦赋值给 R13

N40 R14=R1×R2+R3;　　R1 与 R2 相乘后加上 R3，结果赋值给 R14

N50 R15=R3+R2×R1;　　R1 与 R2 相乘后加上 R3，结果赋值给 R15

N60 R16=SQRT(R1×R1+R2×R2);　　意义等于 $R16=\sqrt{R_1^{\ 2}+R_2^{\ 2}}$

2)程序跳转

加工程序在运行时是以输入的顺序来执行的，但有时程序需要改变执行顺序，这时可应用程序跳转指令，以实现程序的分支运行。实现程序跳转需要跳转目标和跳转条件两个要素。

跳转目标只能是有标记符的程序段，此程序段必须位于该程序内。标记符可以自由选取，但必须由 2 个以上字母或数字组成，而且开始两个符号必须是字母或下划线。标记符要位于程序段段首，如果程序段有段号，则标记符紧跟着段号。跳转目标程序段中标记符后面必须为冒号。

程序跳转包括绝对跳转和条件跳转，跳转指令要求一个独立的程序段，用 IF-条件语句表示有条件跳转，其程序段格式为：

“IF(条件)GOTOF(标记符);”向前跳转，或“IF(条件)GOTOB(标记符);”向后跳转。

在加工公式曲线的曲面时，系统没有定义指令，这就需要借助计算参数 R，并应用程序跳转等手段来完成曲面的加工。

指令应用举例：加工如图 5.28 所示椭圆零件，毛坯尺寸 ϕ26 mm×50 mm，其粗加工、精加工程序如下：

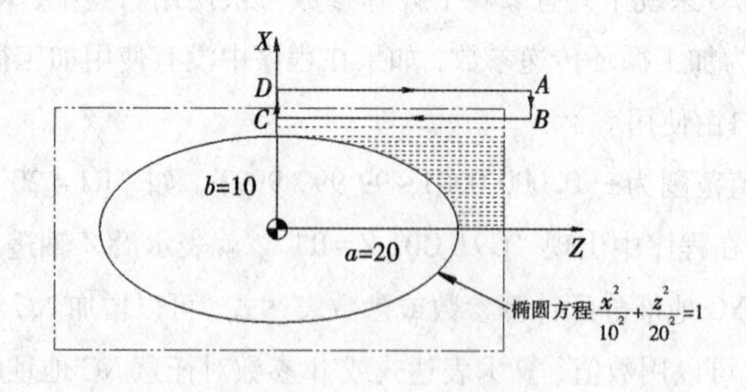

图 5.28　宏程序编程实例

```
……
T1D1;
M03 S800 F0.2;
R0=13;                                        毛坯半径赋值
R1=20;                                        椭圆长半轴赋值
R2=10;                                        椭圆短半轴赋值
G00 X30;                                      快速定位
   Z30;
BB1: G00 X=2×R0;                              粗车外圆柱面
     G01 Z0;
     X30;
     G00 Z30;
     R0=R0-1;
     IF R0>10 GOTOB BB1;
BB2: G00 X=2×R0;                              粗车椭圆外轮廓
     G01 Z=R1×SQRT(1-R0×R0/10/10)+0.5;
     X30;
     G00 Z30;
     R0=R0-0.5;
     IF R0>0 GOTOB BB2;
G00 X=0;
BB3: G01 Z=R1 X=2×R2×SQRT(1-R1×R1/20/20);     精车椭圆面
     R1=R1-0.05;
     IF R1>=0 GOTOB BB3;
G01 X32;
G00 X100;
Z100;
M05;
M02;
```

5.2.3 任务实施

1)制定工艺方案

该组合件由两件组成，通过分析零件的尺寸及表面粗糙度要求，确定各表面经过粗加工、精加工即可完成。该组合件通过螺纹、锥面来配合，因此加工锥面时应加刀补。

加工件 2 外轮廓时，需将件 2 旋入件 1 上，为减少工件变形，加工时应选择较小的切削用量。装夹采用一夹一顶方案，工艺路线确定如下。

(1)加工件 2 内部：手动钻孔、平左端面；用 LCYC95(FANUC 系统 G71)粗车内轮廓，精车内轮廓；车内槽；用 LCYC97(FANUC 系统 G76)车内螺纹。

(2)加工件 1 左端：手动钻孔、平左端面；用 G01(FANUC 系统 G90)粗车、精车左端外轮廓；车左端外槽；用 LCYC95(FANUC 系统 G71)粗车左端内轮廓，精车内轮廓。

(3)加工件 1 右端：调头找正，手动平端面，至总长；打中心孔，顶上顶尖；用 LCYC95(FANUC 系统 G71)粗车外轮廓，精车外轮廓；车外槽；用 LCYC97(FANUC 系统 G76)车外螺纹。

(4)加工件 2 外部：件 2 旋入件 1 上，用变量编程粗车、精车外轮廓。

刀具选择如下。

T1：93°外圆车刀；T2：4 mm 外槽车刀；T3：60°外螺纹车刀；T4：盲孔车刀；T5：4 mm内槽车刀；T6：60°内螺纹车刀；T7：35°等边菱形刀片。此外，用 $\phi10$ mm，$\phi20$ mm 钻头钻孔。以上刀具材料除钻头为高速钢外，其余均采用硬质合金。

数控加工工序卡见表 5.19 和表 5.20。

表 5.19　数控加工工序卡片(件 1)

<table>
<tr><td rowspan="2">单位名称</td><td rowspan="2">数控加工工序卡片</td><td>产品名称或代号</td><td>零件名称</td><td>零件图号</td></tr>
<tr><td></td><td>件 1</td><td>12</td></tr>
<tr><td colspan="2" rowspan="12">件 1 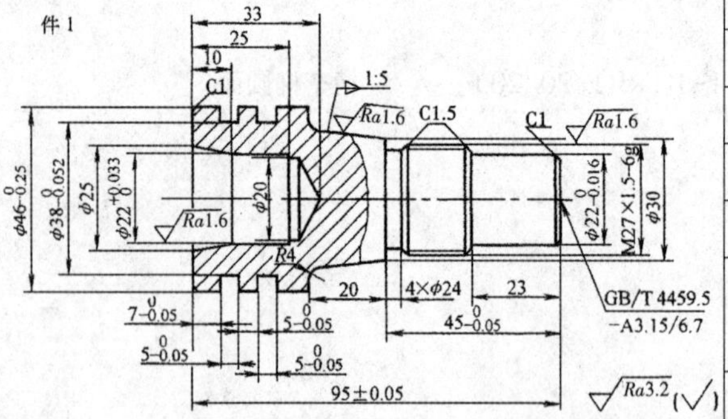</td><td>毛坯材料</td><td colspan="2">毛坯规格</td></tr>
<tr><td>45</td><td colspan="2">φ50×98</td></tr>
<tr><td>工艺序号</td><td colspan="2">程序编号</td></tr>
<tr><td>02</td><td colspan="2">SK15/SK16</td></tr>
<tr><td>夹具名称</td><td colspan="2">夹具编号</td></tr>
<tr><td>三爪自定心卡盘及尾座顶尖</td><td colspan="2"></td></tr>
<tr><td>设备名称</td><td colspan="2">设备型号</td></tr>
<tr><td>数控车床</td><td colspan="2">SIEMENS 802S 系统</td></tr>
<tr><td>冷却液</td><td colspan="2">车间</td></tr>
<tr><td>乳化液</td><td colspan="2">数控车间</td></tr>
</table>

表 5.19(续)

安装	工步号	工步内容	刀具号	刀具规格	主轴转速 /(r · min^{-1})	进给速度 /(mm · r^{-1})	背吃刀量 /mm	备注
夹右端	1	钻 ϕ20 孔		ϕ10 mm 钻头	600			手动
	2			ϕ20 mm 钻头	400			手动
	3	车左端面	T1	93°外圆车刀	800			手动
	4	粗车左端外轮廓	T1	93°外圆车刀	800	0.2	2.0	
	5	精车左端外轮廓	T1	93°外圆车刀	1200	0.08	0.2	
	6	车 5×ϕ38 槽	T2	4 mm 外车槽刀	500	0.1		
	7	粗车左端内轮廓	T4	93°内孔车刀	800	0.2	1.5	
	8	精车左端内轮廓	T4	93°内孔车刀	1200	0.08	0.2	
调头	9	车右端面	T1	93°外圆车刀	800			手动
	10	打中心孔		中心钻	1600			手动
一夹一顶	11	粗车右端外轮廓	T1	93°外圆车刀	800	0.2	1.5	
	12	精车右端外轮廓	T1	93°外圆车刀	1200	0.08	0.2	
	13	车右端槽	T2	4 mm 外车槽刀	500	0.1	1.5	
	14	车右端外螺纹	T3	60°外螺纹刀	600	1.5		
编制		审核		批准		年　月　日	共 1 页	第 1 页

表 5.20　数控加工工序卡片(件 2)

<table>
<tr><td rowspan="2">单位名称</td><td rowspan="2">数控加工工序卡片</td><td>产品名称或代号</td><td>零件名称</td><td>零件图号</td></tr>
<tr><td></td><td>件 2</td><td>13</td></tr>
<tr><td colspan="2" rowspan="10">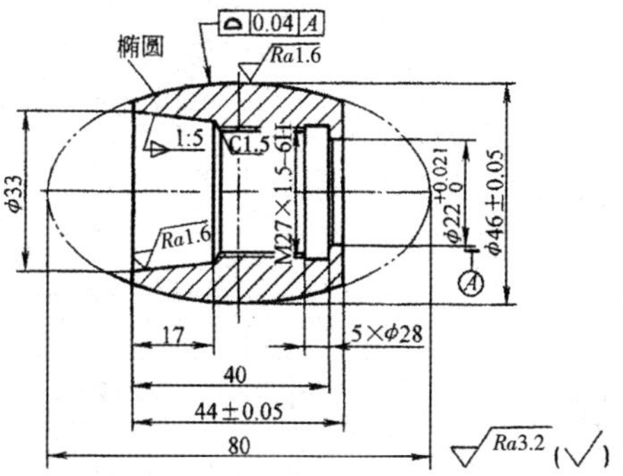
</td><td>毛坯材料</td><td colspan="2">毛坯规格</td></tr>
<tr><td>45</td><td colspan="2">ϕ50×47</td></tr>
<tr><td>工艺序号</td><td colspan="2">程序编号</td></tr>
<tr><td>01/03</td><td colspan="2">SK17/SK18</td></tr>
<tr><td>夹具名称</td><td colspan="2">夹具编号</td></tr>
<tr><td>三爪自定心卡盘</td><td colspan="2"></td></tr>
<tr><td>设备名称</td><td colspan="2">设备型号</td></tr>
<tr><td>数控车床</td><td colspan="2">SIEMENS 802S 系统</td></tr>
<tr><td>冷却液</td><td colspan="2">车间</td></tr>
<tr><td>乳化液</td><td colspan="2">数控车间</td></tr>
</table>

表 5.20(续)

安装	工步号	工步内容	刀具号	刀具规格	主轴转速 /(r·min^{-1})	进给速度 /(mm·r^{-1})	背吃刀量 /mm	备注
夹右端	1	钻 $\phi22_0^{+0.021}$ 底孔		ϕ10 mm 钻头	600			手动
	2			ϕ20 mm 钻头	400			手动
	3	车左端面	T1	93°内孔车刀	800			手动
	4	粗车内轮廓	T1	93°内孔车刀	800	0.2	1.5	
	5	精车内轮廓	T1	93°内孔车刀	1200	0.08	0.2	
	6	车螺纹退刀槽	T5	4 mm 内槽车刀	400	0.1		
	7	车内螺纹	T6	内螺纹车刀	600	1.5		
	8	调头车右端面	T1	93°外圆车刀	800			手动
旋入件1	9	粗车外轮廓	T1	93°外圆车刀	800	0.2	1.5	
	10	精车外轮廓	T7	35°等边菱形刀片	1200	0.08	0.25	
编制		审核		批准		年　月　日	共 1 页	第 1 页

2)编写加工程序

件 1 左端加工程序，见表 5.21。

表 5.21　数控加工程序单

SIEMENS 802S 系统程序	FANUC 0*i* 系统程序	FANUC 程序说明
SK15	O0015	件 1 左端加工程序
G97 G95 G90 G40 G54;	G97 G99 G40;	程序初始化
T1D1;	T0101;	调 1 号外圆车刀
M03 S800;	M03 S800;	
G00 X46.5 Z3.0;	G00 X46.5 Z3.0;	粗车外圆
G01 Z-35.0 F0.2;	G01 Z-35.0 F0.2;	
G00 X100.0 Z100.0;	G00 X100.0 Z100.0;	快退
M05;	M05;	
M00;	M00;	
M03 S1200 T1D1;	M03 S1200 T0101;	精车准备
G00 X52.0 Z1.0;	G00 X52.0 Z1.0;	
X42.0;	X42.0;	精车外圆
G01 X46.0 Z-1.0 F0.08;	G01 X46.0 Z-1.0 F0.08;	
Z-35.0;	Z-35.0;	
G00 X100.0 Z100.0;	G00 X100.0 Z100.0;	快退

表5.21(续)

SIEMENS 802S 系统程序	FANUC 0*i* 系统程序	FANUC 程序说明
M05;	M05;	
M00;	M00;	
S500 M03 T2D1;	S500 M03 T0202;	车槽准备
G00 X50.0 Z-22.0;	G00 X50.0 Z-22.0;	车第一个槽
G01 X38.2 F0.1;	G01 X38.2 F0.1;	
G00 X50.0;	G00 X50.0;	
Z-21.0;	Z-21.0;	
G01 X38.0;	G01 X38.0;	
Z-22.0;	Z-22.0;	
G00 X50.0;	G00 X50.0;	
Z-12.0;	Z-12.0;	车第二个槽
G01 X38.2;	G01 X38.2;	
G00 X50.0;	G00 X50.0;	
Z-11.0;	Z-11.0;	
G01 X38.0;	G01 X38.0;	
Z-12.0;	Z-12.0;	
G00 X100.0;	G00 X100.0;	快退
Z100.0;	Z100.0;	
M05;	M05;	
M00;	M00;	
M03 S800 T4D1;	M03 S800 T0404;	粗车内轮廓准备
G00 X19.0 Z3.0;	G00 X19.0 Z3.0;	快速定位
_CNAME="NLK";	G71 U1.0 R0.3;	用循环指令粗车内轮廓
R105=3;	G71 P10 Q20 U-0.4 W0.1 F0.2;	
R106=0.2;	N10 G41 G01 X25.0 F0.08;	
R108=1;	Z0;	
R109=7;	X22.016 Z-10.0;	
R110=0.3;	Z-25.0;	
R111=0.2;	X20.0;	
LCYC95;	N20 G41 G01 X19.0;	
G00 X100.0 Z100.0;	G00 X100.0 Z100.0;	快退
M05;	M05;	
M00;	M00;	

表5.21(续)

SIEMENS 802S 系统程序	FANUC 0*i* 系统程序	FANUC 程序说明
M03 S1200 T4D1;	M03 S1200 T0404;	精车准备
G41 G00 X20.0 Z3.0;	G00 X19.0 Z3.0;	快速定位
NLK1;	G70 P10 Q20;	精车内轮廓
G00 Z100.0;	G00 Z100.0;	快退
G40 X100.0;	X100.0;	
M05;	M05;	
M02;	M30;	程序结束
NLK.SPF		SIEMENS 系统子程序“NLK.SPF”
G01 X25.0 F0.08;		
Z0;		
X22.016 Z-10.0;		
Z-25.0;		
X20.0;		
RET;		

件1右端加工程序略。

件2内部加工程序略。

件2外部加工程序，见表5.22。

表5.22　数控加工程序单

SIEMENS 802S 系统程序	FANUC 0*i* 系统程序	FANUC 程序说明
SK18	O0018	件2外部加工程序
G97 G95 G90 G40 G54;	G97 G99 G40;	程序初始化
T1D1;	T0101;	调1号外圆车刀
M03 S800;	M03 S800;	
G00 X51.0 Z3.0;	G00 X51.0 Z3.0;	
R20=5.5;	#150=11.0;	设最大加工余量
AA1: G158 X=R20;	N10 IF〔#150LT1.0〕GOTO20;	余量小于1，则跳转N20
WLK;	M98 P0100;	调椭圆子程序
R20=R20-2.0;	#150=#150-2.0;	背吃刀量2.0(直径)
IF R20>=0.5 GOTOB AA1;	GOTO10;	
G00 X51.0 Z3.0;	N20 G00 X51.0 Z3.0;	
S1200 F0.08;	S1200 F0.08;	精加工变速

表5. 22(续)

SIEMENS 802S 系统程序	FANUC 0i 系统程序	FANUC 程序说明
G158;	#150=0;	加工余量等于 0
R20=0;	M98 P0100;	调椭圆子程序
WLK;	G00 X100. 0;	快退
G00 X100. 0 Z100. 0;	Z100. 0;	
M05;	M05;	
M02;	M30;	程序结束
WLK.SPF	O0100	椭圆子程序
R1=40. 0;	#101=40. 0;	长半轴
R2=23. 0;	#102=23. 0;	短半轴
R3=22. 0;	#103=22. 0;	Z 轴起始尺寸
AA2: R4=23. 0×SQRT(R1×R1-R3×R3)/40. 0;	N30IF〔#103 LT〔-22. 0〕〕GOTO40;	判断是否到达 Z 轴终点，如是则跳转到 N40
G01 X=2. 0×R4 Z=R3-22. 0;	#104=23. 0×〔SQRT〔#101×#101-#103×#103〕〕/40. 0;	X 轴变量
R3=R3-0. 5;	G01 X〔2. 0×#104+#150〕 Z〔#103-22. 0〕;	椭圆插补
IF R3>=-22. 0 GOTOB AA2;	#103=#103-0. 5;	Z 轴步距 0. 5
G91 G00 X20. 0;	GOTO30;	
G90 Z3. 0;	N40 G00 U20. 0 Z3. 0;	退刀
RET;	M99;	子程序结束

5. 2. 4　训练与考核

5. 2. 4. 1　训练任务

含椭圆的组合件编程与加工训练任务见表 5. 23。

表 5.23　含椭圆的组合件编程与加工训练任务

任务描述	编制如图 5.29 所示椭圆轴零件数控加工程序，并在数控车床上加工，达到图样技术要求。已知，毛坯尺寸 ϕ50 mm×90 mm，材料为 45 钢。 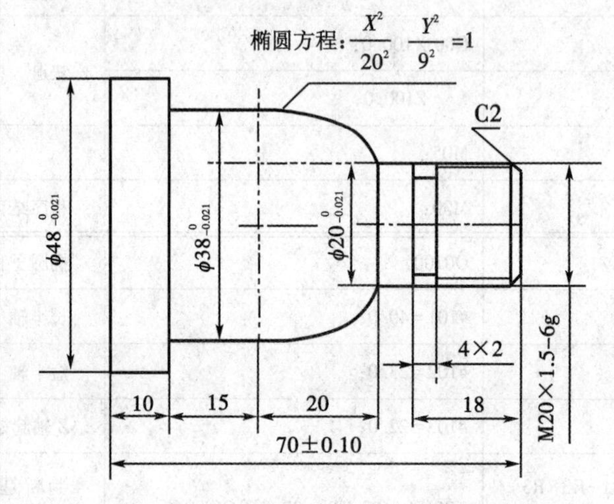 **图 5.29　椭圆轴零件图**
工艺条件	工艺条件参照“5.2.1 工作任务”中提供的工艺条件配置
加工要求	严格遵守安全操作规程，零件加工质量达到图样要求

5.2.4.2　考核评价

加工结束后检测工件加工质量，填写加工质量考核评分表，见表 F.19；工作结束后对工作过程进行总结评议，填写过程评价表，见表 F.8。

复习题

1) **填空题**(将正确答案填写在画线处)

(1)通常数控系统除了直线插补外，还有________。

(2)宏程序中变量分为________、________、________。

(3)宏程序模态调用的指令是________。

(4)宏程序数学计算的次序依次为：________，乘和除运算，加和减运算。

(5)宏程序有条件转移语句的格式为________。

2) **选择题**(在若干个备选答案中选择一个正确答案，填写在括号内)

(1)数控机床的手动操作不能实现斜线插补、圆弧插补和(　　)。

A. 曲线进给　　　　　　B. 回刀架参考点

C. 直线进给

(2)数控机床加工依赖于各种(　　)。

A. 位置数据　　B. 模拟量信息

C. 准备功能　　D. 数字化信息

(3)用户宏程序最大的特点是(　　)。

A. 完成某一功能　　B. 嵌套

C. 使用变量

(4)用户宏程序功能是数控系统具有各种(　　)功能的基础。

A. 自动编程　　B. 循环编程

C. 人机对话编程　　D. 几何图形坐标变换

(5)下列指令中，属于宏程序模态调用的指令是(　　)。

A. G65　　B. G66　　C. G68　　D. G69

(6)下列变量中，属于局部变量的是(　　)。

A. #10　　B. #100　　C. #1000

(7)B类宏程序指令“IF〔#1GE#100〕GOTO 1000；”中“GE”表示(　　)。

A. >　　B. <　　C. ≥　　D. ≤

(8)通常机床空运行达(　　)以上，使机床达到热平衡状态。

A. 3分钟　　B. 10分钟　　C. 15分钟　　D. 30分钟

(9)数控机床如长期不用时最重要的日常维护工作是(　　)。

A. 清洁　　B. 干燥　　C. 通电

(10)数控机床电气柜的空气交换部件应(　　)清除积尘，以免温升过高产生故障。

A. 每日　　B. 每周　　C. 每季度　　D. 每年

3)判断题(判断下列叙述是否正确，在正确的叙述后面画“√”，在错误的叙述后面画“×”)

(1)车削加工中心必须配备动力刀架。(　　)

(2)RS232是数控系统中的异步通信接口。(　　)

(3)数控系统的参数是依靠电池维持的，一旦电池电压出现报警，就必须立即关机，更换电池。(　　)

(4)定期检查、清洗润滑系统、添加或更换油脂油液，使丝杆、导轨等运动部件保持良好的润滑状态，目的是降低机械的磨损速度。(　　)

(5)衡量数控机床可靠性的指标有平均无故障工作时间、平均排除故障时间及有效度。(　　)

参考文献

［1］ 沈建峰，朱勤惠.数控车床技能鉴定考点分析和试题集萃［M］.北京：化学工业出版社，2007.

［2］ 李银海，戴素江.机械零件数控车削加工［M］.北京：科学出版社，2008.

［3］ 袁锋.全国数控大赛试题精选［M］.北京：机械工业出版社，2005.

附 录

表 F.1 数控加工工序卡片

<table>
<tr><td rowspan="2">单位名称</td><td rowspan="2">数控加工工序卡片</td><td>产品名称或代号</td><td>零件名称</td><td>零件图号</td></tr>
<tr><td></td><td></td><td></td></tr>
<tr><td colspan="2" rowspan="10">工序简图</td><td>工艺序号</td><td colspan="2">程序编号</td></tr>
<tr><td></td><td colspan="2"></td></tr>
<tr><td>夹具名称</td><td colspan="2">夹具编号</td></tr>
<tr><td></td><td colspan="2"></td></tr>
<tr><td></td><td colspan="2"></td></tr>
<tr><td>使用设备</td><td colspan="2">车间</td></tr>
<tr><td></td><td colspan="2"></td></tr>
<tr><td></td><td colspan="2"></td></tr>
<tr><td></td><td colspan="2"></td></tr>
<tr><td></td><td colspan="2"></td></tr>
</table>

工步号	工步内容	加工面	刀具号	刀具规格	主轴转速/($r\cdot min^{-1}$)	进给速度/($mm\cdot r^{-1}$)	背吃刀量/(mm)	备注
编制		审核		批准		年 月 日	共 页	第 页

表 F.2　数控加工工艺卡片

单位名称	数控加工工艺卡片	产品名称或代号	零件名称	零件图号
工序号	程序编号	夹具名称	使用设备	车间

工步号	工步内容	刀具号	刀具规格	主轴转速 /(r·min^{-1})	进给速度 /(mm·r^{-1})	背吃刀量 /mm	备注

编制		审核		批准		年　月　日	共　页	第　页

表 F.3　数控加工刀具卡片

产品名称或代号	数控加工刀具卡片	零件名称	零件图号	程序编号	使用设备

序号	刀具号	刀具规格名称	数量	加工表面	备注

编制		审核		批准		共　页	第　页

表 F.4 数控加工走刀路线图

数控加工走刀路线图		零件图号		工序号		工步号	
		程序号		加工内容		机床型号	
						编程	
						校对	
						审批	
						共　页	第　页
符号	⊕	○——→	——→				
含义	编程原点	起刀点	走刀方向				

表 F.5 数控加工程序单

单位名称	零件名称		零件图号	

工件简图及编程原点	刀具号	刀具规格	加工面

段号	程序名	注 释

编制		审核		批准		年 月 日	共 页	第 页

表 F.6 考核评分表(任务 1.1)

任务编号		班级	姓名		成绩	
评价项目	内容		配分	个人评价	组内互评	教师评价
学习态度	学习纪律		5			
	课前准备		5			
	引导问题回答		5			
操作规范	机床开关机、回参操作、关机		10			
	刀具装夹、工件装夹		10			
	程序录入与检查		10			
	程序运行模拟		10			
	遵守安全操作规程		10			
	工艺文件整理并归档、工作过程总结		10			
职业素养	责任意识、团队精神		5			
	效率与效益意识，创新意识		5			
	精益求精、吃苦耐劳的优秀品质		5			
学习成果	程序模拟结果		10			
合计						

备注：

表 F.7　考核评分表(任务 1.2)

<table>
<tr><td>任务编号</td><td></td><td>班级</td><td></td><td>姓名</td><td></td><td>成绩</td><td></td></tr>
<tr><td>评价项目</td><td colspan="3">内容</td><td>配分</td><td>个人评价</td><td>组内互评</td><td>教师评价</td></tr>
<tr><td rowspan="3">学习态度</td><td colspan="3">学习纪律</td><td>3</td><td></td><td></td><td></td></tr>
<tr><td colspan="3">课前准备</td><td>3</td><td></td><td></td><td></td></tr>
<tr><td colspan="3">引导问题回答</td><td>4</td><td></td><td></td><td></td></tr>
<tr><td rowspan="9">操作规范</td><td colspan="3">机床开关机、回参操作、关机</td><td>3</td><td></td><td></td><td></td></tr>
<tr><td colspan="3">刀具装夹、工件装夹</td><td>4</td><td></td><td></td><td></td></tr>
<tr><td colspan="3">程序录入</td><td>4</td><td></td><td></td><td></td></tr>
<tr><td colspan="3">对刀操作</td><td>4</td><td></td><td></td><td></td></tr>
<tr><td colspan="3">量具正确使用</td><td>3</td><td></td><td></td><td></td></tr>
<tr><td colspan="3">遵守安全操作规程</td><td>3</td><td></td><td></td><td></td></tr>
<tr><td colspan="3">清理机床、保养设备，文明生产</td><td>3</td><td></td><td></td><td></td></tr>
<tr><td colspan="3">工件加工质量分析</td><td>3</td><td></td><td></td><td></td></tr>
<tr><td colspan="3">工艺文件整理并归档、工作过程总结</td><td>3</td><td></td><td></td><td></td></tr>
<tr><td rowspan="3">职业素养</td><td colspan="3">责任意识、团队精神</td><td>3</td><td></td><td></td><td></td></tr>
<tr><td colspan="3">效率与效益意识，创新意识</td><td>3</td><td></td><td></td><td></td></tr>
<tr><td colspan="3">精益求精、吃苦耐劳的优秀品质</td><td>4</td><td></td><td></td><td></td></tr>
<tr><td rowspan="6">工件质量</td><td rowspan="2">外圆</td><td>$\phi38_{-0.03}^{0}$</td><td rowspan="2">超差 0.01 扣 1 分，超差 0.05 以上无分</td><td>7</td><td></td><td></td><td></td></tr>
<tr><td>$\phi34_{-0.02}^{0}$</td><td>7</td><td></td><td></td><td></td></tr>
<tr><td rowspan="2">长度</td><td>32</td><td rowspan="2">偏差 ±0.15 内不扣分，超±0.15 无分</td><td>7</td><td></td><td></td><td></td></tr>
<tr><td>50</td><td>7</td><td></td><td></td><td></td></tr>
<tr><td colspan="2">$Ra3.2$(2 处)</td><td rowspan="2">降一级扣 2 分，以上无分</td><td>5×2</td><td></td><td></td><td></td></tr>
<tr><td colspan="2">$Ra6.3$(3 处)</td><td>4×3</td><td></td><td></td><td></td></tr>
<tr><td colspan="5">合计</td><td></td><td></td><td></td></tr>
</table>

备注：

组长签字		检验员		计分员		时间	年　月　日

表 F.8 过程评价表

任务编号		班级		姓名		成绩	
评价项目	内容				个人评价	组内互评	教师评价
学习态度(10%)	学习纪律(3%)						
	课前准备(3%)						
	引导问题回答(4%)						
操作规范(30%)	工艺文件制定(3%)						
	程序编制(3%)						
	机床开关机、回参、关机操作(2%)						
	刀具装夹、工件装夹(2%)						
	程序录入(3%)						
	对刀操作(3%)						
	量具正确使用(3%)						
	遵守安全操作规程(3%)						
	清理机床、保养设备，文明生产(3%)						
	工件加工质量分析(3%)						
	工艺文件整理并归档、工作过程总结(2%)						
职业素养(10%)	责任意识、团队精神(3%)						
	效率与效益意识，创新意识(3%)						
	精益求精、吃苦耐劳的优秀品质(4%)						
学习成果(50%)	工件加工质量(50%)						
合计							

备注：

组长签字		检验员		计分员		时间	年 月 日

表 F.9 工件加工质量考核评分表(任务 1.3)

操作人员					成绩		
鉴定项目			配分	评分标准(扣完为止)	自检	互检	得分
工件质量(50 分)	外圆	ϕ28	9	超差 0.1 内扣 3 分，以上无分			
		ϕ24	9				
	长度	30	9	超差 0.1 内扣 3 分，以上无分			
		4	9				
	倒角 C2		4	不合格无分			
	Ra3.2(5 处)		5×2	每降 1 级扣 1 分			
合计			50				

误差分析：

第　组	组长签字		检验员		计分员		时间	年　月　日

表 F.10 工件加工质量考核评分表(任务 1.4)

操作人员					成绩		
鉴定项目			配分	评分标准(扣完为止)	自检	互检	得分
工件质量(50 分)	外圆	ϕ32	5	超差 0.05 内不扣分，0.05～0.1 内扣 2 分，以上无分			
		ϕ38	5				
	长度	10	5	超差 0.1 内不扣分，0.1～0.15 内扣 2 分，以上无分			
		4	5				
		16	5				
		10	5				
	Ra6.3(8 处)		8×2	每降一级扣 1 分			
	倒角 C1		4	每处不合格扣 2 分			
合计			50				

误差分析：

第　组	组长签字		检验员		计分员		时间	年　月　日

表 F.11 工件加工质量考核评分表(任务 2.1)

<table>
<tr><td>操作人员</td><td colspan="5"></td><td>成绩</td><td></td></tr>
<tr><td colspan="3">鉴定项目</td><td>配分</td><td>评分标准(扣完为止)</td><td>自检</td><td>互检</td><td>得分</td></tr>
<tr><td rowspan="9">工件
质量(50 分)</td><td rowspan="4">外圆</td><td>$\phi28_{-0.025}^{0}$</td><td>6</td><td rowspan="3">每超差 0.01 扣 1 分,超差 0.1 以上无分</td><td></td><td></td><td></td></tr>
<tr><td>$\phi20_{-0.025}^{0}$</td><td>6</td><td></td><td></td><td></td></tr>
<tr><td>$\phi14_{-0.02}^{0}$</td><td>6</td><td></td><td></td><td></td></tr>
<tr><td>$\phi16$</td><td>5</td><td>超差 0.1 内不扣分,以上无分</td><td></td><td></td><td></td></tr>
<tr><td rowspan="4">长度</td><td>12</td><td>5</td><td rowspan="3">超差 0.1 内不扣分,以上无分</td><td></td><td></td><td></td></tr>
<tr><td>10</td><td>5</td><td></td><td></td><td></td></tr>
<tr><td>10</td><td>5</td><td></td><td></td><td></td></tr>
<tr><td>35±0.1</td><td>6</td><td>每超差 0.02 扣 1 分,0.05 以上无分</td><td></td><td></td><td></td></tr>
<tr><td colspan="2">圆弧 $R4$</td><td>6</td><td>不合格无分</td><td></td><td></td><td></td></tr>
<tr><td colspan="3">合计</td><td>50</td><td></td><td></td><td></td><td></td></tr>
</table>

误差分析:

第　　组	组长签字		检验员		计分员		时间	年　月　日

表 F.12 工件加工质量考核评分表(任务 2.2)

<table>
<tr><td>操作人员</td><td colspan="5"></td><td>成绩</td><td></td></tr>
<tr><td colspan="3">鉴定项目</td><td>配分</td><td>评分标准(扣完为止)</td><td>自检</td><td>互检</td><td>得分</td></tr>
<tr><td rowspan="11">工件质量
(50 分)</td><td rowspan="2">外圆</td><td>$\phi38_{-0.033}^{0}$</td><td>6</td><td rowspan="2">超差 0.005 不扣分,0.005 ~ 0.01 扣 4 分,0.01 以上扣 6 分</td><td></td><td></td><td></td></tr>
<tr><td>$\phi30_{-0.033}^{0}$</td><td>6</td><td></td><td></td><td></td></tr>
<tr><td rowspan="3">圆弧</td><td>$SR9$</td><td>6</td><td rowspan="3">不合格无分</td><td></td><td></td><td></td></tr>
<tr><td>$R10$</td><td>6</td><td></td><td></td><td></td></tr>
<tr><td>$R4$</td><td>4</td><td></td><td></td><td></td></tr>
<tr><td rowspan="4">长度</td><td>$75_{-0.1}^{0}$</td><td>6</td><td rowspan="4">超差 0.1 内不扣分,以上无分</td><td></td><td></td><td></td></tr>
<tr><td>10</td><td>2</td><td></td><td></td><td></td></tr>
<tr><td>10</td><td>2</td><td></td><td></td><td></td></tr>
<tr><td>9</td><td>2</td><td></td><td></td><td></td></tr>
<tr><td colspan="2">$Ra1.6$(2 处)</td><td>6</td><td rowspan="2">每降一级扣 1 分</td><td></td><td></td><td></td></tr>
<tr><td colspan="2">$Ra3.2$(4 处)</td><td>4</td><td></td><td></td><td></td></tr>
<tr><td colspan="3">合计</td><td>50</td><td></td><td></td><td></td><td></td></tr>
</table>

误差分析:

第　　组	组长签字		检验员		计分员		时间	年　月　日

表 F. 13　工件加工质量考核评分表(任务 3. 1)

操作人员					成绩		
鉴定项目			配分	评分标准(扣完为止)	自检	互检	得分
工件质量(50 分)	外圆	$\phi37^{0}_{-0.02}$	4	超差 0. 01 扣 2 分，以上无分			
		$\phi32^{0.015}_{0}$	4				
		$\phi26^{0}_{-0.015}$	4				
	长度	$67^{0}_{-0.01}$	4	每超差 0. 01 扣 2 分，以上无分			
		8	2	超差 0. 02 内不扣分，以上无分			
		5	2				
		16	2				
		5	2				
		20	2				
	螺纹	M20×1. 5	8	超差扣 4 分，未成形无分			
	槽	4×2	2×2	超差 0. 1 内不扣分，以上无分			
	锥面 φ22		4	超差 0. 1 内不扣分，以上无分			
	*Ra*3. 2(7 处)		7	每降一级扣 1 分			
	倒角 C2		1	不合格无分			
合计			50				
第　组	组长签字		检验员		计分员	时间	年　月　日

表 F. 14　工件加工质量考核评分表(任务 3. 2)

操作人员					成绩		
鉴定项目			配分	评分标准(扣完为止)	自检	互检	得分
工件质量(50 分)	直径	φ20	5	超差 0. 05 扣 3 分，以上无分			
	长度	22	5	超差 0. 1 扣 3 分，以上无分			
		60	5				
		68	5	超差 0. 1 扣 3 分，以上无分			
	螺纹	Tr10×1. 5/LH	9	超差扣 5 分，未完成扣 20 分			
		M8×1. 5	8				
	槽	φ6×2	5	超差 0. 1 扣 3 分，以上无分			
		φ8×2	5	超差 0. 1 扣 3 分，以上无分			
	倒角 C2(2 处)		2	每处不合格扣 1 分			
	倒角 C1		1	不合格无分			
合计			50				
误差分析：							
第　组	组长签字		检验员		计分员	时间	年　月　日

表 F.15　工件加工质量考核评分表(任务 4.1)

操作人员					成绩	
鉴定项目		配分	评分标准(扣完为止)	自检	互检	得分
工件质量(50分)	内轮廓 $\phi26$	10	超差 0.1 内不扣分，以上无分			
	内轮廓 $\phi20$	10	超差 0.1 内不扣分，以上无分			
	内轮廓 20	10	超差 0.1 内不扣分，以上无分			
	内轮廓 30	10	超差 0.1 内不扣分，以上无分			
	内轮廓 $R3$	5	超差扣 2 分，未成形扣 7 分			
	倒角 C2	5	每处不合格扣 1 分			
合计		50				

误差分析：

第　组	组长签字		检验员		计分员		时间	年　月　日

表 F.16　工件加工质量考核评分表(任务 4.2)

操作人员					成绩	
鉴定项目		配分	评分标准(扣完为止)	自检	互检	得分
工件质量(50分)	外轮廓 $\phi43^{0}_{-0.027}$	5	超差 0.1 内不扣分，以上无分			
	外轮廓 $\phi36^{0}_{-0.1}$	5	超差 0.1 内不扣分，以上无分			
	外轮廓 35±0.04	5	超差 0.1 内不扣分，以上无分			
	内轮廓 $\phi20_{0}^{-0.027}$	5	超差 0.1 内不扣分，以上无分			
	内轮廓 M24×1.5	8	超差扣 2 分，未成形扣 7 分			
	内轮廓 15±0.04	5	超差 0.1 内不扣分，以上无分			
	内轮廓 5×$\phi25$	5	超差 0.1 内不扣分，以上无分			
	$Ra6.3$(7 处)	7	每降一级扣 1 分			
	锥度 1∶5	5	不合格无分			
合计		50				

误差分析：

第　组	组长签字		检验员		计分员		时间	年　月　日

表 F.17　工件加工质量考核评分表(任务 4.3)

操作人员						成绩	
鉴定项目			配分	评分标准(扣完为止)	自检	互检	得分
工件质量(50分)	外轮廓	ϕ85	3	超差 0.01~0.02 之内扣 2 分, 0.02 以上扣 4 分			
		ϕ50	3	超差 0.005 不扣分, 0.005~0.01 扣 4 分, 0.01 以上扣 8 分			
		15	3	超差 0.1 内不扣分, 以上无分			
		30	3	超差 0.1 内不扣分, 以上无分			
	内轮廓	ϕ31	3	超差 0.1 内不扣分, 以上无分			
		ϕ37H7	6	超差 0.005 不扣分, 0.005~0.01 扣 4 分, 0.01 以上扣 8 分			
		23	3	超差 0.1 内不扣分, 以上无分			
		ϕ39.5	3	每超差 0.05 扣 2 分, 超差 0.2 以上扣 3 分			
		2	3				
	垂直度 0.04		4	超差 0.1 以上扣 2 分			
	同轴度 ϕ0.025		4	超差 0.1 以上扣 1 分			
	*Ra*3.2(9 处)		9	每降一级扣 1 分			
	倒角 C1.5(3 处)		3	每处不合格扣 1 分			
合计			50				

误差分析:

第　组	组长签字		检验员		计分员		时间	年　月　日

表 F.18　工件加工质量考核评分表(任务 5.1)

操作人员						成绩	
鉴定项目			评分标准	配分	自检	互检	得分
件 1	$\phi38^{0}_{-0.033}$	IT	每超差 0.01 扣 1 分	2			
		*Ra*6.3	每降一级扣 1 分	1			
	$\phi25^{0}_{-0.033}$	IT	每超差 0.01 扣 1 分	2			
		*Ra*6.3	每降一级扣 1 分	1			
	$\phi30^{0}_{-0.15}$	IT	每超差 0.01 扣 1 分	2			
		*Ra*6.3	每降一级扣 1 分	1			
	$\phi20^{0}_{-0.033}$	1T	每超差 0.01 扣 1 分	2			
		*Ra*6.3	每降一级扣 1 分	1			
	M16×1.5-6g		超差不得分	2			
	74		超差±0.1 内不扣分，以上无分	1			
	20		超差±0.1 内不扣分，以上无分	1			
	24		超差±0.1 内不扣分，以上无分	1			
	10		超差±0.1 内不扣分，以上无分	2			
	15		超差±0.1 内不扣分，以上无分	1			
	锥度 1∶5	形状	超差不得分	1			
		*Ra*6.3	每降 1 级扣 1 分	1			
	槽 $\phi14\times3$(*Ra*3.2)		每降一级扣 1 分	2			
	倒角(2 处)		错、漏 1 处扣 1 分	2			
件 2	$\phi38^{0}_{-0.033}$		每超差 0.01 扣 1 分	2			
	$\phi38$		超差±0.1 内不扣分，以上无分	1			
	$\phi31.89$		超差±0.1 内不扣分，以上无分	1			
	M16×1.5-6H		超差不得分	2			
	$\phi30$		超差±0.1 内不扣分，以上无分	1			
	$\phi20^{+0.43}_{0}$		每超差 0.01 扣 1 分	1			
	35		超差±0.1 内不扣分，以上无分	1			
	15		超差±0.1 内不扣分，以上无分	1			
	25		超差±0.1 内不扣分，以上无分	1			
	圆弧 *R*12		超差±0.1 内不扣分，以上无分	1			
	圆弧 *R*6		超差±0.1 内不扣分，以上无分	1			
	锥度 1∶5	形状	超差不得分	2			
		*Ra*3.2	每降一级扣 1 分	1			
	倒角(2 处)		错、漏 1 处扣 1 分	2			
配合	螺纹配合		超差不得分	3			
	锥面配合		超差不得分	3			
合计				50			

误差分析：

第　　组	组长签字		检验员		计分员		时间	年　月　日

表 F.19　工件加工质量考核评分表(任务 5.2)

操作人员					成绩		
鉴定项目			配分	评分标准(扣完为止)	自检	互检	得分
工件质量(50分)	外圆	$\phi48^{0}_{-0.021}$	4	超差 0.01 扣 2 分，以上无分			
		$\phi38^{0}_{-0.021}$	4				
		$\phi20^{0}_{-0.021}$	4				
	长度	10	2	每超差 0.01 扣 2 分，超差 0.1 以上无分			
		15	2				
		20	2				
		18	2				
		70±0.1	4				
	螺纹	M20×1.5	4	超差扣 4 分，未成形无分			
	槽	4×2	2×2	超差 0.1 内不扣分，以上无分			
	椭圆		8	超差 0.1 内不扣分，以上无分			
	*Ra*3.2(8 处)		8	每降一级扣 1 分			
	倒角 C2		2	不合格无分			
合计			50				
第　　组	组长签字		检验员		计分员	时间	年　月　日